普通高等教育“十三五”规划教材

工程训练指导教程

主编　陈昌华
参编　乔雯雯　杨　震
主审　王紫婷　刘家伦

机 械 工 业 出 版 社

本书在编写过程中，一方面紧扣教育部工程训练教学指导委员会针对工程训练实践教学环节的要求，兼顾基础性和通用性；另一方面，还结合现代制造技术扩展教学内容，以满足不同层次和特色学校与专业的适用性要求。本书包括基础知识、基本操作和操作实例3部分，在讲解理论的同时，突出工程训练课程的实践教学特点，着重训练学生的工程实践能力，使学生掌握发现问题、分析问题和解决问题的方法，进而锻炼学生动手动脑的能力，培养学生成为工程实践能力强且具有团队合作精神的综合型人才。

本书可供普通高等院校工程训练类课程教学使用，也可供工程技术人员参考。

图书在版编目（CIP）数据

工程训练指导教程/陈昌华主编. —北京：机械工业出版社，2019.2（2022.10重印）

普通高等教育“十三五”规划教材

ISBN 978-7-111-61782-2

Ⅰ.①工… Ⅱ.①陈… Ⅲ.①机械制造工艺-高等学校-教材 Ⅳ.①TH16

中国版本图书馆CIP数据核字（2019）第023681号

机械工业出版社（北京市百万庄大街22号 邮政编码100037）
策划编辑：丁昕祯 责任编辑：丁昕祯 王勇哲
责任校对：李 伟 张晓蓉 封面设计：张 静
责任印制：常天培
固安县铭成印刷有限公司印刷
2022年10月第1版第5次印刷
184mm×260mm · 10.75印张 · 257千字
标准书号：ISBN 978-7-111-61782-2
定价：27.00元

前言

工程训练课程是工科高等教育教学中一门重要的、实践性强的基础课，它以实践教学为主，学生通过实践掌握课程中基本的机械专业知识和操作技能。

本书按照工程训练中心教学大纲的要求，参考其他院校同类教材和参考书，并结合工程训练中心的特点编制而成。

本书在体系构架和内容选择上，一方面紧扣教育部工程训练教学指导委员会针对工程训练实践教学环节的要求，兼顾基础性和通用性；另一方面，还结合现代制造技术扩展教学内容，以满足不同层次和特色学校与专业的适用性要求。本书内容包括基础知识、基本操作和操作实例3部分，在讲解理论的同时，突出工程训练课程的实践教学特点，着重训练学生的工程实践能力，使学生掌握发现问题、分析问题和解决问题的方法，进而锻炼学生动手动脑的能力，培养学生成为工程实践能力强且具有团队合作精神的综合型人才。

本书由陈昌华任主编，参加编写的有：陈昌华（第1章、第4章、第5章和第6章）、乔雯雯（第2章、第3章、第7章和第8章）、以及杨震（第9~11章）。本书在编写过程中，参考了其他院校的同类著作，特向有关作者致谢。

由于编者水平有限，书中难免出现错误和欠妥之处，敬请广大读者及同仁批评指正。

编　者

目录

第1章

金属材料及热处理

1.1 金属材料

1.1.1 金属材料概述

材料是人类生活和生产的基础，在工程中广泛使用的材料称为工程材料。按照化学成分不同，工程材料可分为金属材料、非金属材料和复合材料三类，其中金属材料是应用最广泛的材料。

金属材料按其化学成分可分为黑色金属和有色金属两类。黑色金属主要是指以铁或以铁为主形成的金属材料，如钢和生铁。有色金属是指除黑色金属以外的所有其他金属，如金、银、铜和铝等。

1.1.2 金属材料的性能

1. 工艺性能与使用性能

金属材料的性能一般分为工艺性能和使用性能两类。

工艺性能是指机械零件在加工制造过程中，金属材料在给定的冷、热加工条件下表现出来的性能。金属材料工艺性能的好坏，决定了它在制造过程中加工成形的适应能力。由于加工条件不同，对金属材料工艺性能的要求也不同，如铸造性能、可焊性、可锻性、热处理性能和切削加工性等。

所谓使用性能是指机械零件在使用条件下，金属材料表现出来的性能，它包括力学性能、物理性能、化学性能等。金属材料使用性能的好坏，决定了它的使用范围和使用寿命。

2. 金属材料力学性能

机械制造业中，一般机械零件都是在常温、常压和非强烈腐蚀性介质中使用的，且在使用过程中各机械零件都将承受不同载荷的作用。金属材料在载荷作用下抵抗破坏的性能，称为力学性能。

金属材料的力学性能是零件在设计和选材时的主要依据。由于外加载荷性质不同（如拉伸、压缩、扭转、冲击和循环载荷等），对金属材料力学性能的要求也将不同。常用的力学性能包括：强度、塑性、硬度、冲击韧性、多次冲击抗力和疲劳极限等。下面将分别加以介绍。

（1）强度　强度是指金属材料在静载荷作用下抵抗破坏（过量塑性变形或断裂）的性能。由于载荷的作用有拉伸、压缩、弯曲和剪切等多种形式，所以强度也分为抗拉强度、抗压强度、抗弯强度和抗剪强度等。各种强度间常有一定的联系，使用中通常以抗拉强度作为最基本的强度指标。

（2）塑性　塑性是指金属材料在载荷作用下，产生塑性变形（永久变形）而不破坏的能力。

（3）硬度　硬度是衡量金属材料软硬程度的指标。目前生产中最常用的测定硬度的方法是压入硬度法，它是用一定几何形状的压头在一定载荷下压入被测试的金属材料表面，根据金属材料被压入程度来测定其硬度值。常用的硬度值指标有布氏硬度（HBW）、洛氏硬度（HRA、HRB、HRC）和维氏硬度（HV）等。

（4）疲劳强度　前面介绍的强度、塑性和硬度都是金属材料在静载荷作用下的力学性能指标。疲劳强度是指材料在多次交变载荷作用下而不会产生破坏的最大应力。

（5）韧性　韧性表示材料在塑性变形和断裂过程中吸收能量的能力。韧性越好，则发生脆性断裂的可能性越小。

1.1.3　常用金属材料

工业上将碳质量分数小于2.11%的铁碳合金称为钢。钢具有良好的使用性能和工艺性能，因而获得了广泛应用。

1. 钢的分类

钢的分类方法很多，常用的分类方法有以下几种：

（1）按化学成分　碳素钢按化学成分可以分为：低碳钢（$w_C \leqslant 0.25\%$）、中碳钢（w_C为0.25%~0.6%）、高碳钢（$w_C > 0.6\%$）；合金钢按化学成分可以分为：低合金钢（合金元素总质量分数≤5%）、中合金钢（合金元素总质量分数为5%~10%）、高合金钢（合金元素总质量分数>10%）。

（2）按用途　钢按用途可以分为：结构钢（主要用于制造各种机械零件和工程构件）、工具钢（主要用于制造各种刀具、量具和模具等）以及特殊性能钢（具有特殊的物理、化学性能的钢，可分为不锈钢、耐热钢、耐磨钢等）。

（3）按品质　碳素钢按品质可以分为：普通碳素钢（$w_P \leqslant 0.045\%$、$w_S \leqslant 0.05\%$）、优质碳素钢（$w_P \leqslant 0.035\%$、$w_S \leqslant 0.035\%$）、高级优质碳素钢（$w_P \leqslant 0.025\%$、$w_S \leqslant 0.025\%$）。

2. 碳素钢的牌号、性能及用途（表1-1）

常见碳素结构钢的牌号用“Q+数字”表示，其中“Q”为屈服强度中“屈”字的汉语拼音字首，“数字”为屈服强度的数值。若牌号后标注字母，则表示钢材质量等级不同。

优质碳素结构钢的牌号用两位数字表示钢的平均碳质量分数的万分之几，如20钢中碳的平均质量分数为0.2%。

3. 合金钢的牌号、性能及用途（表1-2）

为了提高钢的性能，在碳素钢基础上特意加入合金元素所获得的钢种称为合金钢。

合金结构钢的牌号用“两位数字（平均碳质量分数的万分之几）+元素符号+数字（该合金元素质量分数，小于1.5%不标出；介于1.5%~2.5%标2；介于2.5%~3.5%标3，依次类推）”表示。

表 1-1　常见碳素结构钢的牌号、力学性能及其用途

类别	常用牌号	力学性能			用途
		屈服强度 R_{eL} /MPa	抗拉强度 R_m /MPa	断后伸长率 A/(%)	
碳素结构钢	Q195	195	315~390	33	塑性较好,有一定的强度,通常用于轧制钢筋、钢板、钢管等。可用作桥梁、建筑物等的构件,也可用于制造螺钉、螺帽、铆钉等
	Q215	215	335~410	31	
	Q235A	235	375~460	26	
	Q235B				
	Q235C				可用于重要的焊接件
	Q235D				
	Q255	255	410~510	24	强度较高,可轧制成型钢、钢板,用作构件
	Q275	275	490~610	20	
优质碳素结构钢	08F	175	295	35	塑性好,可用于制造冷冲压零件
	10	205	335	31	冷冲压性与焊接性能良好,可用作冲压件及焊接件,经过热处理也可用于制造轴、销等零件
	20	245	410	25	
	35	315	530	20	经调质处理后,可获得良好的综合力学性能,可用于制造齿轮、轴类、套筒等零件
	40	335	570	19	
	45	355	600	16	
	50	375	630	14	
	60	400	675	12	主要用于制造弹簧
	65	410	695	10	

对合金工具钢的牌号，当碳质量分数小于1%，用“一位数字（表示碳质量分数的千分之几）+元素符号+数字”表示；当碳质量分数大于1%时，用“元素符号+数字”表示（注：高速钢的碳质量分数小于1%，但其含碳量不标出）。

表 1-2　常见合金钢的牌号、力学性能及其用途

类别	常用牌号	力学性能			用途
		屈服强度 R_{eL} /MPa	抗拉强度 R_m /MPa	断后伸长率 A/(%)	
低合金高强度结构钢	Q295	≥295	390~570	23	具有高强度、高韧性、良好的焊接性能和冷成形性能,主要用于制造桥梁、船舶、车辆、锅炉、高压容器、输油输气管道和大型钢结构等
	Q345	≥345	470~630	21~22	
	Q390	≥390	490~650	19~20	
	Q420	≥420	520~680	18~19	
	Q460	≥460	550~720	17	
合金渗碳钢	20Cr	540	835	10	主要用于制造汽车、拖拉机中的变速齿轮、内燃机上的凸轮轴和活塞销等机械零件
	20CrMnTi	835	1080	10	
	20Cr2Ni4	1080	1175	10	
合金调质钢	40Cr	785	980	9	主要用于制造汽车和机床上的轴、齿轮等
	30CrMnTi	—	1470	9	
	38CrMoAl	835	980	14	

4．铸钢的牌号、性能及用途（表1-3）

铸钢主要用于制造形状复杂，具有一定强度、塑性和韧性的零件。碳是影响铸钢性能的主要元素，随着碳质量分数的增加，屈服强度和抗拉强度均增加，而且抗拉强度比屈服强度增加得更快；但当碳的质量分数大于0.45%时，屈服强度很少增加，而塑性、韧性却显著下降。所以，在生产中使用最多的是ZG230-450、ZG270-500和ZG310-570这三种铸钢。

表1-3　常见碳素铸钢的成分、力学性能及其用途

钢号	化学成分质量分数/(%)			力学性能					应用举例
	C	Mn	Si	屈服强度 R_{eL} /MPa	抗拉强度 R_m/MPa	伸长率 A(%)	Z	a_K	
ZG200-400	0.20	0.80	0.50	200	400	25	40	600	机座、变速箱壳
ZG230-450	0.30	0.90	0.50	230	450	22	32	450	机座、锤轮、箱体
ZG270-500	0.40	0.90	0.50	270	500	18	25	350	飞轮、机架、蒸汽锤、水压机、工作缸、横梁
ZG310-570	0.50	0.90	0.60	310	570	15	21	300	联轴器、汽缸、齿轮、齿轮圈
ZG340-640	0.60	0.90	0.60	340	640	10	18	200	起重运输机中齿轮、联轴器等

5．铸铁的牌号、性能及用途（表1-4）

铸铁是碳质量分数大于2.11%，并含有较多Si、Mn、S和P等元素的铁碳合金。铸铁的生产工艺和生产设备简单，价格便宜，具有许多优良的使用性能和工艺性能，所以应用非常广泛，是工程上最常用的金属材料之一。

按碳存在的形式不同可以分为：白口铸铁、灰铸铁、麻口铸铁；按铸铁中石墨的形态不同可以分为：灰铸铁、可锻铸铁、球墨铸铁、蠕墨铸铁。

表1-4　常见灰铸铁的牌号及其用途

牌号	铸件壁厚/mm	力学性能		用途举例
		抗拉强度 R_m/MPa	布氏硬度HBW	
HT100	2.5~10 10~20 20~30	130 100 90	110~166 93~140 87~131	适用于载荷小、对摩擦和磨损无特殊要求的不重要的铸件，如防护罩、盖、油盘、手轮、支架、底板、重锤、小手柄等
HT150	2.5~10 10~20 20~30	175 145 130	137~205 119~179 110~166	适用于承受中等载荷的铸件，如机座、支架、箱体、刀架、床身、轴承座、工作台、带轮、端盖、泵体、阀体、管路、飞轮、电动机座等
HT200	2.5~10 10~20 20~30	220 195 170	157~236 148~222 134~200	适用于承受较大载荷和要求一定气密性或耐蚀性等较重要的铸件，如气缸、齿轮、机座、飞轮、床身、汽缸体、活塞、齿轮箱、刹车轮、联轴器盘、中等压力阀体、泵体、液压缸、阀门等
HT250	4.0~10 10~20 20~30	270 240 220	175~262 164~247 157~236	

（续）

牌号	铸件壁厚/mm	力学性能		用途举例
		抗拉强度 R_m/MPa	布氏硬度 HBW	
HT300	10～20	290	182～272	适用于承受高载荷、耐磨和高气密性的重要零件，如重型机床、剪床、压力机、自动机床的床身、机座、机架、高压液压件、活塞环、齿轮、凸轮、车床卡盘、衬套、大型发动机的汽缸体、缸套、气缸盖等
	20～30	250	168～251	
	30～50	230	161～241	
HT350	10～20	340	199～298	
	20～30	290	182～272	
	30～50	260	171～257	

6. 钢的鉴别

钢的种类很多，性能上也有很大的不同，因此，对钢的鉴别是非常重要的。钢的鉴别方法有以下几种：

（1）化学方法　利用化学仪器分析成分，可以准确定量、定性地判别各元素的成分和含量。但是这种检测方法复杂，且费用高、时间长。

（2）光谱等仪器法　利用光谱分析仪等仪器进行检测的一种方法。可以准确定量、定性地判别各元素的成分和含量，具有灵敏度高、检测速度快和准确率高等优点，但成本比较高。

（3）火花鉴别法　根据钢材在砂轮上磨削时所射出火花的不同，来定性地大致鉴别低、中和高碳钢。磨削时由灼热粉末形成的线条状火花称为流线；流线在飞行途中爆炸而发出稍粗而明亮的点称为节点；火花在爆裂时所射出的线条称为芒线；芒线所组成的火花称为节花，如图1-1所示。w_C<0.25%的低碳钢的火花特征是一次节花；w_C为0.25%～0.6%的中碳钢的火花特征是二次节花；w_C>0.6%的高碳钢的火花特征是三次节花。这种方法简便，只能大致判别钢的种类，不能检测其含量。

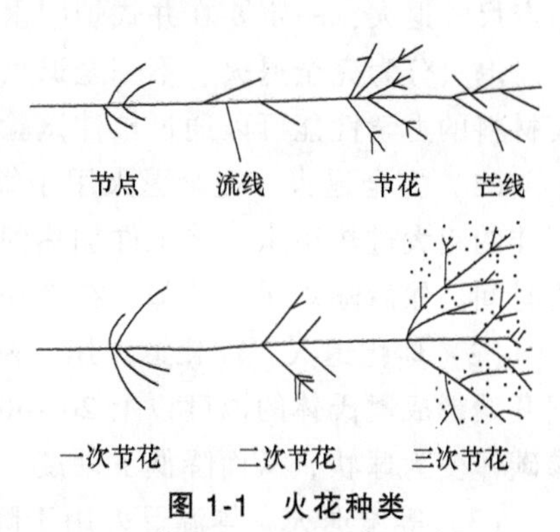

图1-1　火花种类

（4）金相、硬度法　通过取样→磨光（粗磨、细磨）→抛光（在抛光机上）→侵蚀（一般用4%硝酸的酒精溶液）→吹干（用电吹风）→观察（用金相显微镜），来大致判别。这种方法不仅可以大致定性地分析判断钢的种类，还可以鉴别其热处理状态。此时的硬度一般用显微镜或维氏硬度计测量，也可以在零件上直接进行洛氏硬度检验。金相和硬度法虽然操作烦琐，但可用于帮助分析金属材料组织结构对其性能的影响，为科研提供便利。

1.2　金属热处理方法

1.2.1　热处理概述

热处理是采用适当的方式对金属材料或工件在固态下按一定的工艺要求进行加热、保温和冷却，使其内部组织结构发生变化，从而提高或改善金属力学性能的一种方法。

热处理方法很多，通常分为整体热处理和表面热处理。整体热处理常用的有退火、正火、淬火和回火等，表面热处理分为表面淬火和化学热处理（渗碳、渗氮、碳氮共渗）等。热处理既可作为预备热处理以消除上一工序所遗留的某些缺陷，为下一道工序做好准备；也可作为最终热处理进一步改善材料的性能，从而充分发挥材料的潜力，达到零件的使用要求。

1.2.2 钢的热处理工艺

热处理的工艺过程可以通过温度和时间坐标形成的图形曲线表示，该曲线称为热处理工艺曲线，如图 1-2 所示。通过控制加热温度、保温和冷却速度等参数，可在很大范围内改变金属材料内部组织结构和工艺性能。

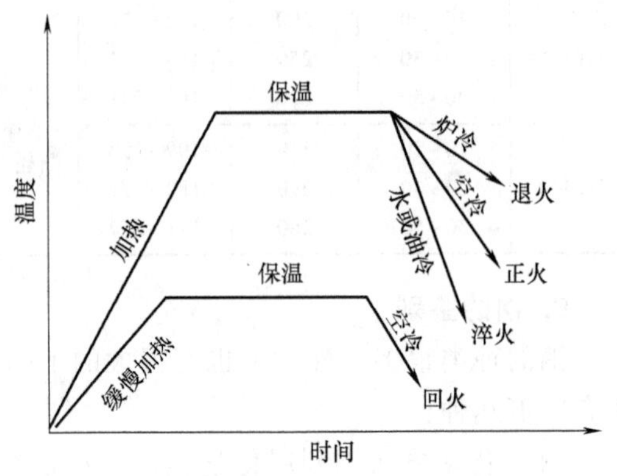

图 1-2 常用热处理方法及工艺过程

1. 退火

退火是把工件加热到适当的温度（对碳素钢来说一般加热至 800~900℃），保温一定时间后随炉降温冷却，即为一种冷却速度比较慢的热处理方法。加热时温度控制应准确，温度过低达不到退火目的；温度过高又会造成过热、过烧、氧化和脱碳等缺陷。操作时还应注意零件的放置方法，尤其当退火的主要目的是为了消除内应力时更应注意，如对于细长工件的稳定尺寸退火，一定要在井式炉中垂直吊置，以防止工件由于自身重力而引起变形。

退火分为完全退火、不完全退火、去应力退火、扩散退火、球化退火和再结晶退火。退火材料的力学性能可以通过拉伸试验来检测，也可以通过硬度试验来检测。

（1）完全退火　完全退火用于细化中、低碳钢经铸造、锻压和焊接后出现的力学性能不佳的粗大过热组织。将工件加热到铁素体全部转变为奥氏体的温度以上 30~50℃，保温一段时间，然后随炉缓慢冷却，在冷却过程中奥氏体再次发生转变，即可使钢的组织变细。

（2）球化退火　球化退火用于降低工具钢和轴承钢锻压后的偏高硬度。将工件加热到钢开始形成奥氏体的温度以上 20~40℃，保温后缓慢冷却，在冷却过程中珠光体中的片层状渗碳体变为球状，从而降低了硬度。

（3）等温退火　等温退火用于降低某些镍、铬含量较高的合金结构钢的硬度，以便进行切削加工。一般先以较快速度冷却到奥氏体最不稳定的温度，保温适当时间，奥氏体转变为托氏体或索氏体，硬度即可降低。

（4）再结晶退火　再结晶退火用于消除金属线材、薄板在冷拔、冷轧过程中的硬化现象（硬度升高、塑性下降）。加热温度一般为钢开始形成奥氏体温度以下 50~150℃，只有这样才能消除加工硬化而使金属软化。

（5）石墨退火　石墨退火用于使含有大量渗碳体的铸铁变成塑性良好的可锻铸铁。工艺操作是将铸件加热到 950℃左右，保温一定时间后适当冷却，使渗碳体分解形成团絮状石墨。

（6）扩散退火　扩散退火用于使合金铸件化学成分均匀化，提高其使用性能。方法是在不发生熔化的前提下，将铸件加热到尽可能高的温度，并长时间保温，待合金中各种元素扩散趋于均匀分布后缓冷。

（7）去应力退火　去应力退火用于消除钢铁铸件和焊件的内应力。对于钢铁制品加热后开始形成奥氏体的温度以下 100~200℃，保温后在空气中冷却，即可消除内应力。

（8）不完全退火　不完全退火是指将钢加热到 Ac_1~Ac_{cm}，保温足够时间，然后随炉缓冷的工艺。在 500~600℃ 时，碳钢的冷却速度是 100~200℃/h，合金钢的冷却速度是 50~100℃/h，高合金钢的冷却速度是 20~60℃/h。不完全退火工艺主要用于过共析钢。

2. 正火

将工件放到炉中加热到适当温度，保温后出炉空冷的热处理方法称为正火。正火实质上是退火的另一种形式，其作用与退火相似。与退火的不同之处是加热（对碳钢而言，一般加热至 800~900℃）和保温后，工件是放在空气中冷却而不是随炉冷却。由于冷却速度比退火快，因此，正火工件获得的组织比较细密，比退火工件的强度和硬度稍高，而塑性和韧性稍低。由于正火冷却时不占用炉子，还可使生产效率提高，成本降低。所以一般对于低碳和中碳钢结构钢等，多用正火代替退火。

3. 淬火

淬火是将工件加热到适当的温度（对碳钢来说一般加热到 760~820℃），保温后在水中或油中快速冷却的热处理方法。工件淬火后可获得高硬度的组织，因此淬火可提高钢的强度和硬度。但工件在淬火后脆性增加，且内部会产生很大的内应力，使工件变形甚至开裂。所以，工件淬火后一般都要及时进行回火处理，并在回火后获得适当的强度和韧性。

淬火方式很多，常见的有单介质淬火、双介质淬火、分级淬火、等温淬火、表面淬火和感应淬火等。

淬火时要注意工件浸入淬火剂的方式。如果浸入方式不正确，可能使工件各部分的冷却速度不一致而造成很大的内应力，使工件产生变形和裂纹，或产生局部淬不硬等缺陷。例如，钻头、轴杆类等细长工件应以吊挂的方式垂直浸入淬火液中；薄而平的工件（如圆盘铣刀等），不能平着放入而必须立着放入淬火剂中，使工件各部分的冷却速度趋于一致等。淬火操作时，还必须穿戴防护用品，如工作服、手套、防护眼镜等，以防淬火液飞溅伤人。

4. 回火

将淬火后的工件重新加热到 Ac_1 以下的某一温度并进行保温，保温后冷却到室温的操作称为回火。回火的温度大大低于退火、正火和淬火时的加热温度，因此回火并不能使工件材料的组织发生转变。回火的目的是减小或消除工件在淬火时所形成内应力，适当降低淬火钢的硬度和脆性，使工件获得较好的强度和韧性，即获得较好的综合力学性能。根据回火温度不同，回火操作可分为低温回火、中温回火和高温回火。

低温回火（150~250℃）是在保证淬火后高硬度和耐磨性的基础上，降低淬火应力，提高工件韧性。低温回火得到的是马氏体组织，硬度可达 58~64HRC。低温回火常用于处理高碳工具钢、模具钢、滚动轴承及渗碳钢等零件。

中温回火（350~500℃）得到的组织为回火托氏体，它具有高的弹性极限、屈服强度和屈强比，同时还具有一定的塑性和韧性，硬度一般为 35~45HRC。中温回火常用于各种弹簧的热处理。

高温回火（500~650℃）通常把淬火后再进行高温回火的双重热处理方法称为调质处理。调质处理得到的是回火索氏体组织，具有良好的综合性能。在许多重要的机械结构件中，如受力比较复杂的连杆、重要的螺栓、齿轮及轴类零件，得到了广泛应用。中高碳钢调质处理后的硬度一般为 200~350HBW。调质处理后的力学性能与正火相比，不仅强度高，而且塑性和韧性也较好。这是因为调质后得到的回火索氏体中的渗碳体呈颗粒状，而正火得到的索氏体中的渗碳体则呈片状，颗粒状的渗碳体对于阻止断裂过程中裂纹的扩展比片状渗碳体更有利。

5. 表面热处理

对于有些零件，如齿轮、销轴等，在使用时希望它的心部保持一定的韧性，又要求其表面层具有耐磨性、抗蚀性和抗疲劳性，这些性能可通过对其进行表面热处理来得到。表面热处理按处理工艺特点可分为表面淬火和表面化学热处理两类，如实习时制作的手锤，对表面要求具有一定的硬度，而对心部没有必要要求很高的硬度，此时可以采用表面淬火的热处理工艺达到预期目的。

（1）表面淬火　钢的表面淬火是通过快速加热，将钢件表面层迅速加热到淬火温度，然后快速冷却的热处理工艺。通常钢件在表面淬火前均要进行正火或调质处理，表面淬火后应进行低温回火。这样，不仅可以保证其表面的高硬度和高耐磨性，而且可以保证其心部的强度和韧性。

按照加热方法不同，表面淬火分为火焰加热表面淬火和感应加热表面淬火（简称高频淬火）。

1）火焰加热表面淬火　火焰加热表面淬火是以高温火焰为热源的一种表面淬火方法，淬硬层一般为2~6mm，它适合于中碳钢和中碳合金钢的大型工件的表面淬火。火焰加热表面淬火简单易行，适用于单件小批量生产，但火焰加热温度不易控制，难以保证质量，所以现在不常使用，其示意图如图1-3所示。

2）感应加热表面淬火　感应加热表面淬火是利用电磁感应原理加热工件表面，并快速冷却的淬火工艺，其示意图如图1-4所示。

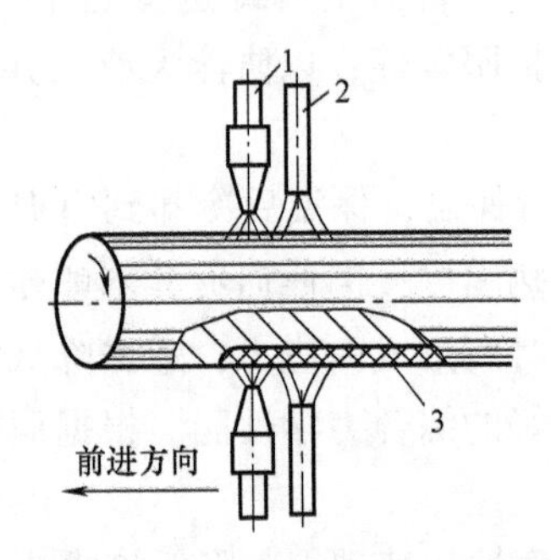

图1-3　火焰加热表面淬火示意图

1—火焰加热器　2—淬火介质喷嘴　3—淬火表面

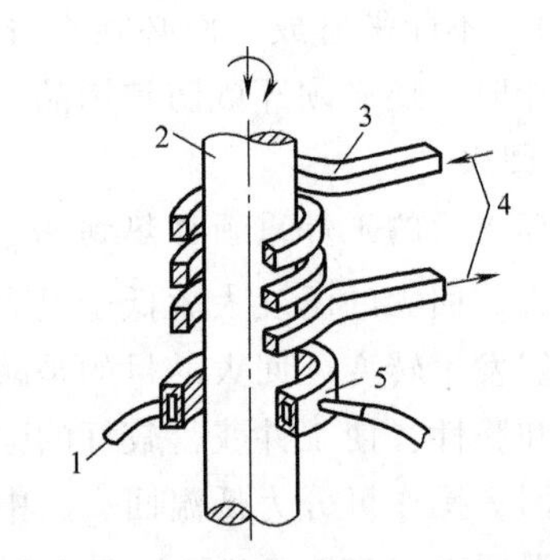

图1-4　感应加热表面淬火示意图

1—淬火剂　2—工件　3—电热感应圈　4—感应圈冷却水　5—淬火喷水套

当导体线圈中通过一定频率的交流电时，在线圈周围将产生一个频率相同的交变磁场，于是工件内就会产生频率相同、方向相反的感应电流。感应电流在工件内自成回路，称为涡流。涡流主要集中在工件表层，而且频率越高，电流集中的表层越薄。由于钢本身具有电阻，因而集中于工件表面的涡流可使表层迅速加热到淬火温度，而心部温度仍接近室温，所以随即喷水快速冷却后，就达到了表面淬火的目的。

感应加热的优点是加热速度快，操作方便，质量好，生产率高，可以使全部淬火过程机械化、自动化，适用于成批及大量生产，因此被广泛使用。

（2）表面化学热处理　化学热处理就是将钢件置于适当的介质中加热一定时间，使某些金属元素（碳、氮、铝和铬等）渗入零件表层，改变零件表层的化学成分和组织，以提高零件表面的硬度、耐磨性、耐热性和耐蚀性等。常用的化学热处理有渗碳、渗氮、碳氮共渗以及渗入金属元素等方法。

第2章

钳　工

目的和要求

1. 了解钳工在工作中的作用。

2. 掌握锯削、锉削、钻孔、套螺纹和攻螺纹等基本技能。

3. 初步掌握对简单零件的选择加工方法和工艺分析的能力。

安全操作规程

1. 严格执行安全制度，必须穿好工作服。女生戴好工作帽，将长发放入帽内，不得穿高跟鞋、凉鞋或拖鞋。

2. 工件必须牢固地固定在虎钳上，防止工件掉落伤人。

3. 锉刀上的铁屑，不可用手清除，应用铁刷清除。

4. 使用手锯时不可扭转或用力压，以免锯条断裂。

5. 铰孔和攻螺纹时，力度适中，以免折断铰刀或丝锥。

6. 机床操作时不准戴手套，严禁身体、衣袖与转动部位接触，严格按安全规程操作，注意人身安全。

7. 每天下课清整用具、工件，打扫工作场地，保持环境卫生。

2.1　钳工概述

1. 钳工的基本操作

钳工是利用手持工具对夹紧在钳工工作台虎钳上的工件进行切削加工的方法，它是机械制造中的重要工种之一。钳工的基本操作可分为：

1）辅助性操作，即划线，它是根据图样在毛坯或半成品工件上划出加工界线的操作。

2）切削性操作，有錾削、锯削、锉削、攻螺纹、套螺纹、钻孔（扩孔、铰孔）、刮削和研磨等多种操作。

3）装配性操作，即装配，将零件或部件按图样技术要求组装成机器的工艺过程。

4）维修性操作，即维修，对在役机械、设备进行维修、检查和修理的操作。

2. 钳工的工作范围及在机械制造与维修中的作用

（1）普通钳工工作范围

1）加工前的准备工作，如清理毛坯，在毛坯或半成品工件上划线等。

2）单件零件的修配性加工。

3）零件装配时的钻孔、铰孔、攻螺纹和套螺纹等。

4）加工精密零件，如刮削或研磨机器、量具和工具的配合面，夹具与模具的精加工等。

5）零件装配时的配合修整。

6）机器的组装、试车、调整和维修等。

（2）钳工在机械制造及维修中的作用　钳工是一种比较复杂、细微，且工艺要求较高的工作。目前虽然有各种先进的加工方法，但钳工具有所用工具简单，加工多样灵活，操作方便，适应面广等特点，故有很多工作仍需由钳工来完成，如前述钳工应用范围中的工作。因此钳工在机械制造及机械维修中有着特殊的、不可取代的作用。但钳工操作的劳动强度大，生产效率低，且对工人技术水平要求较高。

3. 钳工工作台和虎钳

（1）钳工工作台　钳工工作台，简称钳台，常用硬质木板或钢材制成，要求坚实、平稳，台面高度约 800~900mm，台面上装虎钳和防护网，如图 2-1 所示。

（2）虎钳　虎钳，用于夹持工件，其规格以钳口的宽度来表示，常用的有 100mm、125mm 和 150mm 三种，如图 2-2 所示，使用虎钳时应注意：

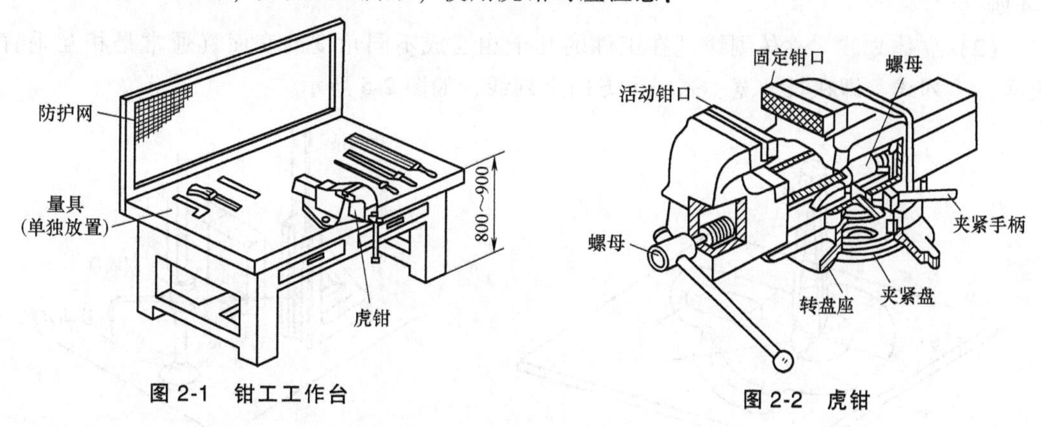

图 2-1　钳工工作台　　图 2-2　虎钳

1）工件尽量夹在钳口中部，使钳口受力均匀。

2）夹紧后的工件应稳定可靠，便于加工，并不产生变形。

3）夹紧工件时，一般只允许依靠手的力量来扳动手柄，不能用手锤敲击手柄或随意套上长管子来扳手柄，以免丝杠、螺母或钳身损坏。

4）不要在活动钳身的光滑表面进行敲击作业，以免降低配合性能。

5）加工时用力方向最好是朝向固定钳身。

2.2　划线

划线是根据图样的尺寸要求，用划线工具在毛坯或半成品上划出待加工部位的轮廓线（或称加工界限）或作为基准的点、线的一种操作方法。划线的精度一般为 0.25~0.5mm。

常用的划线工具如图 2-3 所示。

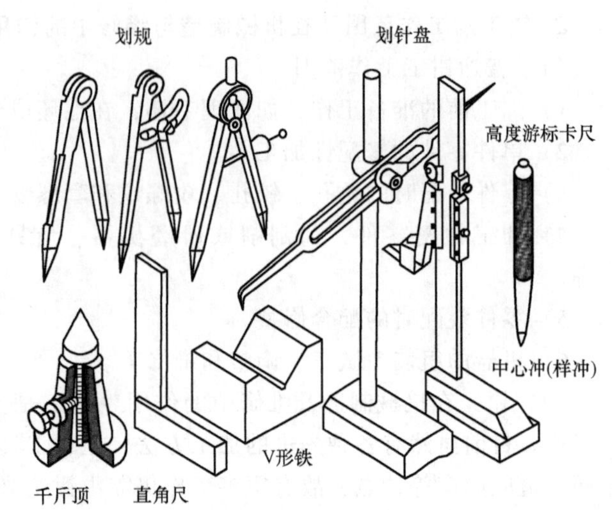

图 2-3 常用的划线工具

2.2.1 划线的作用及种类

1. 划线的作用

1）所划的轮廓线即为毛坯或半成品的加工界限和依据，所划的基准点或线是工件安装时的标记或校正线。

2）在单件或小批量生产中，可以用划线来检查毛坯或半成品的形状和尺寸，合理分配各加工表面的余量，及早发现不合格品，避免造成后续加工工时的浪费。

3）在板料上划线下料，可做到正确排料，使材料合理使用。

划线是一项复杂、细致的重要工作，如果划线划错，就会造成加工工件的报废。所以划线直接关系到产品的质量。

对划线的要求是：尺寸准确、位置正确、线条清晰、冲眼均匀。

2. 划线的种类

（1）平面划线　平面划线即在工件的一个平面上划线后就能明确表示加工界限，如图 2-4 所示。

（2）立体划线　立体划线是在工件的几个相互成不同角度的表面（通常是相互垂直的表面）上划线，即在长、宽、高三个方向上划线，如图 2-5 所示。

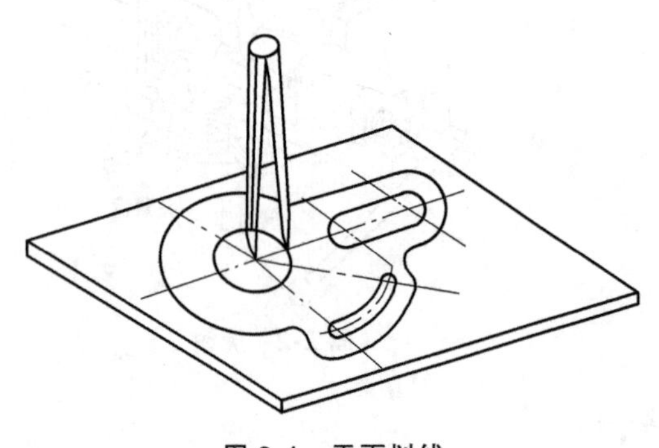
图 2-4 平面划线

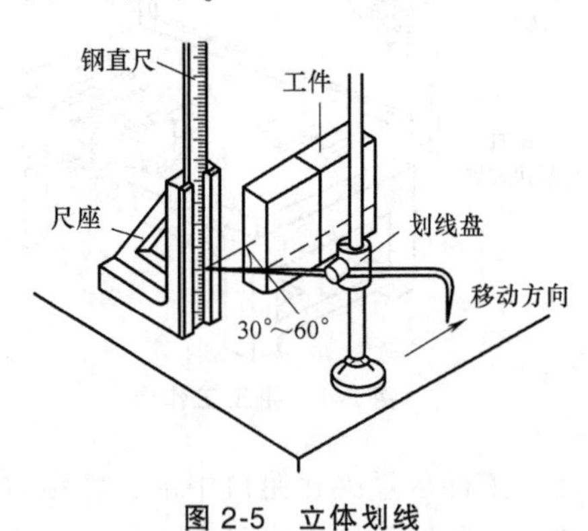

图 2-5 立体划线

2.2.2 划线的工具及用法

划线工具按用途不同可分为基准工具、夹持工具、直接绘划工具和量具等。

1. 基准工具

基准工具即划线平板，其由铸铁制成，上表面是划线的基准平面，要求非常平直和光洁，如图 2-6 所示。使用时应注意：

图 2-6 划线平板

1）平板安放时要平稳牢固，上平面应保持水平。

2）平板不准碰撞和用锤敲击，以免使其精度降低。

3）平板长期不用时，应涂油防锈，并加盖保护罩。

2. 夹持工具

夹持工具，用于定位工件，限制工件自由度，方便划线、测量等工作，如图 2-7 所示。

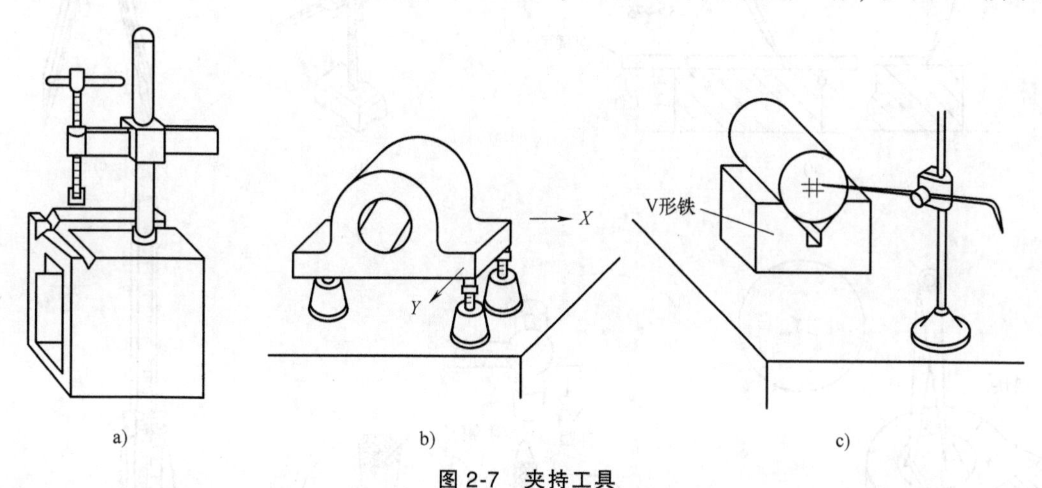

图 2-7　夹持工具

a）方箱　b）千斤顶　c）V 形铁

（1）方箱　方箱是铸铁制成的空心立方体，其各相邻的两个面均互相垂直。方箱用于夹持、支承尺寸较小而加工面较多的工件。通过翻转方箱，便可在工件表面上划出互相垂直的线条。

（2）千斤顶　千斤顶用于在平板上支承较大及不规整的工件，其高度可以调整。通常用三个千斤顶支承工件。

（3）V 形铁　V 形铁用于支承圆柱形工件，使工件轴线与底板平行。

3. 直接绘划工具

（1）划针　划针是在工件表面划线用的工具。常用的划针由工具钢或弹簧钢制成（有的划针在其尖端部位焊有硬质合金），直径 $\phi 3 \sim 6$mm。

（2）划针盘　划针盘主要用于立体划线和校正工件的位置。它由底座、立杆、划针和锁紧装置等组成。

（3）划规　划规是划圆或弧线、等分线段及量取尺寸等用的工具。它的用法与制图中的圆规相似。

（4）划卡　划卡也称单脚划规，主要用于确定轴和孔的中心位置。

（5）样冲　样冲用于在工件划线点上打出样冲眼，以备在划线模糊后仍能找到原划线的位置。

（6）高度游标卡尺　高度游标卡尺除用于测量工件的高度外，还可用于半成品划线，其读数精度一般为 0.02mm。它只可用于半成品划线，不准用于毛坯。

常用的绘划工具如图 2-8 所示。

4. 量具

（1）游标卡尺　游标卡尺是一种测量长度、内外径和深度的量具，如图 2-9 所示。游标

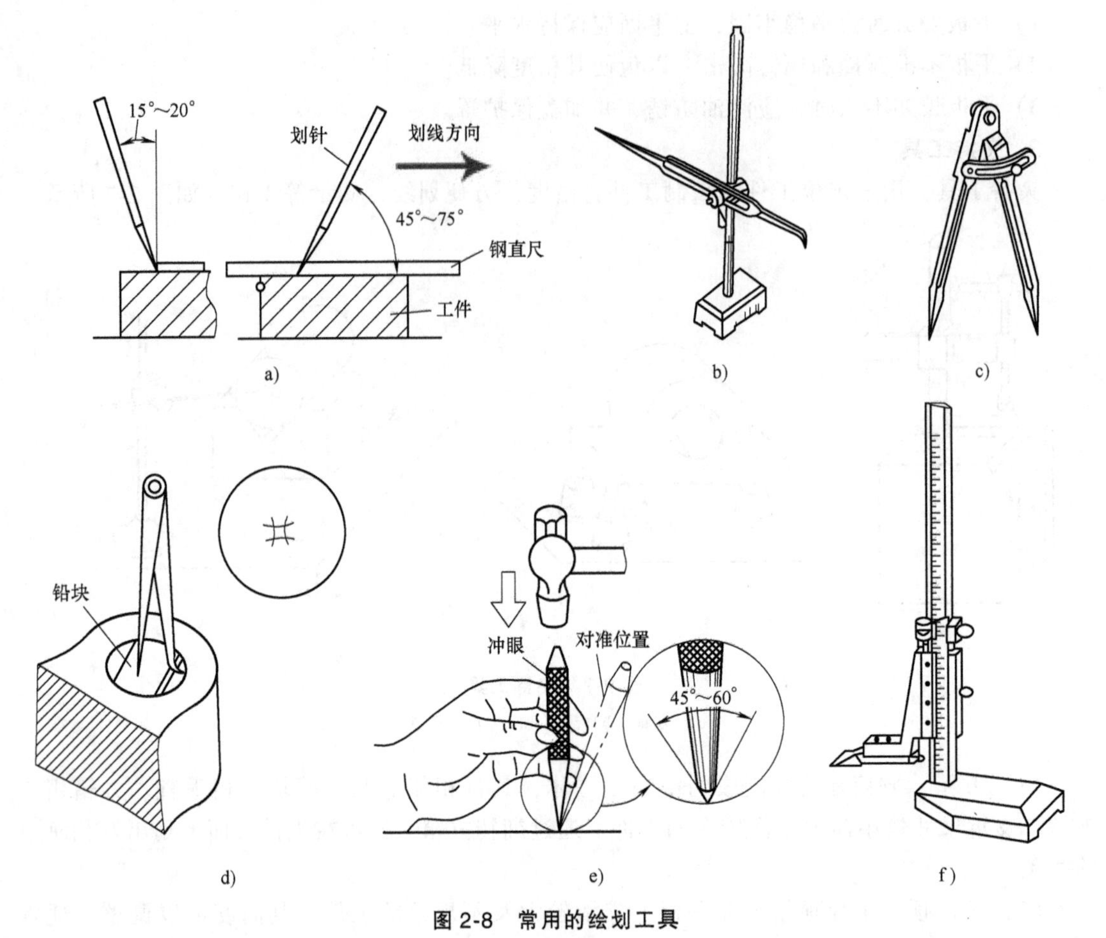

图 2-8　常用的绘划工具

a）划针使用　b）划针盘　c）划规　d）划卡定孔心　e）样冲的使用　f）高度游标卡尺

卡尺由主尺和附在主尺上能滑动的游标两部分构成。若从背面看，游标是一个整体。主尺一般以毫米为单位，而游标上则有 10、20 或 50 个分格，根据分格的不同，游标卡尺可分为十分度游标卡尺、二十分度游标卡尺和五十分度格游标卡尺等。

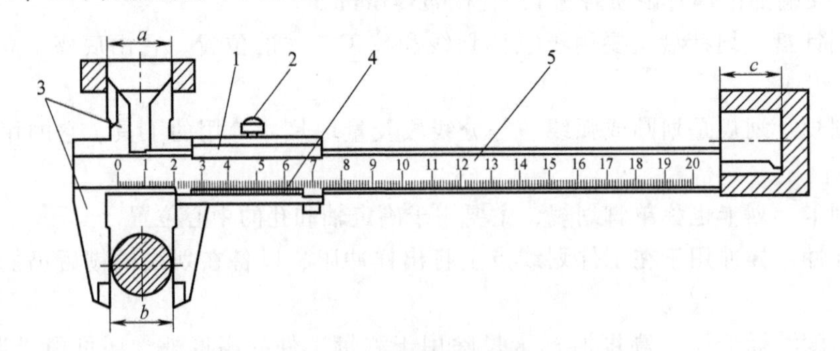

图 2-9　游标卡尺结构

a—外表面尺寸　b—内表面尺寸　c—深度尺寸

1—尺框　2—紧定螺钉　3—内外量爪　4—游标刻度　5—尺身

游标卡尺可以测量多种形状的工件尺寸，其使用方法如图 2-10 所示。

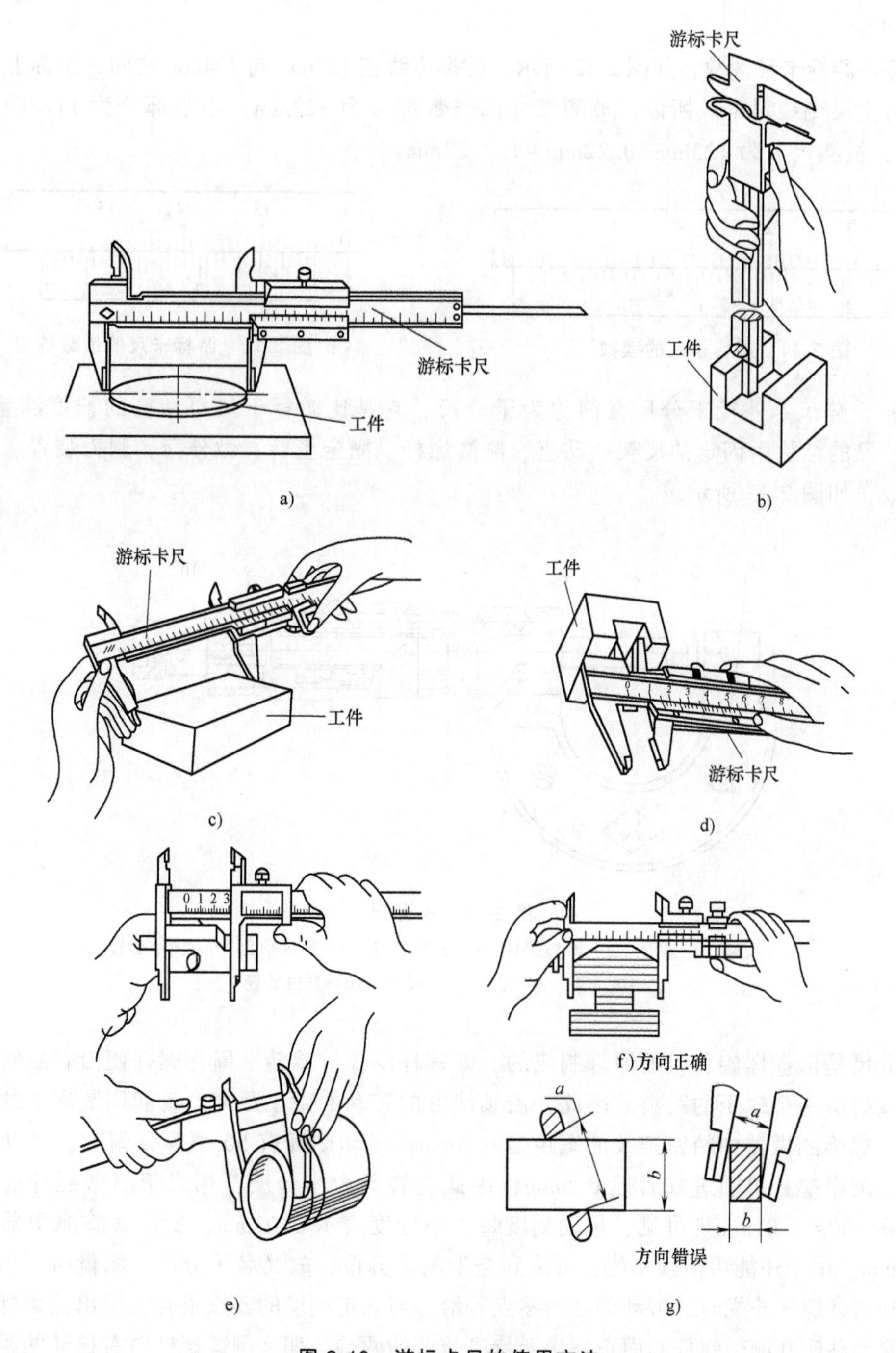

图 2-10 游标卡尺的使用方法

a）测量工件外径 b）测量沟槽深度 c）测量工件长度

d）测量沟槽宽度 e）测量工件长度 f）方向正确 g）方向错误

我们这里主要介绍 50 分度游标卡尺读数：主尺每小格 1mm，当两爪合并时，游标上的 50 格刚好等于主尺上的 49mm，则游标每格间距为 49÷50＝0.98（mm），主尺每格间距与游标每格间距相差 1－0.98＝0.02（mm）。所以 0.02mm 即为此种游标卡尺的最小读数值，如

图 2-11 所示。

试练习游标卡尺读数：如图 2-12 所示，游标零线在 123mm 与 124mm 之间，游标上的第 11 格刻线与主尺刻线对准。所以，被测尺寸的整数部分为 123mm，小数部分为 11×0. 02mm = 0. 22mm，被测尺寸为 123mm+0. 22mm = 123. 22mm。

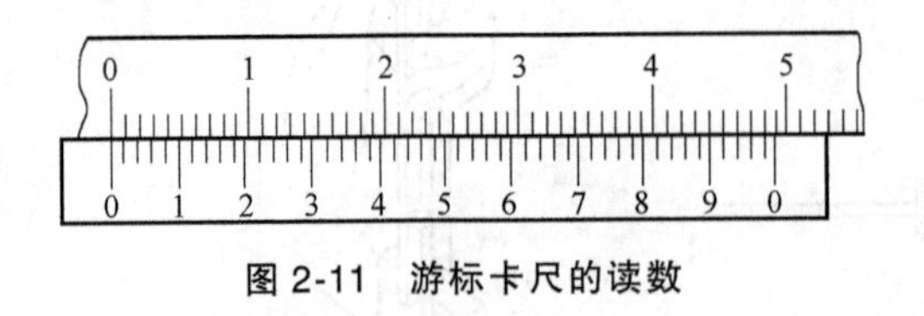

图 2-11　游标卡尺的读数

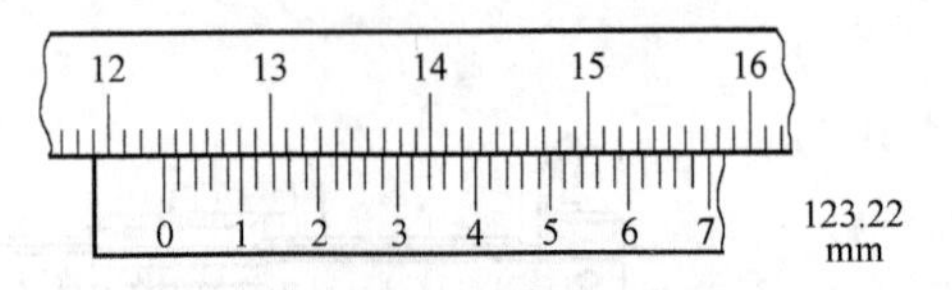

图 2-12　游标卡尺的读数练习

(2) 千分尺　外径千分尺常简称为千分尺，它是比游标卡尺更精密的长度测量仪器。外径千分尺的结构由固定的尺架、砧座、测微螺杆、固定套管、微分筒、测力装置、锁紧装置等组成，如图 2-13 所示。

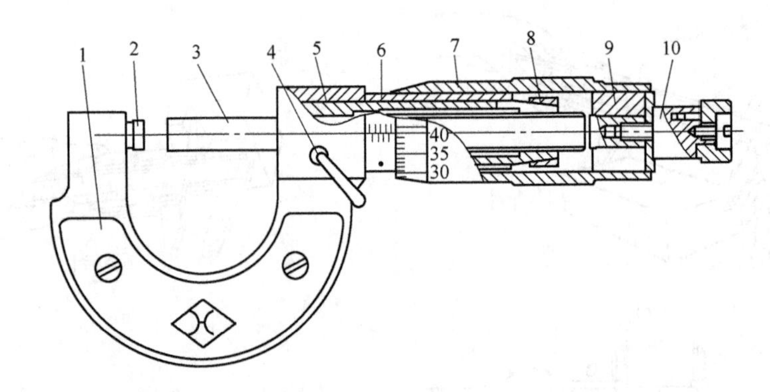

图 2-13　千分尺

1—尺架　2—砧座　3—测微螺杆　4—锁紧装置　5—螺纹轴套　6—固定套管　7—微分筒　8—螺母　9—接头　10—测力装置

千分尺是依据螺旋放大的原理制成的，即螺杆绕螺母旋转一周，螺杆便沿着旋转轴线方向前进或后退一个螺距的距离。因此，沿轴线方向移动的微小距离，就能用圆周上的读数表示出来。螺旋测微器中精密螺纹的螺距是 0. 5mm，可动刻度有 50 个等分刻度，可动刻度旋转一周，测微螺杆可前进或后退 0. 5mm，因此旋转每个小分度，相当于测微螺杆前进或后退 0. 5mm÷50 = 0. 01mm。可见，可动刻度每一小分度表示 0. 01mm，所以螺旋测微器可精确到 0. 01mm。由于还能再估读一位，可读到毫米的千分位，故又名千分尺。测量时，当固定测量砧座和测微螺杆并拢时，可动刻度的零点若恰好与固定刻度的零点重合，旋出测微螺杆，并使固定测量砧座和测微螺杆的面正好接触待测长度的两端，那么测微螺杆向右移动的距离就是所测的长度。这个距离毫米数的整数部分由固定刻度上读出，小数部分则由可动刻度读出。

千分尺使用方法如下：

1）根据要求选择适当量程的千分尺。

2）清洁千分尺的尺身和测砧。

3）把千分尺安装在千分尺座上并固定好，然后校对零线。

4）将被测件放到两工作面之间，调微分筒，使工作面快接触到被测件后，调测力装置，直到听见“咔咔”声时停止。

千分尺读数方法，如图 2-14 所示：

1）由固定刻度上读整毫米数。

2）由可动刻度读格数，并估读，再乘 0.01，作为毫米数的小数部分。

3）待测长度为两者之和。

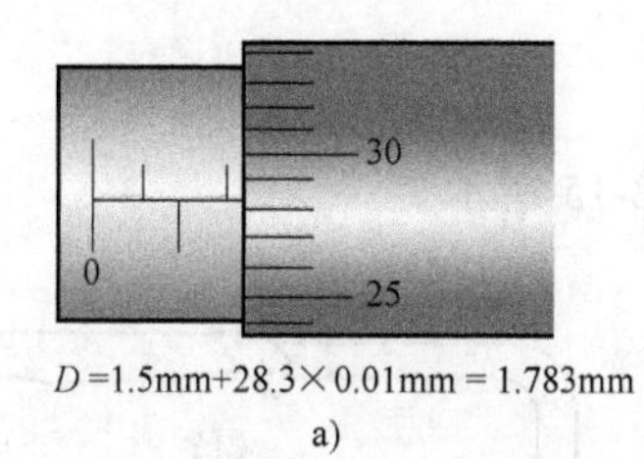

D=1.5mm+28.3×0.01mm = 1.783mm

a)

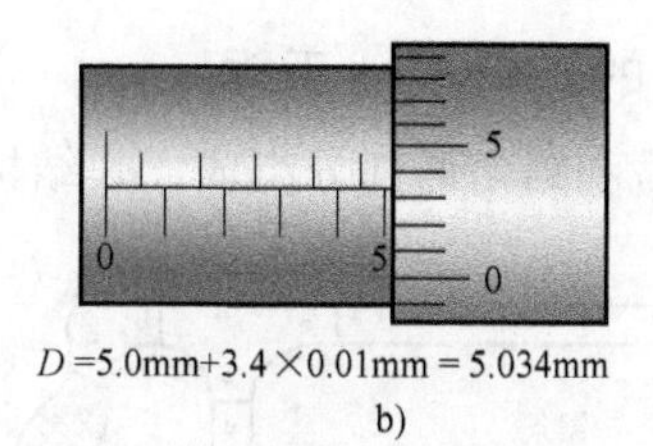

D=5.0mm+3.4×0.01mm = 5.034mm

b)

图 2-14　千分尺读数方法

2.2.3　划线基准

用划线盘划各种水平线时，应选某一基准作为依据，并以此来调节每次划针的高度，这个基准称为划线基准。

一般划线基准与设计基准应一致。常选用重要孔的中心线为划线基准，或零件上尺寸标注基准线为划线基准。若工件上个别平面已加工过，则以加工过的平面为划线基准。常见的划线基准有三种类型：

1）以两个相互垂直的平面（或线）为基准。

2）以一个平面与对称平面（或线）为基准。

3）以两个互相垂直的中心平面（或线）为基准。

2.2.4　划线操作要点

1. 划线前的准备工作

（1）工件准备　工件准备包括工件的清理、检查和表面涂色。

（2）工具准备　按工件图样要求，选择所需工具，并检查和校验工具。

2. 划线操作注意事项

（1）看懂图样，了解零件的作用，分析零件的加工顺序和加工方法。

（2）工件夹持或支承要稳妥，以防滑倒或移动。

（3）在一次支承中应将要划出的平行线全部划全，以免再次支承补划，造成误差。

（4）正确使用划线工具，划出的线条要准确、清晰。

（5）划线完成后，要反复核对尺寸，才能进行机械加工。

2.3　锯削

利用锯条锯断金属材料（或工件）或在工件上进行切槽的操作称为锯削。

2.3.1　锯削的作用

虽然当前各种自动化、机械化的切割设备已广泛使用，但手锯切割依然常见，它具有方便、简单和灵活的特点，在单件小批生产、临时工地以及切割异形工件、开槽、修整等场合应用较广。因此手工锯削是钳工需要掌握的基本操作之一。

锯削工作范围包括：

1）分割各种材料及半用品。

2）锯掉工件上多余部分。

3）在工件上锯槽。

2.3.2 锯削的工具——手锯

手锯由锯弓和锯条两部分组成，其结构如图 2-15 所示。

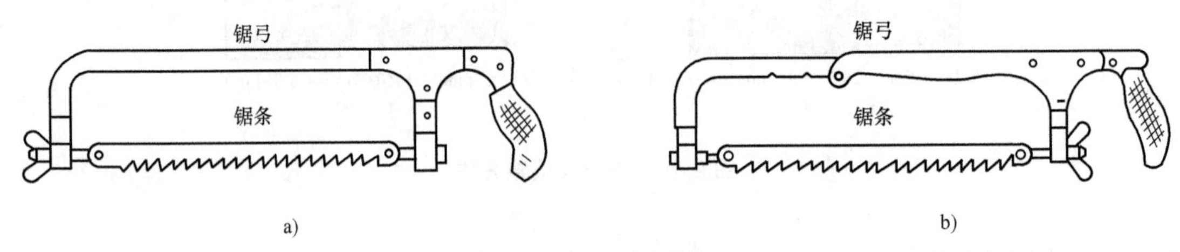

图 2-15 手锯的结构

a）固定式锯弓 b）可调式锯弓

1. 锯弓

锯弓是用来夹持和拉紧锯条的工具，有固定式和可调式两种。固定式锯弓的弓架是整体的，只能装一种长度规格的锯条；可调式锯弓的弓架分成前段和后段，由于前段在后段套内可以伸缩，因此可以安装几种长度规格的锯条。目前广泛使用的是可调式锯弓。

2. 锯条的材料与结构

锯条由碳素工具钢（如 T10 或 T12）或合金工具钢经热处理制成。

锯条的规格以锯条两端安装孔间的距离来表示（长度为 150~400mm）。常用的锯条尺寸为长 399mm、宽 12mm、厚 0.8mm。

锯条的锯齿按一定形状左右错开，排列成一定形状，称为锯路。锯路有交叉、波浪等不同排列形状。锯路的作用是使锯缝宽度大于锯条背部的厚度，防止锯削时锯条卡在锯缝中，并减少锯条与锯缝的摩擦阻力，使排屑顺利，锯削省力。

锯齿的粗细用锯条上每 25mm 长度内的齿数表示。14~18 齿为粗齿，24 齿为中齿，32 齿为细齿。锯齿的粗细也可按齿距 t 的大小来划分：粗齿的齿距 $t=1.6$mm；中齿的齿距 $t=1.2$mm；细齿的齿距 $t=0.8$mm。

3. 锯条粗细的选择

锯削软材料（如铜、铝合金等）或厚材料时，应选用粗齿锯条，因为材料的锯屑较多，要求较大的容屑空间。

锯削硬材料（如合金钢等）或薄板、薄管时，应选用细齿锯条，因为材料硬，锯齿不易切入，锯屑量少，不需要大的容屑空间；而锯薄材料时，锯齿易被工件勾住而崩断，需要同时工作的齿数多，使锯齿承受的力量减少。

锯削中等硬度材料（如普通钢、铸铁等）和中等硬度的工件时，一般选用中齿锯条。

4. 锯条的安装

手锯是在向前推时进行切割，在向后返回时不起切削作用，因此安装锯条时应锯齿向前，如图 2-16 所示。锯条的松紧要适当，太紧失去了应有的弹性，锯条容易崩断；太松会使锯条扭曲，锯缝歪斜，锯条也容易崩断。

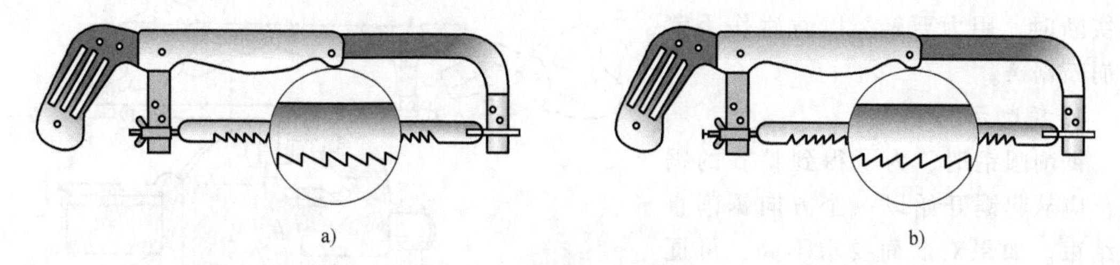

图 2-16 手锯的安装方向

a）正确 b）错误

2.3.3 锯削的操作

1. 工件的夹持

工件的夹持要牢固，不可有抖动，以防锯削时工件移动而使锯条崩断。同时也要防止夹坏已加工表面和工件变形。工件尽可能夹持在虎钳的左面，以方便操作。锯削线应与钳口垂直，以防锯斜；锯削线离钳口不应太远，以防锯削时产生抖动。

2. 起锯

起锯的方式有远边起锯和近边起锯两种，一般情况下采用远边起锯，因为此时锯齿逐步切入材料，不易卡住，起锯比较方便。起锯角 α 以 15°左右为宜。为了起锯的位置正确和平稳，可用左手大拇指挡住锯条来定位。起锯时压力要小，往返行程要短，速度要慢，如图 2-17 所示。

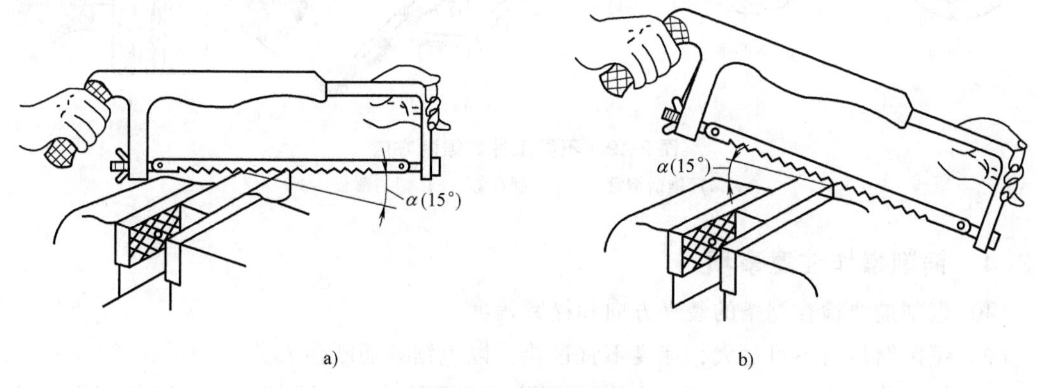

图 2-17 起锯的方法

a）近起锯 b）远起锯

3. 正常锯削

待起锯锯出锯口后，锯弓再逐渐转变至水平方向，手握锯弓要舒展自然，右手握住手柄向前施加压力，左手轻扶在弓架前端，稍加压力。人体重量均布在两腿上。锯削时速度不宜过快，以 30~60 次/min 为宜，并应用锯条全长的 2/3 工作，以免锯条中间部分迅速磨钝，如图 2-18 所示。

推锯时锯弓运动方式有两种：一种是直线运动，适用于锯缝底面要求平直的槽和薄壁工件的锯削；另一种是上下摆动，这样操作自然，两手不易疲劳。锯削到材料快断时，用力要轻，以防碰伤手臂或崩断锯条。

4. 锯削示例

锯削圆钢时，为了得到整齐的锯缝，应从起锯开始以一个方向锯削直至结束。如果对断面要求不高，可逐渐变更起锯方向，以减少抗力，便于切入。

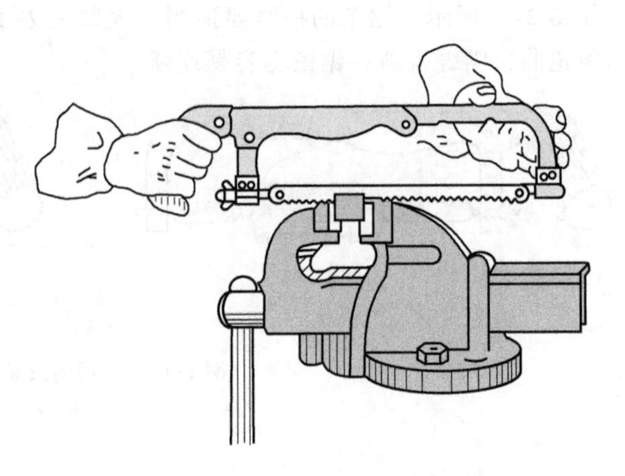

图 2-18　正常锯削的握法

锯削圆管时，一般把圆管水平夹持在虎钳内；对于薄管或精加工过的管，应夹在木垫之间。锯削管子不宜从一个方向锯到底，应该在锯到管内壁时停止，然后把管向推锯方向旋转一些，仍按原有锯缝锯下去，这样不断转锯，直到锯断为止。

锯削薄板时，为了防止工件产生振动和变形，可用木板夹住薄板两侧进行锯削，如图 2-19 所示。

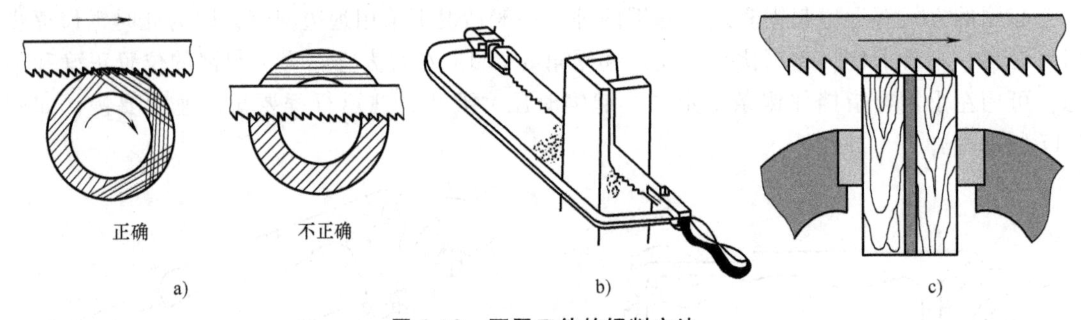

图 2-19　不同工件的锯削方法

a）锯削钢管　b）锯削深缝　c）锯削薄板

2.3.4　锯削操作注意事项

（1）锯削前要检查锯条的装夹方向和松紧程度。

（2）锯削时压力不可过大，速度不宜过快，以免锯条崩断伤人。

（3）锯削将完成时，用力不可太大，并需用左手扶住被锯下的部分，以免该部分落下时砸脚。

2.4　钻削

2.4.1　钻孔

各种零件的孔加工，除去一部分由车、镗、铣等机床完成外，很大一部分由钳工利用钻床和钻孔工具（如钻头、扩孔钻、铰刀等）来完成。钳工加工孔的方法一般指钻孔、扩孔和铰孔。

用钻头在实体材料上加工孔称为钻孔。在钻床上钻孔时，一般情况下，钻头应同时完成两个运动：一个是主运动，即钻头绕轴线的旋转运动（切削运动）；另一个是辅助运动，即钻头沿着轴线方向对着工件的直线运动（进给运动）。钻孔时，主要由于钻头结构上存在的缺点，影响加工质量，加工精度一般在IT10级以下，表面粗糙度 *Ra* 值为12.5μm，属于粗加工。

1. 钻床

常用的钻床有台式钻床、立式钻床和摇臂钻床三种，手电钻也是常用的钻孔工具。

（1）台式钻床　台式钻床简称台钻，是一种在工作台上作用的小型钻床，其钻孔直径一般在13mm以下，如图2-20所示。

由于加工的孔径较小，故台钻的主轴转速一般较高，最高转速可高达每分钟近万转，最低也在400r/min左右。主轴的转速可通过改变三角带在带轮上的位置来调节。台钻的主轴进给通过转动进给手柄实现。钻孔前，需根据工件高低调整工作台与主轴架间的距离，并锁紧固定。台钻小巧灵活，使用方便，结构简单，主要用于加工小型工件上的各种小孔，在仪表制造、钳工和装配中应用的也较多。

图2-20　台式钻床

（2）立式台钻　立式台钻简称立钻。这类钻床的规格用最大钻孔直径表示。与台钻相比，立钻刚性好、功率大，因而允许钻削较大的孔，生产率较高，加工精度也较高。立钻适用于单件、小批量生产中加工中、小型零件，如图2-21a所示。

（3）摇臂钻床　摇臂钻床有一个能绕立柱旋转的摇臂，摇臂可以带着主轴箱沿立柱垂直移动，同时主轴箱还能在摇臂上作横向移动。因此操作时能很方便地调整刀具的位置，以对准被加工孔的中心，而无需移动工件来进行加工。摇臂钻床适用于一些笨重的大工件以及多孔工件的加工，如图2-21b所示。

a)

b)

图2-21　立式和摇臂钻床的外型

a）立式钻床　b）摇臂钻床

2. 钻头

钻头是钻孔用的切削工具，常由高速钢制造，工作部分经热处理淬硬至 62～65HRC。一般钻头由柄部、颈部及工作部分组成，如图 2-22所示。

（1）柄部　柄部是钻头的夹持部分，起传递动力的作用。柄部有直柄和锥柄两种，直柄传递转矩较小，一般用于直径小于 12mm 的钻头；锥柄可传递较大转矩（主要靠柄的扁尾部分），用于直径大于 12mm 的钻头。

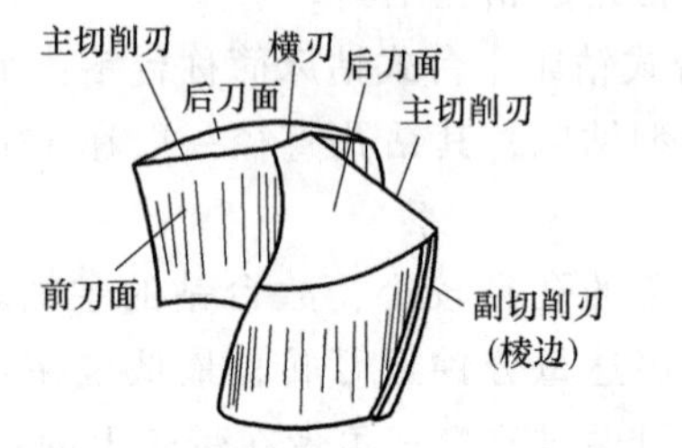

图 2-22　钻头的结构及切削刃角度

（2）颈部　颈部在砂轮磨削钻头时用于退刀，一般钻头的直径大小等也刻在颈部。

（3）工作部分　工作部分包括导向部分和切削部分。导向部分有两条狭长、螺纹形状的刃带（其棱边即副切削刃）和螺旋槽。棱边的作用是引导钻头和修光孔壁；两条对称螺旋槽的作用是排除切屑和输送切削液（冷却液）。切削部分结构有两条主切屑刃和一条横刃。两条主切屑刃之间通常为 118°±2°，称为顶角；而横刃的存在则使锉削轴向力增加。

3. 钻头的装夹

钻头的装夹方法按其柄部的形状不同而异。锥柄钻头可以直接装入钻床主轴锥孔内，较小的钻头可用过渡套筒安装，如图 2-23a 所示；直柄钻头用钻夹头安装，如图 2-23b 所示。钻夹头（或过渡套筒）的拆卸方法是将楔铁插入钻床主轴侧边的扁孔内，左手握住钻夹头，右手用锤子敲击楔铁卸下钻夹头，如图 2-23c 所示。

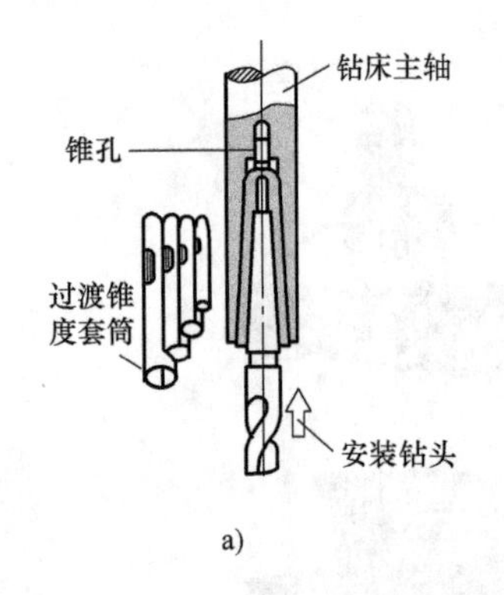

a)

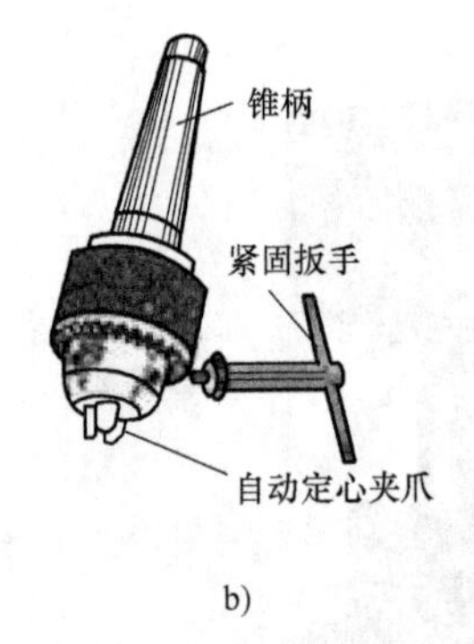

b)

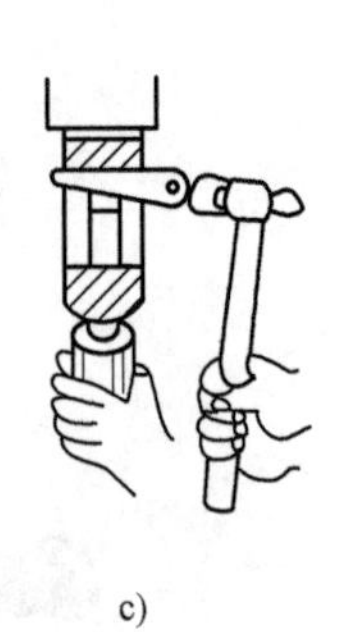

c)

图 2-23　安装拆卸钻头

a）安装锥柄钻头　b）钻夹头　c）拆卸钻夹头

4. 工件夹具

常用的夹具有手虎钳、平口钳、V 形铁和压板等，如图 2-24 所示。装夹工件要牢固可靠，但又不能将工件夹得过紧而造成损伤，或使工件变形影响钻孔质量。

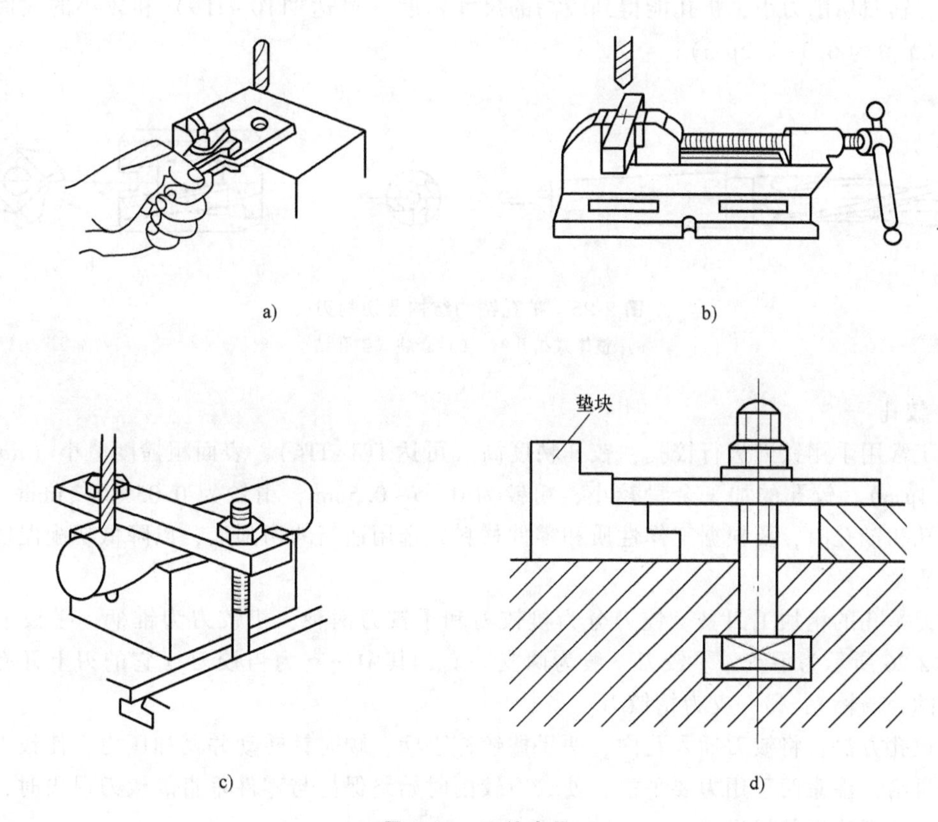

图 2-24　工件夹具

a）手虎钳夹持零件　b）平口虎钳夹持零件　c）V 形铁夹持零件　d）压板螺钉夹紧零件

5. 钻孔操作

1）钻孔前一般先划线，确定孔的中心，在孔中心先用样冲打出较大中心眼。

2）钻孔时应先钻一个浅坑，以判断是否对中。

3）在钻削过程中，特别是在钻深孔时，要经常退出钻头以排出切屑和进行冷却，否则可能使切屑堵塞或钻头过热磨损甚至折断，并影响加工质量。

4）钻通孔时，当孔将被钻透时，进刀量要减小，避免钻头在钻穿时的瞬间抖动，出现“啃刀”，影响加工质量，损伤钻头，甚至发生事故。

5）钻削大于 ϕ30mm 的孔时应分两次钻，第一次先钻一个直径较小的孔（为加工孔径的 0.5~0.7）；第二次用钻头将孔扩大到所要求的直径。

6）钻削时的冷却润滑。钻削钢件时常用机油或乳化液，钻削铝件时常用乳化液或煤油，钻削铸铁时则用煤油。

2.4.2　扩孔与铰孔

用扩孔钻或钻头扩大零件上原有的孔称为扩孔。孔径经钻孔、扩孔后，用铰刀对孔进行提高尺寸精度和表面质量的加工称为铰孔。

1. 扩孔

一般用麻花钻作扩孔钻进行扩孔。在扩孔精度要求较高或生产批量较大时，还可采用专用扩孔钻（图 2-25）扩孔。专用扩孔钻一般有 3~4 条切削刃，故导向性好，不易偏斜，没有横刃，轴向切削力小，扩孔能得到较高的尺寸精度（可达 IT10~IT9）和较小的表面粗糙度值（*Ra* 值为 6.3~3.2μm）。

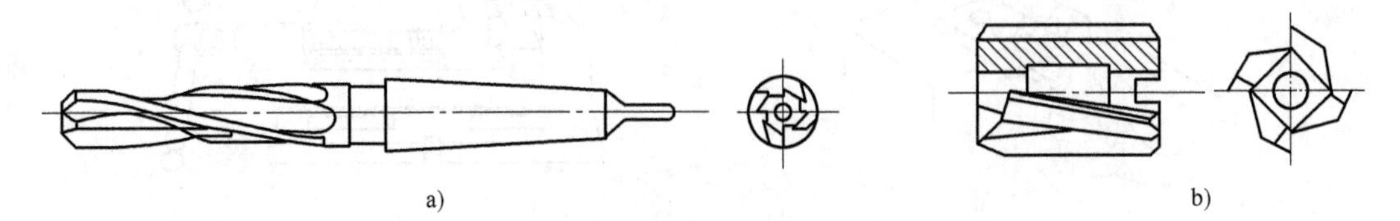

图 2-25　扩孔钻的结构及切削刃

a）整体式扩孔钻　b）套装式扩孔钻

2. 铰孔

钳工常用手用铰刀进行铰孔，铰孔精度高（可达 IT8~IT6），表面粗糙度值小（*Ra* 值为 1.6~0.4μm）。铰孔的加工余量较小，粗铰为 0.15~0.5mm，精铰为 0.05~0.25mm。在钻孔、扩孔和铰孔时，要根据工作性质和零件材料，选用适当的切削液，以降低切削温度，提高加工质量。

铰刀是孔的精加工刀具。铰刀分为机铰刀和手铰刀两种，机铰刀为锥柄，手铰刀为直柄。图 2-26 所示为手铰刀。铰刀一般为两支一套，其中一支为粗铰刀（它的刃上开有螺旋形分布的分屑槽），另一支为精铰刀。

手铰孔方法：将铰刀插入孔内，两手握铰杠手柄，顺时针转动并稍加压力，使铰刀慢慢向孔内进给，注意两手用力要平衡，使铰刀铰削时始终保持与零件垂直。铰刀退出时，也应边顺时针转动边向外拔出。

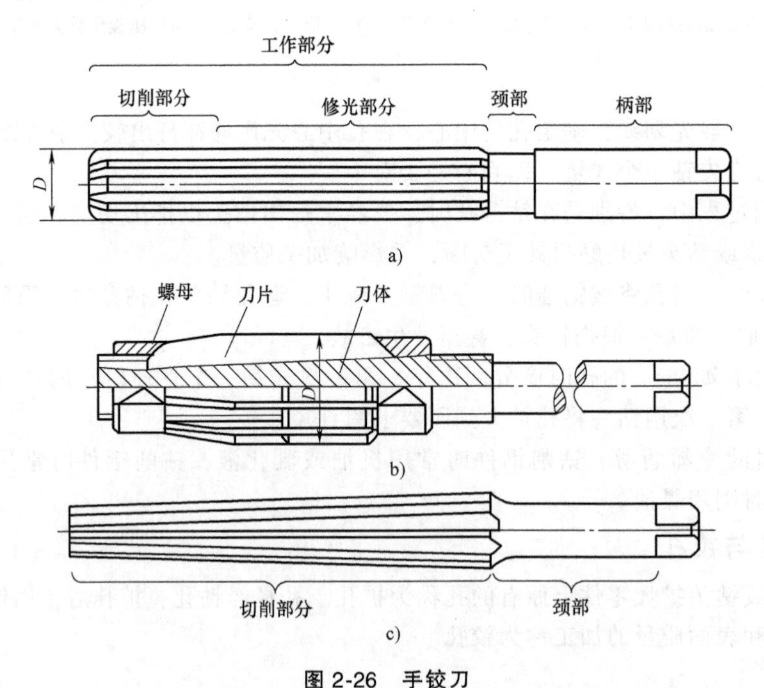

图 2-26　手铰刀

a）圆柱铰刀　b）可调节圆柱铰刀　c）圆锥铰刀

2.5　攻螺纹和套螺纹

常用的带螺纹工件，其螺纹除采用机械加工外，还可通过钳工加工方法中的攻螺纹和套螺纹来获得。攻螺纹（也称攻丝）是用丝锥在工件内圆柱面上加工出内螺纹；套螺纹（也称套丝、套扣）是用板牙在圆柱杆上加工出外螺纹。

2.5.1　攻螺纹

1. 丝锥

（1）丝锥的结构　丝锥是加工小直径内螺纹的成形工具，如图 2-27 所示。它由切削部分、校准部分和柄部组成。切削部分磨出锥角，以便将切削负荷分配在几个刀齿上。校准部分有完整的齿形，用于校准已切出的螺纹，并引导丝锥沿轴向运动。柄部有方榫，便于装在铰手内传递扭矩。丝锥切削部分和校准部分一般沿轴向开有 3~4 条容屑槽以容纳切屑，并形成切削刃和前角 γ。切削部分的锥面上铲磨出后角 α，以减少丝锥的校准部分对零件材料的摩擦和挤压，其外、中径均有倒锥度。

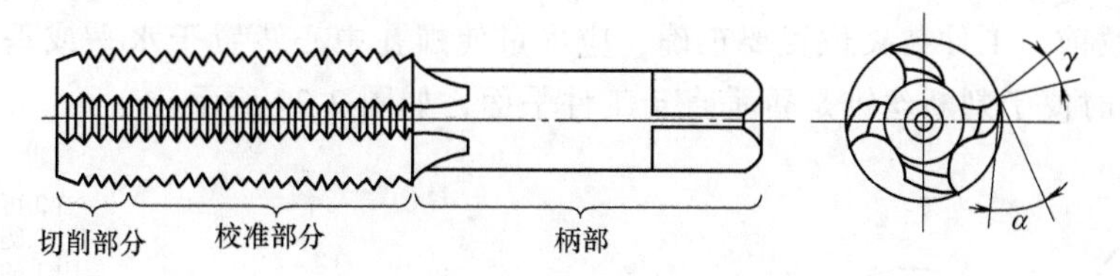

图 2-27　丝锥的结构及切削刃角度

（2）成组丝锥　由于螺纹的精度、螺距大小不同，丝锥一般为 1 支、2 支、3 支成组使用。使用成组丝锥攻螺纹孔时，要按顺序使用，逐步完成螺纹孔的加工。

（3）丝锥的材料　机用丝锥常用高碳优质工具钢或高速钢制造，而手用丝锥一般用 T12A 或 9SiCr 制造。

2. 手用丝锥铰手

丝锥铰手是扳转丝锥的工具，如图 2-28 所示。常用的铰手有固定式和可调节式，以便夹持各种不同尺寸的丝锥。

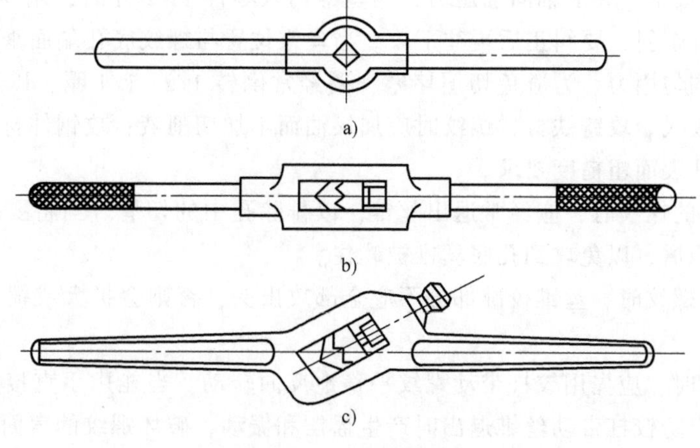

图 2-28　手用丝锥铰手

3. 攻螺纹的相关计算

(1) 底孔直径的确定　丝锥在攻螺纹的过程中，切削刃的主要作用是切削金属，但还有挤压金属的作用，因而会造成金属凸起并向牙尖流动的现象，所以攻螺纹前，钻削孔径(即底孔) 应大于螺纹内径。底孔的直径可查手册或按下面的经验公式计算

脆性材料（铸铁、青铜等）：钻孔直径 $d_0=d$(螺纹外径)$-1.1p$(螺距)

塑性材料（钢、纯铜等）：　钻孔直径 $d_0=d$(螺纹外径)$-p$(螺距)

(2) 钻孔深度的确定　攻不通孔的螺纹时，因丝锥不能攻到底，所以孔的深度应大于螺纹的长度，不通孔的深度可按下面的经验公式计算

孔的深度=螺纹长度$+0.7d$(内螺纹大径)

(3) 孔口倒角　攻螺纹前要在钻孔的孔口进行倒角，以利于丝锥的定位和切入。倒角的深度应大于螺纹的螺距。

4. 攻螺纹的要点及方法

1）攻螺纹前螺纹底孔口要倒角，通孔螺纹两端孔口都要倒角。这样可使丝锥容易切入，防止孔口螺纹崩裂。

2）攻螺纹前，工件装夹位置要正确，应尽量使螺孔中心线置于水平或垂直位置，其目的是在攻螺纹时便于判断丝锥是否垂直于工件平面，如图 2-29 所示。

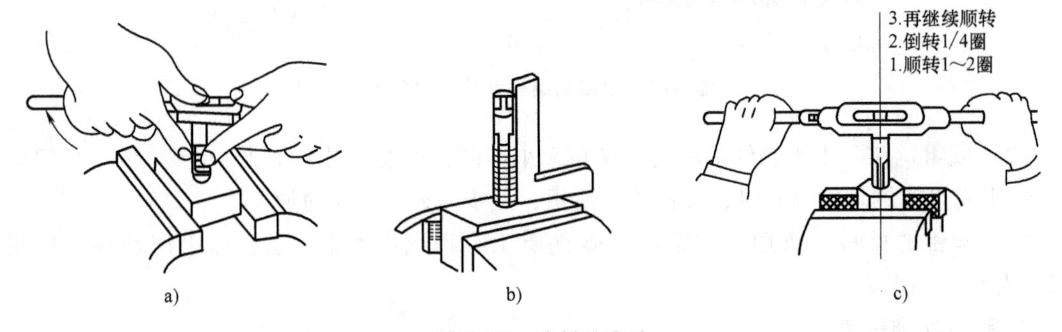

图 2-29　攻螺纹方法

a）攻入孔内前的操作　b）检查垂直度　c）攻入螺纹时的方法

3）双手转动铰手，并沿轴向加压力，当丝锥切入零件 1~2 牙时，用 90°角尺检查丝锥是否歪斜。如丝锥歪斜，要纠正后再往下攻。当丝锥位置与螺纹底孔端面垂直后，轴向就不再加压力，两手均匀用力。为避免切屑堵塞，要经常倒转 1/2~1/4 圈，以达断屑目的。头锥、二锥应依次攻入。攻铸铁材料螺纹时应加煤油而不加切削液；攻钢件材料螺纹时则加切削液，以满足铰孔表面粗糙度要求。

4）攻不通孔的螺纹时，应经常退出丝锥，以排除孔中的切屑。当将要攻到孔底时，更应及时排出孔底积屑，以免攻到孔底丝锥被轧住。

5）攻通孔的螺纹时，丝锥校准部分不应全部攻出头，否则会扩大或损坏孔口的最后几牙螺纹。

6）丝锥退出时，应先用铰杠带动螺纹平稳地反向转动，当能用手直接旋动丝锥时，应停止使用铰杠，以防铰杠带动丝锥退出时产生摇摆和振动，破坏螺纹的表面粗糙度。

7）在攻螺纹过程中，换用另一支丝锥时，应先用手握住丝锥并旋入已攻出的螺孔中。

直到用手旋不动时，再用铰杠进行攻螺纹。

8）攻塑性材料的螺孔时，要加切削液。一般用机油或浓度较大的乳化液，要求高的螺孔也可用菜油或二硫化钼等。

2.5.2 套螺纹

1. 套螺纹的工具

（1）圆板牙 板牙是加工外螺纹的工具。圆板牙如图 2-30 所示，就像一个圆螺母，不过上面钻有几个屑孔并形成切削刃。板牙两端带 2ϕ 锥角部分的是切削部分，其为铲磨出来的阿基米德螺旋面，有一定的后角。当中一段是校准部分，也是套螺纹时的导向部分。板牙一端的切削部分磨损后可调头使用。

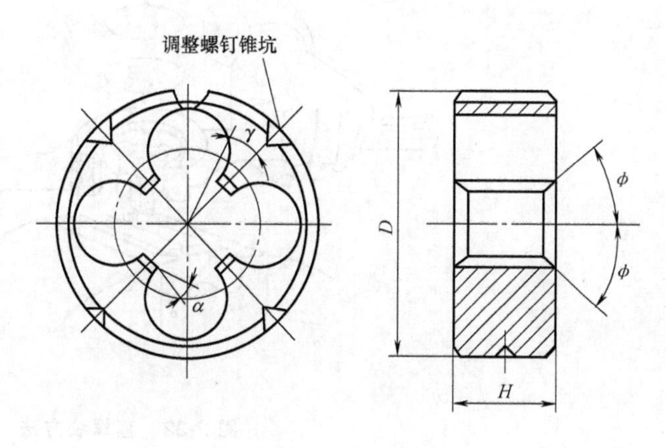

图 2-30 板牙

用圆板牙套螺纹的精度比较低，可用它加工 8h 级、表面粗糙度 Ra 值为 6.3~3.2μm 的螺纹。圆板牙一般用合金工具钢 9SiCr 或高速钢 W18Cr4V 制造。

（2）圆锥管螺纹板牙 圆锥管螺纹板牙的基本结构与普通圆板牙一样，因为管螺纹有锥度，所以只在单面制成切削锥。这种板牙的所有切削刃都参加切削。板牙在零件上的切削长度影响管件与相配件的配合尺寸，套螺纹时要用相配件旋入管件以检查是否满足配合要求。

（3）铰手 手工套螺纹时需要用圆板牙铰手，如图 2-31 所示。

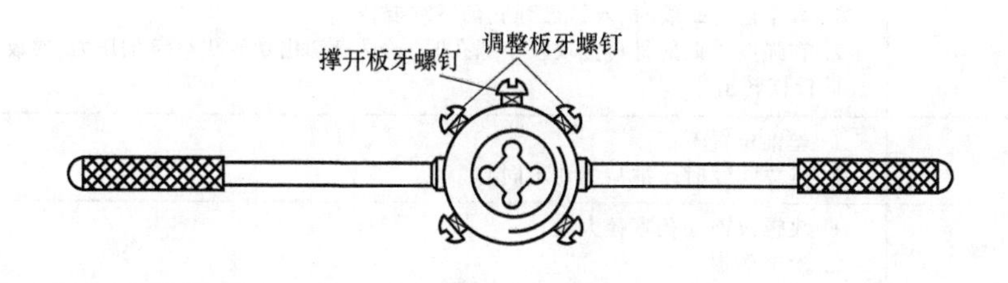

图 2-31 铰手

2. 套螺纹方法

（1）套螺纹前零件直径的确定 确定螺杆的直径可直接查表，也可按零件直径 $d=D-0.13p$ 的经验公式计算。

（2）套螺纹操作 套螺纹的方法如图 2-32 所示，将板牙套在圆杆头部倒角处，并保持板牙与圆杆垂直，右手握住铰手的中间部分，加适当压力，左手将铰手的手柄沿顺时针方向转动。在板牙切入圆杆 2~3 牙时，应检查板牙是否歪斜，发现歪斜，应纠正后再套。当板牙位置正确后，再往下套就不加压力。套螺纹和攻螺纹一样，应经常倒转以切断切屑。套螺纹应加切削液，以满足螺纹的表面粗糙度要求。

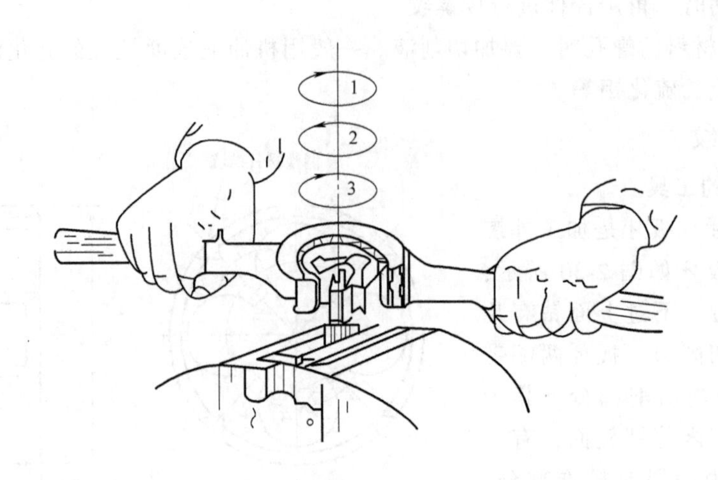

图 2-32　套螺纹方法

2.5.3　废品分析和工具损坏的原因

废品分析和工具损坏的原因见表 2-1~表 2-3。

表 2-1　攻螺纹时废品分析

废品分析	产品的原因
烂牙	1. 螺纹底孔直径太小，丝锥不易切入，孔口烂牙 2. 换用二锥、三锥时，与已切出的螺纹没有旋合好就强行攻削 3. 头锥攻螺纹不正，在换用二锥、三锥时强行纠正 4. 对塑性材料未加切削液或丝锥不经常倒转，而把螺纹啃伤 5. 丝锥磨钝或切削刃有粘屑 6. 丝锥铰杠掌握不稳，攻铝合金等强度低的材料时，容易被切烂
滑牙	1. 攻不通孔螺纹时，丝锥已到底仍继续扳转 2. 在强度较低的材料上攻较小螺孔时，丝锥已切出螺纹仍继续加压力，或攻完螺纹退出时连同铰杠转出
螺孔攻歪	1. 丝锥位置不正 2. 机攻螺纹时丝锥与螺孔不同心
螺纹牙深不够	1. 攻螺纹前底孔直径太大 2. 丝锥磨损
螺纹中径大(齿形瘦)	1. 在强度低的材料上攻螺纹时，丝锥切削部分全部切入螺孔后，仍对丝锥施加压力 2. 机攻螺纹时丝锥晃动，或丝锥切削刃磨得不对称

表 2-2　丝锥和板牙损坏原因

损坏形式	损 坏 原 因
崩牙或扭断	1. 工件材料硬度太高，或硬度不均匀 2. 丝锥或板牙切削部分刀齿前、后角太大 3. 螺纹底孔直径太小或圆杆直径太大 4. 丝锥或板牙位置不正 5. 用力过猛，铰杠掌握不稳 6. 丝锥或板牙没有经常倒转，致使容屑槽堵塞 7. 攻不通孔时，丝锥碰到孔底时仍继续扳转

表 2-3　套螺纹时废品分析

废品分析	产品的原因
烂牙	1. 圆杆直径太大 2. 板牙磨钝 3. 套螺纹时,板牙没有经常倒转 4. 铰杠掌握不稳,套螺纹时,板牙左右摇摆 5. 板牙歪斜太多,套螺纹时强行修正 6. 板牙切削刃上有切屑瘤 7. 用带调整槽的板牙套螺纹,第二次套螺纹时板牙没有与已切出螺纹旋合,就强行套螺纹 8. 未采用合适的切削液导致切烂
螺纹歪斜	1. 板牙端面与圆杆不垂直 2. 用力不均匀,铰杠歪斜
螺纹中径小 (齿形瘦)	1. 板牙已切入仍施加压力 2. 由于板牙端面与圆杆不垂直而多次纠正,使部分螺纹切除过多
螺纹牙深不够	1. 圆杆直径太小 2. 用带调整槽的板牙套螺纹时,直径调节太大

2.6　锉削

用锉刀对工件表面进行切削加工，使它达到零件图样要求的形状、尺寸和表面粗糙度，这种加工方法称为锉削。

2.6.1　锉削加工的应用

锉削加工简便，工作范围广，多用于錾削、锯削之后。锉削可对工件上的平面、曲面、内外圆弧、沟槽以及其他复杂表面进行加工，锉削的最高精度可达 IT7~IT8，表面粗糙度 *Ra* 值可达 1.6~0.8μm。锉削还可用于成形样板、模具型腔及部件在机器装配时的工件修整，是钳工主要操作方法之一。

2.6.2　锉刀

1. 锉刀的材料及构造

锉刀常由碳素工具钢 T10、T12 制成，并经热处理淬硬到 62~67HRC。

锉刀由锉刀面、锉刀边、锉刀舌、锉刀尾和木柄等部分组成。锉刀的大小用锉刀面的工作长度表示。锉刀的锉齿由剁锉机剁出。

2. 锉刀的种类

锉刀按用途不同分为：普通锉（或称钳工锉）、特种锉和整形锉（或称什锦锉）三类，其中普通锉使用最多。

普通锉按截面形状不同分为：平锉、方锉、圆锉、半圆锉和三角锉五种，如图 2-33 所示；按长度可分为：100mm、150mm、200mm、250mm、300mm、350mm 和 400mm 七种；按锉纹可分为：单纹锉、双纹锉（大多用双纹锉）；按锉纹疏密可分为：粗齿锉、中齿锉、细齿锉和油光锉（锉刀以每 10mm 长度内主锉纹条数分为Ⅰ~Ⅴ号，Ⅰ号为粗齿锉，Ⅱ号为中齿锉，Ⅲ号为细齿锉，Ⅳ号和Ⅴ号为油光锉）。

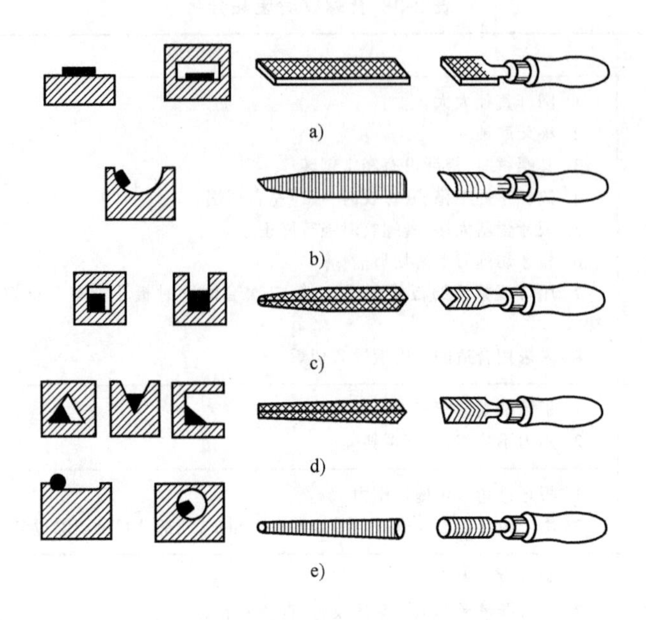

图 2-33 锉刀的种类

3. 锉刀的选用

合理选用锉刀，对保证加工质量，提高工作效率和延长锉刀使用寿命有很大的影响。一般选择锉刀的原则是：

1）根据工件形状和加工面的大小选择锉刀的形状和规格。

2）根据加工材料软硬、加工余量、精度和表面粗糙度的要求选择锉刀的粗细。粗锉刀的齿距大，不易堵塞，适用于粗加工（即加工余量大，精度等级和表面质量要求低）及铜、铝等软金属的锉削；细锉刀适用于钢、铸铁以及表面质量要求高的工件的锉削；油光锉只用于修光已加工表面，锉刀越细，锉出的工件表面越光，但生产率越低。

2.6.3 锉削操作

1. 装夹工件

工件必须牢固夹在虎钳钳口的中部，需锉削的表面应略高于钳口，但不能高得太多。夹持已加工表面时，应在钳口与工件之间垫上铜片或铝片。

2. 锉刀的握法

（1）大锉刀的握法　右手心抵着锉刀木柄的端头，大拇指放在锉刀木柄上面，其余四指弯在木柄的下面，配合大拇指握住锉刀木柄；左手则根据锉刀的大小，可有多种姿势，如图 2-34 所示。

（2）中锉刀的握法　右手握法大致和大锉刀握法相同，左手用大拇指和食指捏住锉刀的前端。

（3）小锉刀的握法　右手食指伸直，大拇指放在锉刀木柄上面，食指靠在锉刀的刀边，左手几个手指压在锉刀中部。

（4）更小锉刀的握法　一般只用右手拿着锉刀，食指放在锉刀上面，大拇指放在锉刀左侧。

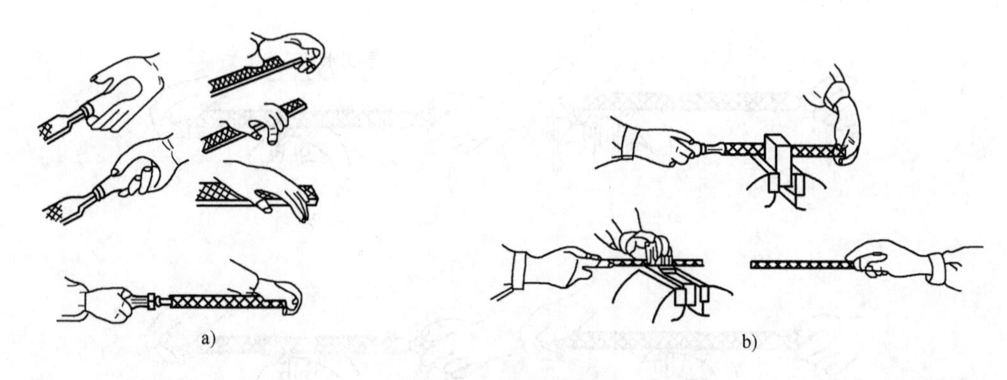

图 2-34　锉刀的握法

a）大锉刀的握法　b）中、小锉刀的握法

3. 锉削的姿势

正确的锉削姿势能够减轻疲劳，提高质量和效率。人的站立姿势为：左腿在前弯曲，右腿伸直在后，身体向前倾斜（约 10°左右），重心落在左腿上。锉削时，两腿站稳不动，靠左膝的屈伸使身体作往复运动，手臂和身体的运动要相互配合，并要使锉刀的全长充分利用，如图 2-35 所示。

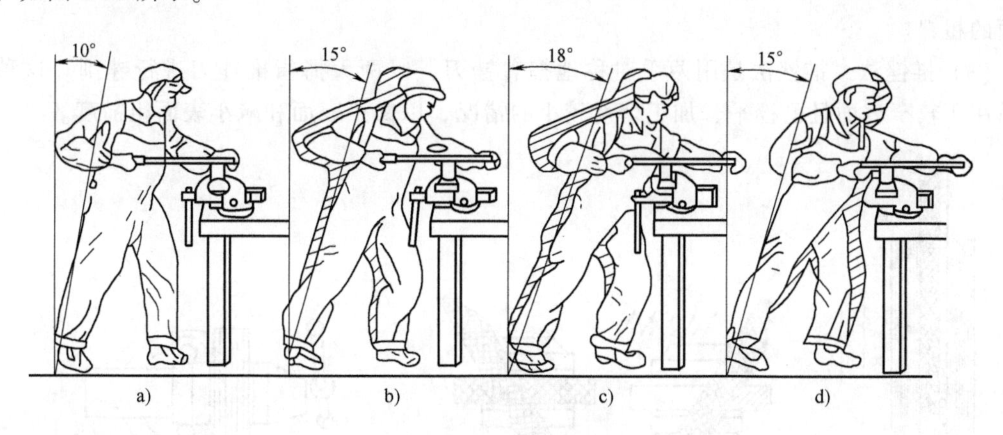

图 2-35　锉削姿势

4. 锉削刀的运用

锉削时锉刀的平直运动是锉削的关键。推动主要由右手控制，推力大小必须大于锉削阻力才能锉去锉屑；压力是由两个手控制的，其作用是使锉齿深入金属表面。

由于锉刀两端伸出工件的长度随时都在变化，因此两手压力大小也要变化。使两手的压力对工件的力矩相等，这是保证锉刀平直运动的关键。锉刀运动不平直，工件中间就会凸起或产生鼓形面。锉削速度一般为 30~60 次/min。锉削太快，操作者容易疲劳；而锉削太慢，则切削效率低。锉削的过程如图 2-36 所示。

2.6.4　平面、曲面的锉削方法及锉削质量检验

1. 平面锉削

平面锉削是最基本的锉削，如图 2-37 所示，常用的锉削方法有三种：

（1）顺向锉法　顺向锉法是用锉刀沿工件表面横向或纵向移动。锉削平面可得到平直

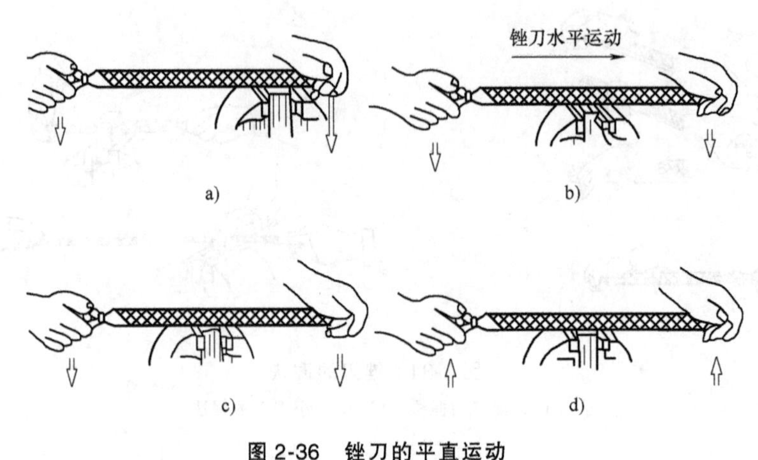

图 2-36　锉刀的平直运动

a）锉削开始　b）锉削中　c）锉削终结　d）锉削返回

的锉痕，比较美观，适用于工件锉光、锉平或锉顺锉纹。

（2）交叉锉法　交叉锉法是以交叉的两个方向顺序地对工件进行锉削。由于锉痕是交叉的，容易判断锉削表面的不平整度，因此也容易把表面锉平，交叉锉法去屑较快，适用于平面的粗锉。

（3）推锉法　推锉法是用两手对称地握着锉刀，以两大拇指推锉刀进行锉削。这种方式适用于较窄表面且已锉平、加工余量较小的情况，以修正表面和减小表面粗糙度。

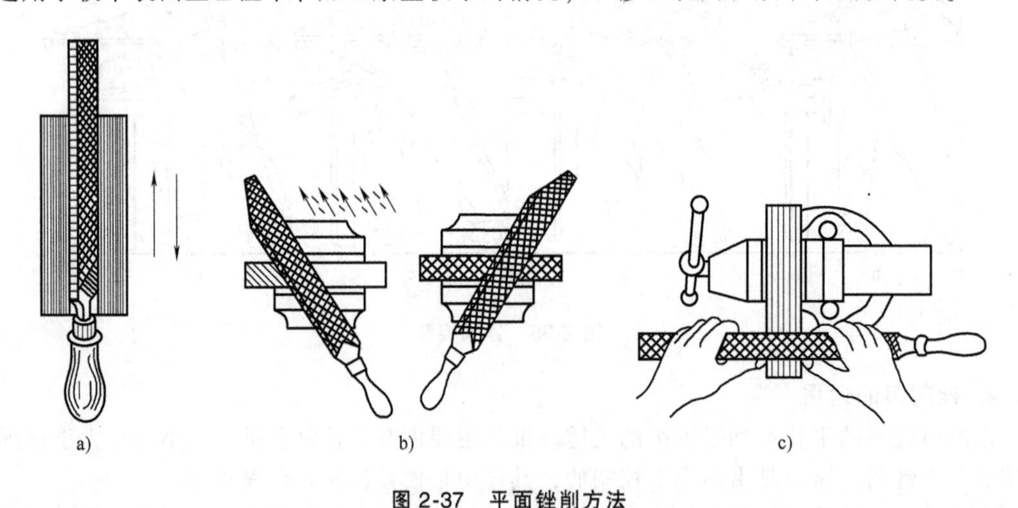

图 2-37　平面锉削方法

a）顺向锉　b）交叉锉　c）推锉法

2. 曲面锉削

曲面锉削常用的方法有横锉法和滚锉法两种，如图 2-38 所示。

3. 锉削平面质量的检查

（1）检查直线度和平面度　锉削平面的直线度和平面度用钢尺和刀口尺以透光法来检查，要多检查几个部位并进行对角线检查，如图 2-39 所示。

（2）检查垂直度　锉削平面的垂直度用直角尺采用透光法检查，应选择基准面，然后

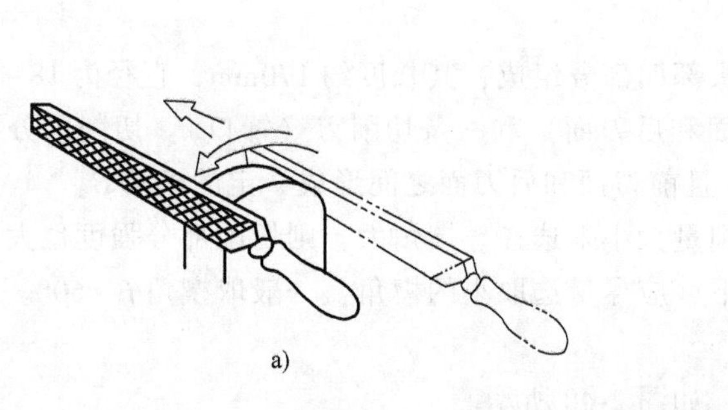
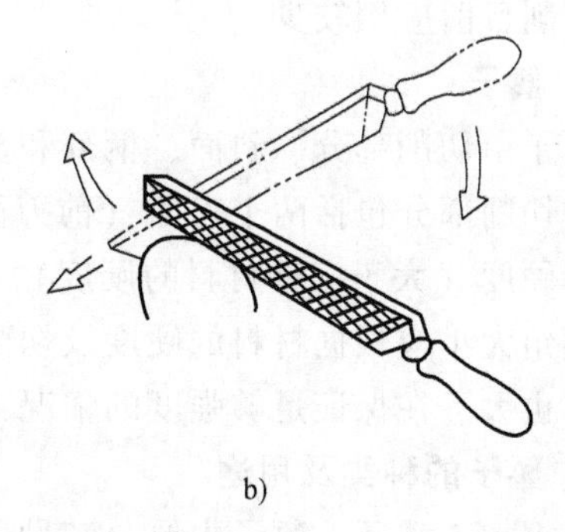

图 2-38 曲面锉削方法
a）横锉法 b）滚锉法

对其他面进行检查。

（3）检查尺寸 锉削平面的尺寸根据尺寸精度用钢尺和游标卡尺在不同尺寸位置上多次测量。

（4）检查表面粗糙度 锉削平面的表面粗糙度一般用眼睛观察即可，也可用表面粗糙度样板进行对照检查。

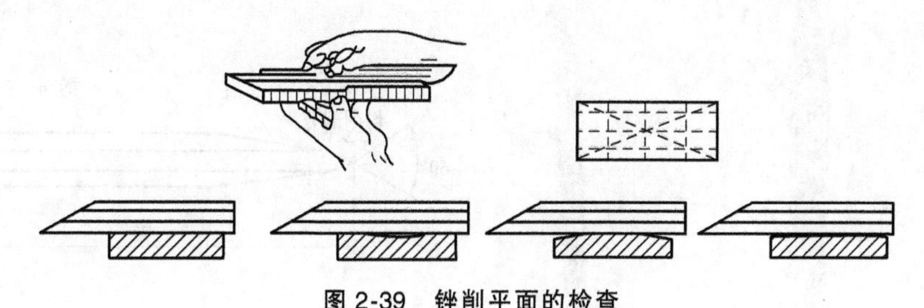

图 2-39 锉削平面的检查

2.6.5 锉削注意事项

1）锉刀必须装柄使用，以免刺伤手腕。松动的锉刀柄应装紧后再用。

2）不准用嘴吹锉屑，也不要用手清除锉屑。当锉刀堵塞后，应用钢丝刷顺着锉纹方向刷去锉屑。

3）对铸件上的硬皮或粘砂、锻件上的飞边或毛刺等，应先用砂轮磨去，然后锉削。

4）锉屑时不准用手摸锉过的表面，因手有油污，再锉时易打滑。

5）锉刀不能用作橇棒或敲击工件，防止锉刀折断伤人。

6）放置锉刀时，不要使其露出工作台面，以防跌落；也不能把锉刀和锉刀或量具叠放。

2.7 錾削、刮削与研磨

2.7.1 錾削

用手锤打击錾子对金属进行切削加工的操作方法称为錾削。錾削的作用就是錾掉或錾断金属，使其达到要求的形状和尺寸。

錾削主要用于不便于机械加工的场合，如去除凸缘、去除毛刺、分割薄板料和凿油槽等。錾削目前应用较少。

1. 錾子

錾子由切削部分、斜面、柄部和头部四部分组成，其长度约170mm，直径为18~24mm。錾子的切削部分包括两个表面（前刀面和后刀面）和一条切削刃（锋口）。切削部分要求具有较高硬度（大于工件材料的硬度），且前刀面和后刀面之间形成一定的楔角β。

楔角大小应根据材料的硬度及切削量大小来选择。楔角大，则切削部分强度也大，但切削阻力也大。在保证足够强度的情况下，应尽量选取小的楔角，一般取楔角$\beta=60°$。

2. 錾子的种类及用途

根据加工需要，錾子主要分三种，如图2-40所示。

1）扁錾。其切削部分扁平，用于錾削大平面、薄板料以及清理毛刺等。

2）狭錾。其切削刃较窄，用于錾槽和分割曲线板料。

3）油槽錾。其切削刃很短，并呈圆弧状，用于錾削轴瓦和机床平面上的油槽等。

3. 錾子的构造

錾子由头部、柄部及切削部分组成，长度一般为150~200mm，如图2-41所示。头部一般制成锥形，以便锤击力通过錾子轴心。柄部一般制成六边形，以便操作者定向握持。

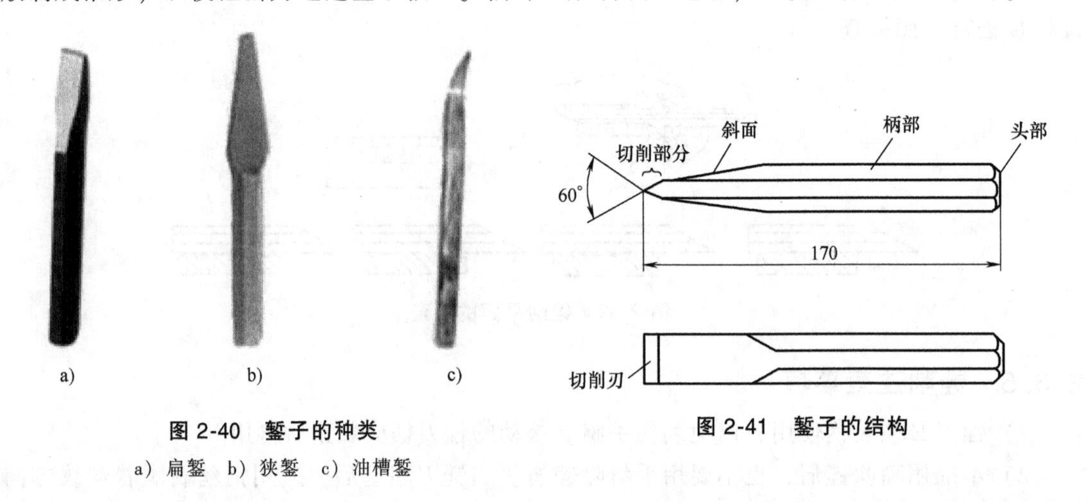

图2-40 錾子的种类

a）扁錾 b）狭錾 c）油槽錾

图2-41 錾子的结构

4. 錾子的切削原理

要想錾子能顺利切削，必须具备两个条件：①切削部分的硬度比材料的硬度高；②切削部分必须做成楔角。錾子在錾削时的几何角度，如图2-42所示。中碳钢、硬铸铁等材料，

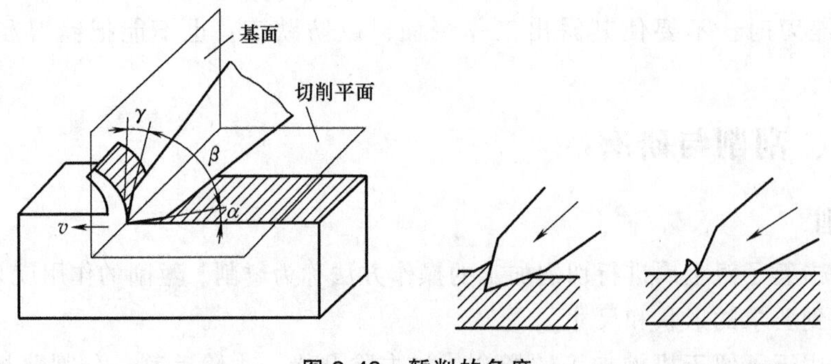

图2-42 錾削的角度

楔角 β 为 60°~70°；碳素结构钢、合金结构钢等中等硬材料，楔角 β 为 50°~60°；低碳钢、铜、铝等软材料，楔角 β 为 30°~50°。

5. 錾子的握法

錾子的握法分为正握法、反握法、立握法三种，如图 2-43 所示。

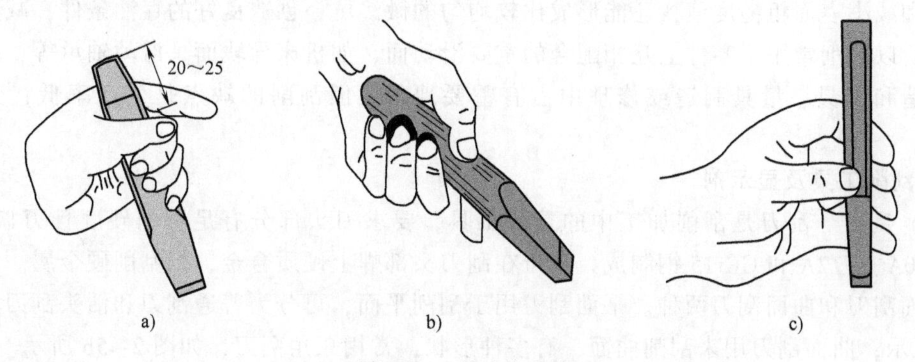

图 2-43 錾子的握法

a）正握法 b）反握法 c）立握法

6. 錾削的操作方法

身体的正面与台虎钳中心线夹角约 45°，且略向前倾，左脚跨前半部，膝盖处稍有弯曲，右脚站稳伸直。从工件边缘尖角处开始，并使錾子从尖角处向下倾斜 30°左右，轻打錾子，可较容易切入材料。起錾后按正常方法錾削，錾削时锤击应稳、准、狠，其动作要一下一下有节奏地进行，一般肘挥时为 40 次/min，腕挥时为 50 次/min。当錾削到工件尽头时，要注意防止工件材料边缘崩裂，脆性材料尤其注意。因此，錾到尽头 10mm 左右时，必须调头錾去其余部分，如图 2-44 所示。

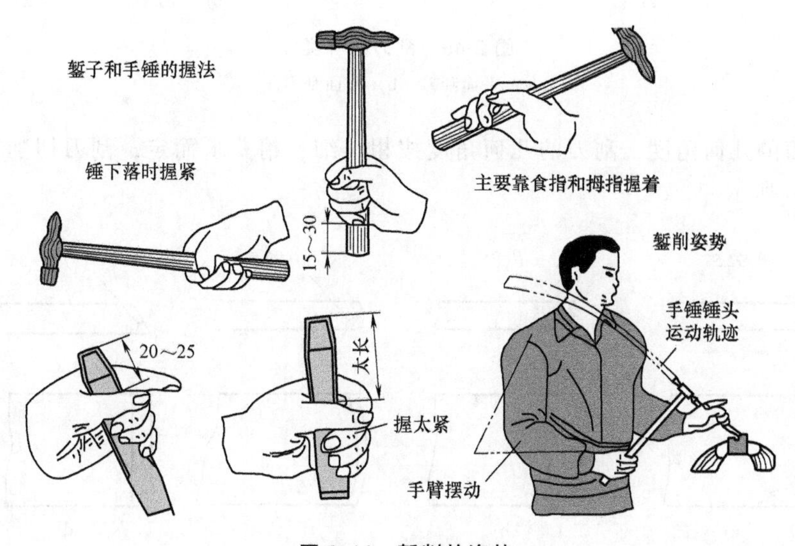

图 2-44 錾削的姿势

2.7.2 刮削

用刮刀在工件已加工表面刮去一层很薄的金属的操作称为刮削。刮削时刮刀对工件既有切削作用，又有压光作用。刮削是精加工的一种，将工件与标准工具或与其配合的工件之间涂上一层显示剂，经过对研，使工件表面上凸起部位显示出来，然后用刮刀进行微量切削，刮去凸起部位的金属层，经过反复对研和刮削，工件就能达到规定的要求。

通过刮削后的工件表面，不仅能获得很高的几何精度、尺寸精度，而且能使工件表面组织紧密和减小表面粗糙度值，还能形成比较均匀的微浅坑，创造良好的存油条件，减少摩擦阻力。所以刮削常用于零件上互相配合的重要滑动面，如机床导轨面、滑动轴承等，并且在机械制造和工具、量具制造或修理中占有重要地位。但刮削的缺点是生产率低，劳动强度大。

1. 刮削工具及显示剂

（1）刮刀　刮刀是刮削加工中的重要工具，要求刀头部分有足够的硬度且刃口锋利。常用 T10A、T12A 和 GCr15 钢制成，也可在刮刀头部焊上硬质合金，以刮削硬金属。刮刀可分为平面刮刀和曲面刮刀两种。平面刮刀用于刮削平面，可分为普通刮刀和活头刮刀，如图 2-45a 所示；曲面刮刀用来刮削曲面，有多种形状，常用三角刮刀，如图 2-45b 所示。

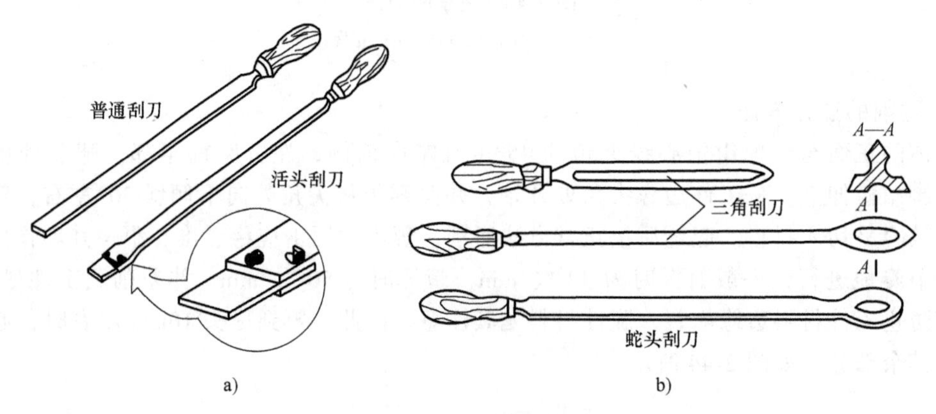

图 2-45　刮刀的种类

a）平面刮刀　b）曲面刮刀

（2）刮刀的几何角度　刮刀的几何角度按粗、细、精要求而定，刮刀切削部分形状及角度如图 2-46 所示。

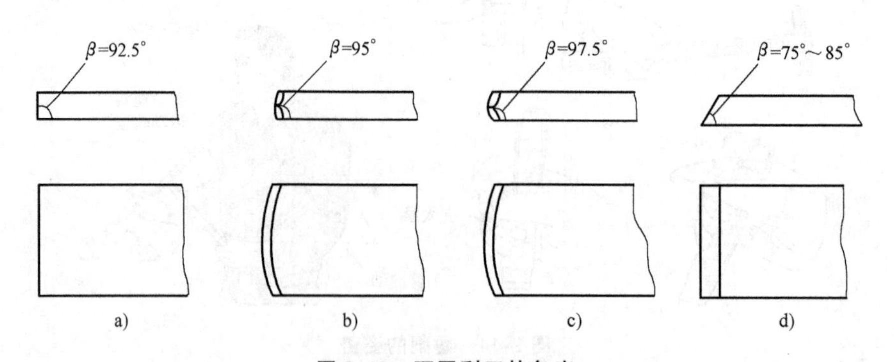

图 2-46　不同刮刀的角度

a）粗刮刀　b）细刮刀　c）精刮刀　d）韧性材料刮刀

（3）校准工具　刮削平面的校准工具有校准平板、校正尺和角度直尺三种。校准工具的用途：①用来与刮削表面磨合，以接触点多少和疏密程度来显示刮削平面的平面度，提供刮削依据；②用来检验刮削表面的精度与准确性。

（4）显示剂 显示剂用来显示被刮削表面误差大小，放在校准工具表面与刮削表面之间，当校准工具与刮削表面合在一起对研后，凸起部分就被显示出来。这种刮削时所用的辅助涂料称为显示剂。常用的显示剂有红丹粉（加机油和牛油调和）和兰油（由普鲁士蓝加蓖麻油调成）。

2. 刮削精度的检查

刮削精度常用刮削研点（接触点）的数目来检查，如图 2-47 所示。其标准以边长为 25mm 的正方形面积内研点的数目来表示（数目越多，精度越高）。一级平面为：5~16点/25×25；精密平面为：16~25 点/25×25；超精密平面为：大于 25 点/25×25。

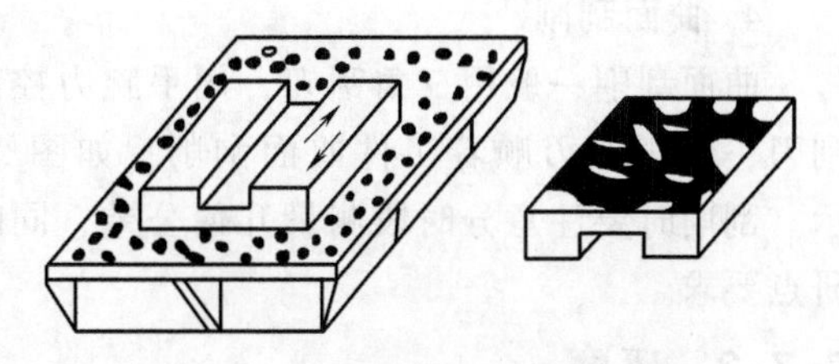

图 2-47 平面研点及表面质量检查

3. 平面刮削

平面刮削有手刮法和挺刮法两种，如图 2-48 所示。

（1）手刮法 手刮法操作方式为右手握住刀柄，左手握在据刀头约 50mm 处，刮刀与被刮削表面呈 20°~30°。右手前推时，上身往前倾斜，这样可以增加左手压力，容易看清刮刀前面点情况。当推到所需位置时，左手迅速提起，完成一个手刮动作。

（2）挺刮法 挺刮法操作方式为将刮刀放在小腹右下侧，在距切削刃 80~100mm 处双手握住刀身，主要依靠腿部和臀部的力量进行推刮。当刮刀前推时，双手加压，在推进瞬间，右手引导刮刀方向，左手控制刮削，到需要长度时，将刮刀提起。

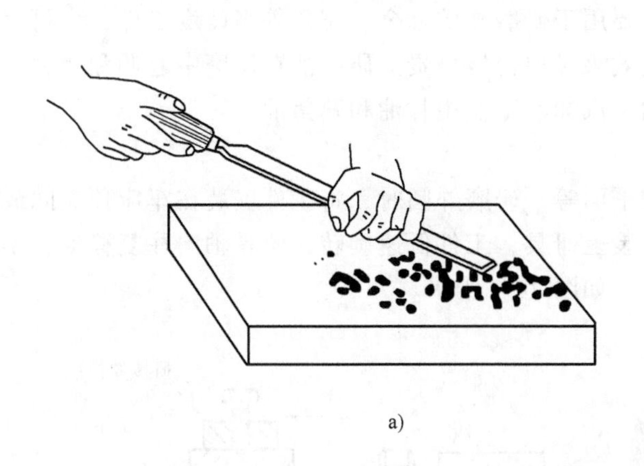

a) b)

图 2-48 平面刮削方法

a）手刮法 b）挺刮法

平面刮削可以按粗刮、细刮、精刮和刮花四步骤进行。

1）粗刮。用粗刮刀在刮削平面上均匀地铲去一层金属，以快速除去刀痕、锈斑或过多的余量。当工件表面研点为 4~6 点/25×25，并且有一定细刮余量时为止。

2）细刮。用细刮刀在经粗刮的表面上刮去稀疏的大块高研点，以进一步改善不平现象。细刮时要朝一个方向刮，第二遍刮削时要用 45°或 65°的交叉刮网纹。当平均研点为 10～14 点/25×25 时停止。

3）精刮。用小刮刀或带圆弧的精刮刀进行刮削，使平均研点达 20～25 点/25×25。精刮时常用点刮法（刀痕长为 5mm），且落刀要轻，起刀要快。

4）刮花。刮花的目的主要是美观和积存润滑油。常见的花纹有斜纹花纹、鱼鳞花纹和燕形花纹等。

4. 曲面刮削

曲面刮削一般用三角刮刀，用手腕力控制曲面刮刀，使侧刀刃顺着工件曲面刮削，如图 2-49 所示。刮削时要注意分时段测量几何公差，同时注意研点要求。

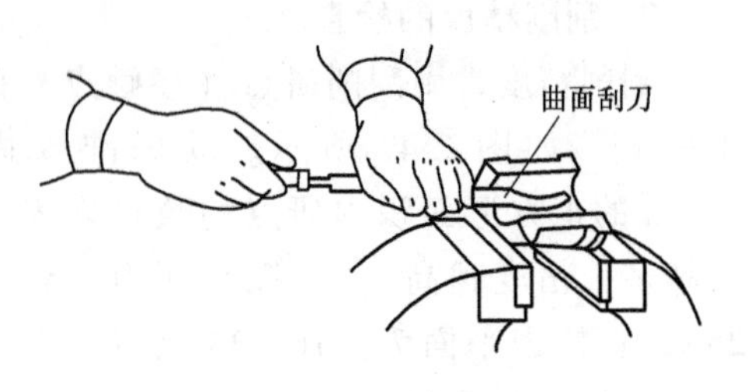

图 2-49　刮削曲面

2.7.3　研磨

用研磨工具和研磨剂，从工件上研去一层极薄表面的精加工方法称为研磨。研磨后的表面粗糙度 *Ra* 值为 0.8～0.05μm。研磨有手工操作和机械操作两种方法。

1. 研具及研磨剂

（1）研具　研具的形状与被研磨表面一样。如进行平面研磨，则磨具为一块平块。研具材料的硬度一般都要比被研磨工件材料低，但也不能太低，否则磨料会全部嵌进研具而失去研磨作用。灰铸铁是常用研具材料（低碳钢和铜也可用）。

（2）研磨剂　研磨剂是由磨料和研磨液调和而成的混合剂，如图 2-50 所示。磨料在研磨中起切削作用。常用的磨料有：刚玉类磨料，主要用于碳素工具钢、合金工具钢、高速钢和铸铁等工件的研磨；碳化硅磨料，主要用于研磨硬质合金、陶瓷等高硬度工件，也可用于研磨钢件；金刚石磨料的硬度高，实用效果好但价格昂贵。研磨液在研磨中起调和磨料、冷却和润滑的作用。常用的研磨液有煤油、汽油、工业用甘油和熟猪油。

2. 研磨方法

手工研磨可用于研磨外圆、内圆和平面等。研磨外圆时，将工件安装在车床顶尖间或自定心卡盘上，在加工表面涂上研磨剂，装上研具，工件低速旋转，研具轴向往复移动，不断检查研磨后的尺寸，直到符合标准即可，如图 2-51 所示。

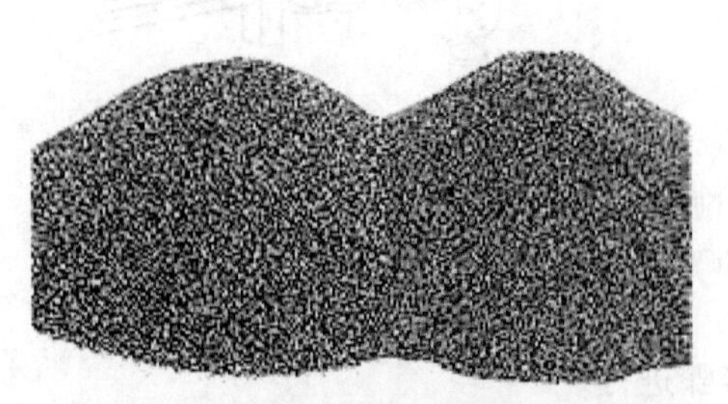

图 2-50　常见的研磨剂

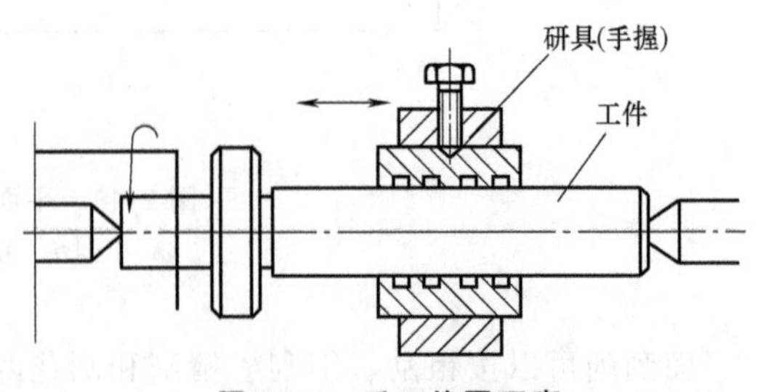

图 2-51　手工外圆研磨

研磨内表面时，将研具安装在车床顶尖间或自定心卡盘上，在工件加工内表面涂研磨剂，装上工件，研具低速旋转，手握工件往复移动。在研磨过程中不断调节研具锥套外圆尺寸，使工件对内表面产生一定的压力，直到研磨尺寸合格。

平面研磨一般是在非常平整的平板（研具）上进行的。粗研时，常用平面上制槽的平板，这样可以把多余的研磨剂刮去，保证工件研磨表面与平板的均匀接触；同时可使研磨时的热量从沟槽中散去。精研时，为了获得较小的表面粗糙度，应在光滑的平板上进行。

研磨时要使工件表面各处都受到均匀地切削，手工研磨时合理的运动对提高研磨效率、工件表面质量和研具的耐用度都有直接影响。手工研磨时一般采用直线、螺旋形、8 字形等几种。8 字形常用于研磨小平面工件，如图 2-52 所示。

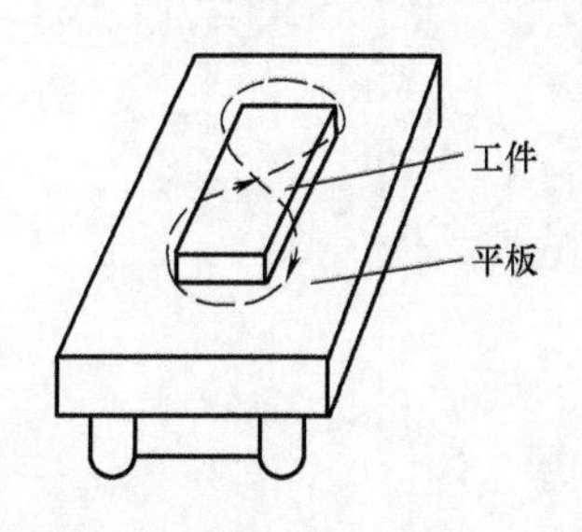

图 2-52　8 字形手工平面研磨

研磨前，应先做好平板表面的清洗工作，加上适当的研磨剂，把工件需研磨表面合在平板表面上，采用适当的运动轨迹进行研磨。研磨中的压力和速度要适当，一般在粗研或研磨硬度较小工件时，可用大的压力，较慢速度进行；而在精研或研磨大工件时，就应用小的压力，较快速度进行研磨。

第3章

车削加工

目的和要求

1. 了解车床的结构、用途及操作方法。
2. 了解车床的基本工艺。
3. 掌握车刀的名称、角度及安装方法。
4. 掌握车削的基本方法。

安全操作规程

1. 工作服穿整齐，女同学戴好工作帽。
2. 开车前必须检查车床各手柄及运转部分是否正常。
3. 工件要卡正、夹紧，装卸工件后卡盘扳手必须随手取下。
4. 车刀要夹紧，方刀架要锁紧。装好工件和车刀后，进行加工极限位置检查。
5. 必须停车变速。车床运转时，严禁用手去摸工件和测量工件，不能用手去拉切屑。
6. 车床导轨上严禁放工、刀、量具及工件。
7. 开车后不许操作学员离开机床，操作要精神集中。
8. 下课时，擦净机床，整理场地，切断机床电源。将大拖板及尾架摇到车床导轨后端，在导轨表面加油润滑。
9. 加工过程中，如发现车床运转声音不正常或发生故障时，应立即切断电源，报告指导教师。

3.1 车削加工概述

车削加工就是在车床上利用工件的旋转运动和刀具的直线运动来改变毛坯的形状和尺寸，把它加工成符合图样要求的零件。车削加工是机械加工中最基本、最常用的加工方法。

1. 车削加工的特点

车削加工具有以下特点：

1）易保证轴类、盘类、套类等零件各表面的位置精度。

2）适用于有色金属零件的精加工。

3）切削过程比较平稳，当刀具的形状和背吃刀量及进给量确定时，车削层的横截面积是不变的。

4）生产成本低，生产率高，车削尺寸精度一般可达 IT8～IT7，表面粗糙度 *Ra* 值为 3.2～1.6μm。

2. 车削的主要加工范围

车削加工适用于内外圆柱面、内外圆锥面、内外螺纹、端面螺纹、端面、沟槽、回转成形面以及滚花、盘绕弹簧等的加工，车床上还可进行钻孔、铰孔和镗孔等操作，如图 3-1 所示。

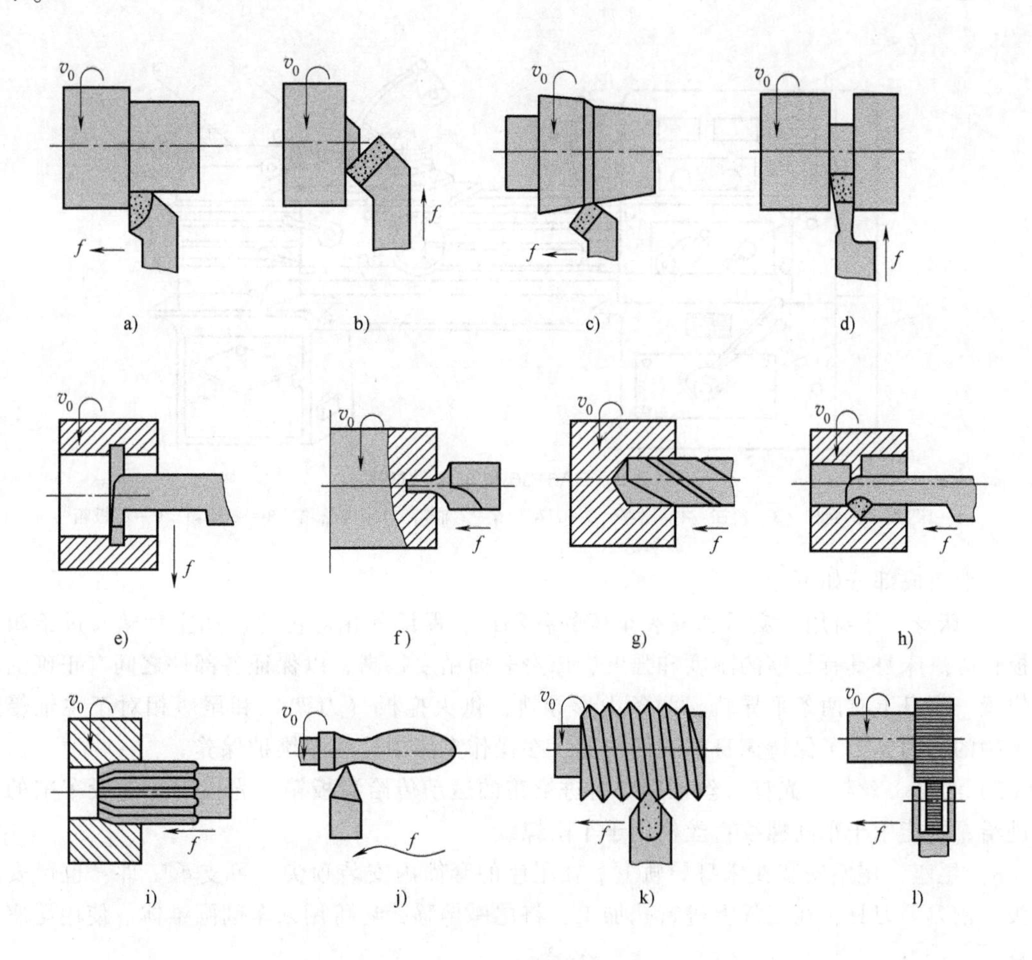

图 3-1　车削的主要加工范围

a）车外圆　b）车端面　c）车锥面　d）切槽、切断　e）切内槽　f）钻中心孔
g）钻孔　h）镗孔　i）铰孔　j）车成形面　k）车外螺纹　l）滚花

3. 卧式车床简介

（1）型号

以沈阳机床厂 CA6136 型车床为例，型号的具体含义如下所示。

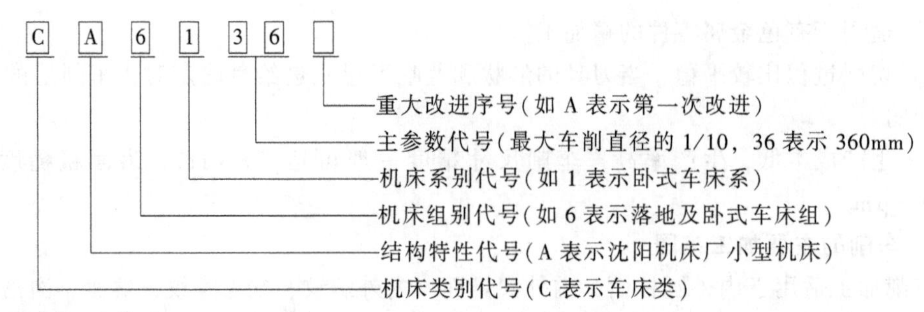

(2) 机床组成部分

普通卧式车床一般由床身、光杠、丝杠、尾座和刀架等部分组成，如图3-2所示。

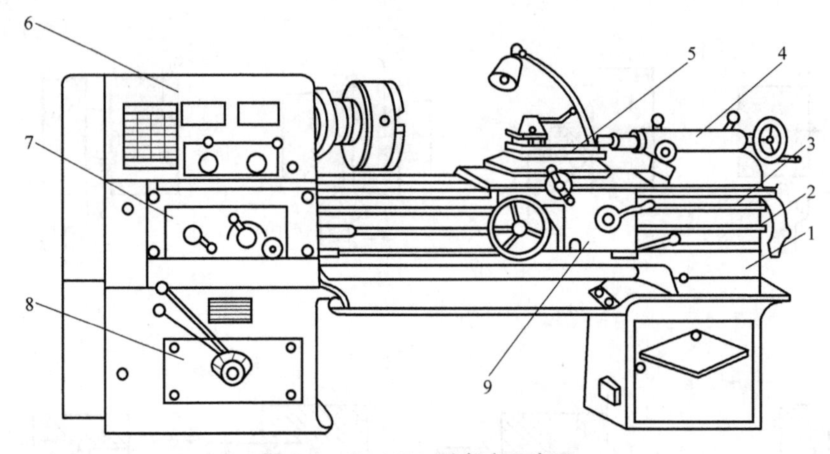

图3-2　CA6136型车床示意图

1—床身　2—光杠　3—丝杠　4—尾座　5—刀架　6—主轴箱　7—进给箱　8—变速箱　9—溜板箱

主要组成部分如下：

1) 床身　床身用于支承和安装车床的各部件，保证其相对位置，如主轴箱、进给箱和溜板箱等。床身具有足够的刚度和强度，床身表面精度很高，以保证各部件之间有正确的相对位置。床身上有两条平导轨，两条山形导轨，供大拖板（刀架）和尾座相对于主轴箱进行正确的移动，为了保持床身的表面精度，在操作车床中应注意维护保养。

2) 光杠、丝杠　光杠、丝杠用于将进给箱的运动传给溜板箱。光杠用于一般车削的自动进给，不能用于车削螺纹；丝杠用于车削螺纹。

3) 尾座　尾座安装在床身导轨上。在尾座的套筒内安装顶尖，可支承工件；也可安装钻头、铰刀等刀具，在工件上进行孔加工；将尾座偏移，还可用来车削圆锥体。使用尾座时注意：

a) 用顶尖装夹工件时，必须将固定位置的长手柄扳紧，尾座套筒锁紧。

b) 尾座套筒伸出长度，一般不超过套筒直径的1.5倍。

c) 一般情况下尾座的位置与床身端部平齐，在摇动拖板时严防尾架从床身落下，造成事故。

4) 刀架　刀架用于夹持车刀并使其作纵向、横向或斜向进给运动。刀架各部分的作用如下：

a) 大拖板（大滑板）。大拖板与溜板箱连接，带动车刀沿床身导轨纵向移动，其上有横向导轨。

b）中溜板。中滑板可沿大拖板上的导轨横向移动，用于横向车削工件及控制切削深度。

c）转盘。转盘与中溜板用螺钉紧固，松开螺钉，便可在水平面上旋转任意角度，其上有小刀架的导轨。

d）小拖板（小滑板）。小拖板控制长度方向的微量切削，可沿转盘上的导轨作短距离移动，将转盘偏转若干角度后，小刀架作斜向进给，可以车削圆锥体。

e）方刀架。固定在小刀架上，可同时安装四把车刀，松开手柄即可转动方刀架，把所需要的车刀转到工作位置上。

5）主轴箱（床头箱） 主轴箱用于支承主轴并使之旋转。主轴为空心结构。其前端外锥面安装自定心卡盘等附件以夹持工件，前端内锥面用于安装顶尖，细长孔可穿入长棒料。其主轴变速机构安放在远离主轴的单独变速箱中，以减小变速箱中传动件产生的振动和热量对主轴的影响。

6）进给箱 进给箱内装进给运动的变速齿轮，可调整进给量和螺距，并将运动传至光杠或丝杠。

7）交换齿轮箱 交换齿轮箱的主要作用是把主轴的运动传给进给箱，通过更换箱中的挂轮并配合进给箱中的齿轮，使光杠和丝杠获得不同的转速。

8）溜板箱（拖板箱） 溜板箱与刀架相连，是车床进给运动的操纵箱。其可将光杠传来的旋转运动变为车刀的纵向或横向直线进给运动；可将丝杠传来的旋转运动，通过对开螺母直接变为车刀的纵向移动，用以车削螺纹。

4. CA6136 车床的操作

（1）电源开关和切削液按钮 “ON”和“OFF”分别为开启电源和关闭电源，切削液按钮左右指向代表关闭和开启。

（2）车床电源开关和电动机起动按钮 顺时针旋转车床上的红色开关，即开动车床，如果车床在运行中想要立即停车，按下红色按钮，车床主轴停止旋转。绿色开关为电动机起动按钮。

（3）操纵杆式开关 CA6136 车床采用操纵杆式开关，在光杠下面有一主轴启闭和变向手柄。手柄向上为正转，向下为反转，中间为停止位置。

（4）主轴转速的调整开关 主轴的不同转速是靠床头箱上变速手轮与旁边的转速切换开关配合使用得到的。变速手轮有低速和高速两个位置，开关指向黑色区域对应变速手轮内圈的转速，开关指向空白区域对应变速手轮外圈的转速，变速手轮上方的图案分别代表主轴的正转和反转选择。

操作和使用时应注意：

1）必须停车变速，以免打坏齿轮。

2）当手柄或手轮扳不到正常位置时，要用手转动卡盘，使齿轮啮合。

（5）进给量的调整 进给量的大小是靠变换配换齿轮及改变进给箱上两个手柄传输线的位置得到的。其中一个手柄有 5 个位置；另一手柄有 4 个档位。当配换齿轮一定时，这两个手柄配合使用，可以获得 20 种进给量。变换不同的配换齿轮，可获得多种进给量（详见进给箱上的进给量表）。

(6) 离合手柄　离合手柄用于控制光杠和丝杠转动。一般车削走刀时，使用光杠，离合手柄向外拉；车螺纹时，使用丝杠，离合手柄向里推。

(7) 自动进给正反向开关　当自动进给手柄开时，可控制自动进给刀架正反向进给运动。

(8) 手动手柄　顺时针摇动纵向手动手柄，刀架向右移动；逆时针摇动，刀架向左移动。顺时针摇动横向手动手柄，刀架向前移动；逆时针摇动，刀架向后移动。

(9) 自动手柄　当换向手轮处于“正向”位置时，使用光杠时，向下指到纵向自动手柄，刀架自动向左进给；向上指到横向自动手柄，刀架自动向前进给。使用丝杠时，向下按开合螺母手柄，向左自动走刀车削右旋螺纹。当换向手柄处于“反向”位置时，上述情况正好相反。当换向手柄处于“空档”(O) 位置时，纵、横向自动进给机构失效。

(10) 其他手柄　当需要刀具短距离移动时，可使用小刀架手柄。装刀、换刀和卸刀时，需要使用方刀架手柄，旋转方刀架上手柄进行刀具切换，当选择的刀具转到理想的角度后，反向旋转方刀架上手柄，当听到“咔咔”声，且手柄无法继续旋转时，则方刀架已锁紧。此外，尾座手轮用于移动尾座套筒，手柄用于锁紧尾座套筒。

5. 车床的传动系统

车床的传动系统分为主传动系统和进给传动系统。CA6136 车床的传动系统如图 3-3 所示。

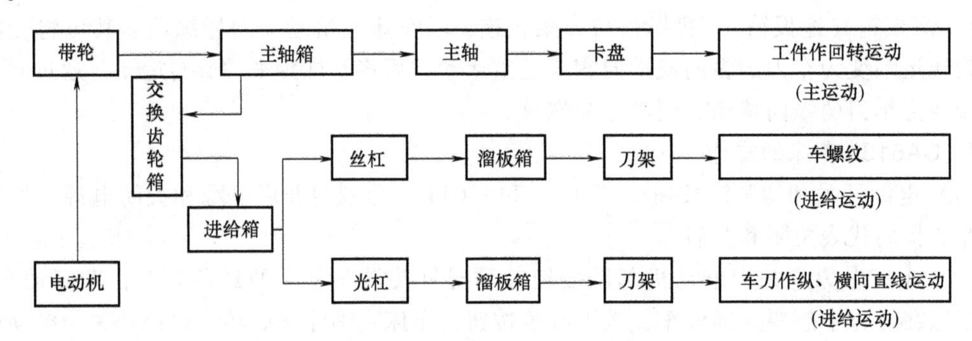

图 3-3　CA6136 车床传动系统简图

3.2　车刀

3.2.1　车刀材料

在切削过程中，刀具的切削部分要承受很大的压力、摩擦、冲击和很高的温度。因此，刀具材料必须具备高硬度、高耐磨性、足够的强度和韧性，还需具有高耐热性（红硬性），即在高温下仍能保持足够硬度的性能。

常用车刀材料主要有高速钢、硬质合金、陶瓷、金属陶瓷和超硬刀具材料等。在这里我们主要介绍高速钢和硬质合金材料。

1. 高速钢

高速钢又称锋钢，是以钨、铬、钒和钼为主要合金元素的高合金工具钢。高速钢淬火后的硬度为 63~67HRC，其红硬温度为 550~600℃，允许的切削速度为 25~30m/min。

高速钢有较高的抗弯强度和冲击韧性，可以进行铸造、锻造、焊接、热处理和切削加工，有良好的磨削性能，刃磨质量较高，故多用于制造形状复杂的刀具，如钻头、铰刀和铣刀等，亦常用作低速精加工车刀和成形车刀。常用的高速钢牌号为 W18Cr4V 和 W6Mo5Cr4V2 两种。

2. 硬质合金

硬质合金是用高耐磨性和高耐热性的 WC（碳化钨）、TiC（碳化钛）和 Co（钴）的粉末经高压成形后再进行高温烧结而制成的，其中 Co 起黏结作用。硬质合金的硬度为 89~94HRA（约相当于 74~82HRC），有很高的红硬温度，在 800~1000℃的高温下仍能保持切削所需的硬度。硬质合金一般制成各种形状的刀片，焊接或夹固在刀体上使用，可用这种刀具进行高速切削，其缺点是韧性较差，较脆，不耐冲击。常用的硬质合金有钨钴类（YG）和钨钛钴类（YT）两大类。

3.2.2　车刀的组成及结构形式

1. 车刀的组成

车刀由刀头和刀体两部分组成。刀头一般由三面、两刃、一尖组成，用于切削，如图 3-4 所示。

前刀面：前刀面是切屑流经过的表面。

主后刀面：主后刀面是与工件切削表面相对的表面。

副后刀面：副后刀面是与工件已加工表面相对的表面。

主切削刃：主切削刃是前刀面与主后刀面的交线，担负主要的切削工作。

副切削刃：副切削刃是前刀面与副后刀面的交线，担负少量的切削工作，起一定的修光作用。

刀尖：刀尖是主切削刃与副切削刃的相交部分，一般为一小段过渡圆弧。

2. 车刀的种类及结构形式

车刀的种类很多，按用途可分为外圆车刀、端面车刀、镗刀、切断刀等，如图 3-5 所示。

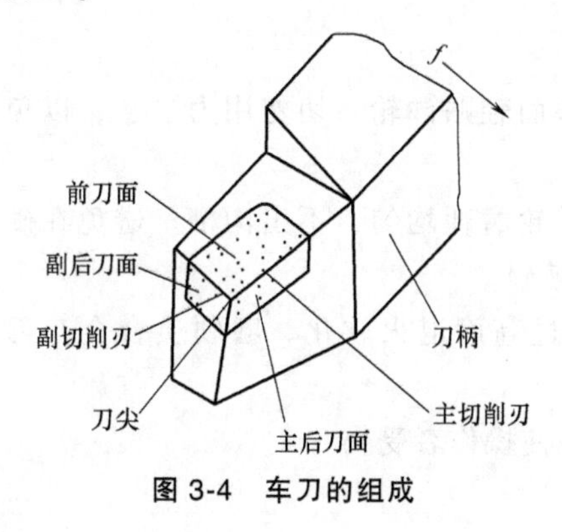

图 3-4　车刀的组成

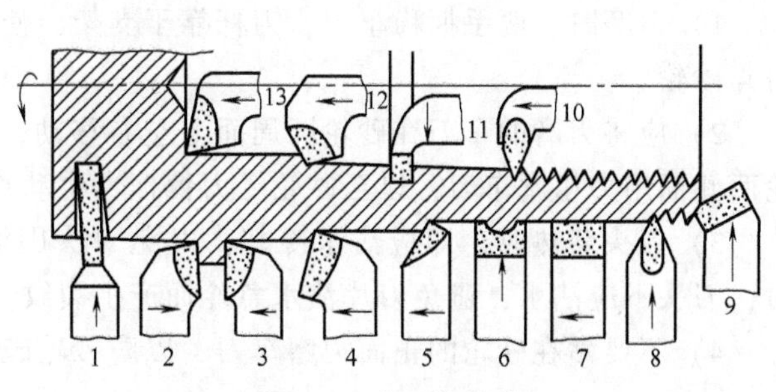

图 3-5　车刀的种类

1—切断刀　2—左偏刀　3—右偏刀　4—弯头车刀
5—直头车刀　6—成形车刀　7—宽刃精车刀
8—外螺纹车刀　9—端面车刀　10—内螺纹车刀
11—内槽车刀　12—通孔车刀　13—不通孔车刀

按结构不同，车刀可分为整体车刀、焊接车刀、可转位机夹车刀和成形车刀。其中，可转位机夹车刀在企业中应用最多，一条切削刃用钝后，可转换新的切削刃继续使用，直到刀片上所有的切削刃均已用钝，刀片才报废。因此，与焊接车刀相比，可转位机夹车刀具有寿命高、加工精度高，生产效率高、降低成本等优点。

3.2.3 车刀的主要角度

车刀的主要角度有前角、后角、楔角、主偏角、副偏角和刃倾角，如图3-6所示。

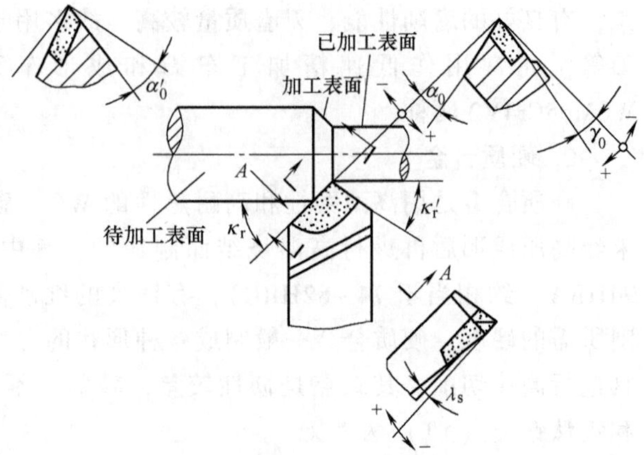

图 3-6 车刀的主要角度

3.2.4 车刀的刃磨

焊接车刀用钝后，必须刃磨，以便恢复其合理形状和角度。车刀一般在砂轮机上刃磨。磨高速钢车刀用白色氧化铝砂轮，磨硬质合金车刀用绿色碳化硅砂轮。

车刀重磨时，往往根据车刀的磨损情况，磨削有关的刀面即可，一般切削刀刃先粗磨，之后用油石精磨各个刀面，可有效地提高车刀的使用寿命和减小工件表面的粗糙度值，以90°外圆车刀为例如下：

1. 粗磨

1）磨主后面，同时磨出主偏角及主后角。

2）磨副后面，同时磨出副偏角及副后角。

3）磨前刀面，同时磨出前角。

2. 精磨

1）修磨前刀面。

2）修磨主后面和副后面。

3）修磨刀尖圆弧。

刃磨车刀时要注意以下事项：

1）刃磨时，两手握稳车刀，刀杆靠于支架，使受磨面轻贴砂轮。切勿用力过猛，以免挤碎砂轮。

2）应将刃磨的车刀在砂轮圆周面上左右移动，使砂轮磨耗均匀，不出沟槽。避免在砂轮两侧面用力粗磨车刀，以至砂轮受力偏摆、跳动甚至破碎。

3）刀头磨热时，即应沾水冷却，以免刀头因温升过高而退火软化。磨硬质合金车刀时，刀头不应沾水，避免刀片沾水急冷而产生裂纹。

4）不要站在砂轮的正面刃磨车刀，以防砂轮破碎时使操作者受伤。

3.3 车床附件及工件装夹

3.3.1 车床附件

在普通车床上常用的附件有自定心卡盘、单动卡盘、顶尖、跟刀架和中心架等。

1. 卡盘

卡盘用于零件的装夹，如图 3-7 所示。使用卡盘时应注意：

1）零件在卡爪间必须放正，夹持长度至少10mm，零件紧固后取下扳手。

2）开动机床，主轴低速旋转，检查零件有无偏置。

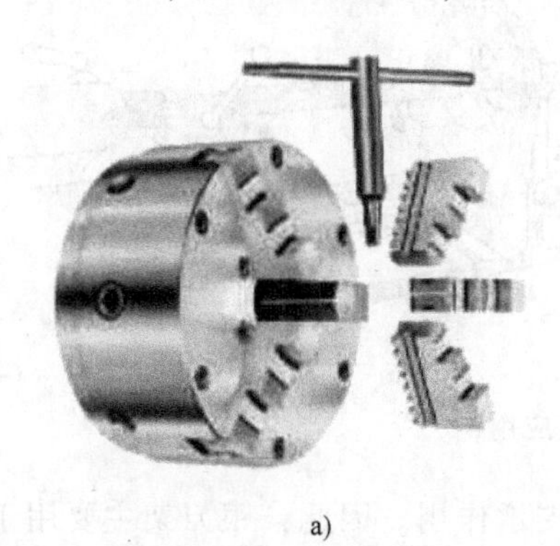

a) b)

图3-7 常用的卡盘

a）自定心卡盘 b）单动卡盘

2. 顶尖

顶尖分前顶尖和后顶尖两类，前顶尖插在主轴锥孔内与主轴一起旋转，后顶尖有固定顶尖和回旋顶尖两类，如图3-8所示。固定顶尖定心准确，但其与中心孔为滑动摩擦，易磨损和烧坏顶尖，因此，适用于低速加工精度较高的工件。而回旋顶尖内有滚动轴承，顶尖和工件一起转动，能在高转速下正常工作，但刚性差，加工精度不高。

固定顶尖可对端面复杂的零件和不允许打中心孔的零件进行支承。顶尖的一端可顶中心孔或管料的内孔，另一端可顶端面是球形或锥形的零件。顶尖还可用于工件的钻孔、套牙和铰孔。

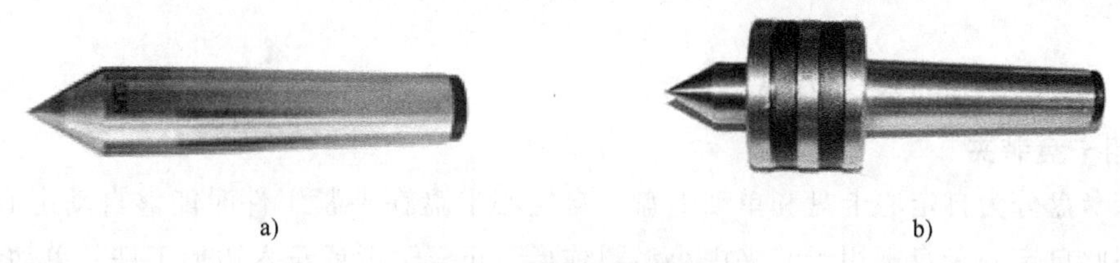

a) b)

图3-8 后顶尖的种类

a）固定顶尖 b）回旋顶尖

3. 中心架

加工细长轴（长径比$L/D>15$）时，为了防止工件受径向切削力的作用而产生弯曲变形，常用中心架或跟刀架作为辅助支承，以增加工件刚性。中心架通常安装在卡盘与刀架之间，如图3-9所示。

中心架的应用有两种情况：

1）加工细长阶梯轴的各外圆，一般将中心架支承在轴的中间部位，先车右端各外圆，调头后再车另一端的外圆。

2）加工长轴或长筒的端面以及端部的孔和螺纹等，用卡盘夹持工件左端，中心架支承右端。

4. 跟刀架

跟刀架用于加工细长轴，安装在溜板箱上，随刀架纵向运动，以增加车削刚性，防止振

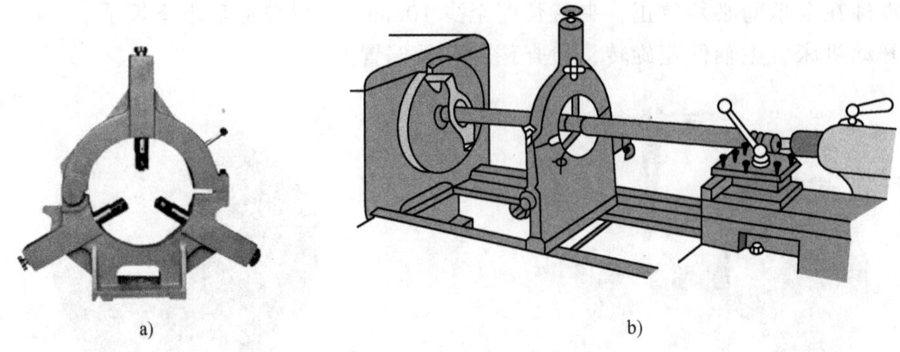

a)　　b)

图 3-9　中心架及应用

动。跟刀架有两个支承爪，紧跟在车刀后面起辅助支承作用。因此，跟刀架主要用于细长光轴的加工。使用跟刀架需先在工件右端车削一段外圆，根据外圆调整两支承爪的位置和松紧，然后即可车削光轴的全长，如图 3-10 所示。

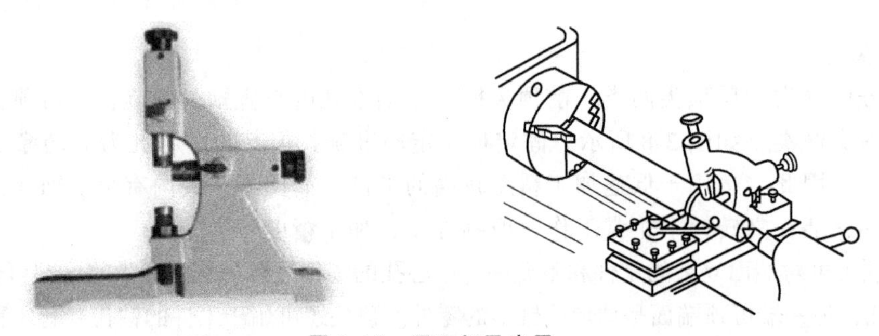

图 3-10　跟刀架及应用

3.3.2　工件常用的装夹方式

1. 用卡盘装夹

车床卡盘分为自定心卡盘和单动卡盘。自定心卡盘在夹紧工件时能够自动定心、定位、夹紧，因此自定心卡盘常用于装夹中小型圆柱形、正三边形或正六边形工件。单动卡盘有四个单独向内或向外移动的卡爪，不但可以装夹圆形件，还可以装夹异形工件。

由于单动卡爪可以单独调节，因此装夹任何工件时，都需要通过划线盘或者百分表进行找正，单动卡盘找正方法如图 3-11 所示。

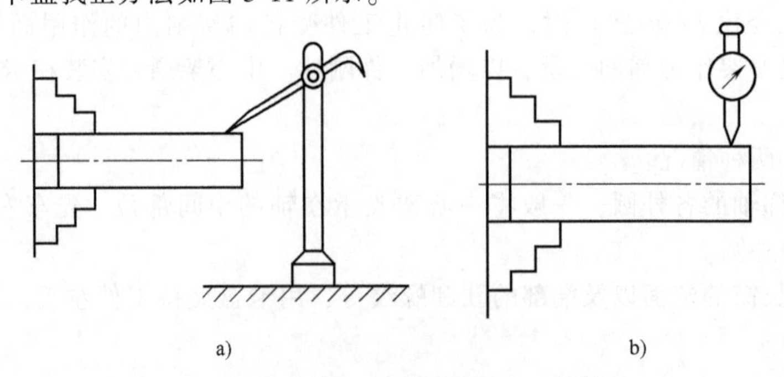

a)　　b)

图 3-11　单动卡盘装夹工件找正

a）用划针找正轴类工件　b）用百分表找正轴类工件

2. 用两顶尖装夹

两顶尖适用于轴类工件的装夹，特别是在多工序加工中重复定位精度要求较高场合，如图 3-12 所示。

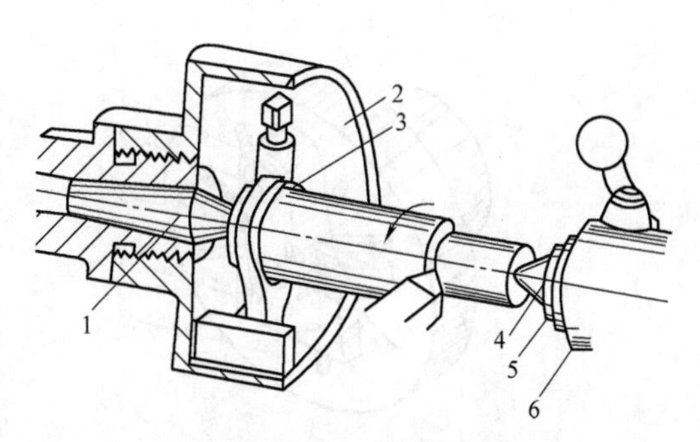

图 3-12　用两顶尖装夹工件

1—前顶尖　2—拨盘　3—鸡心夹头
4—尾顶尖　5—尾座套筒　6—尾座

3. 用一夹一顶装夹

工件一端用卡盘夹持，另一端用后顶尖支承的方法，适用于采用较大切削用量的粗加工，以及粗的轴类工件的装夹，如图 3-13 所示。

4. 用中心架、跟刀架辅助支撑

中心架、跟刀架适用于加工细长的轴类零件，如图 3-14 所示。

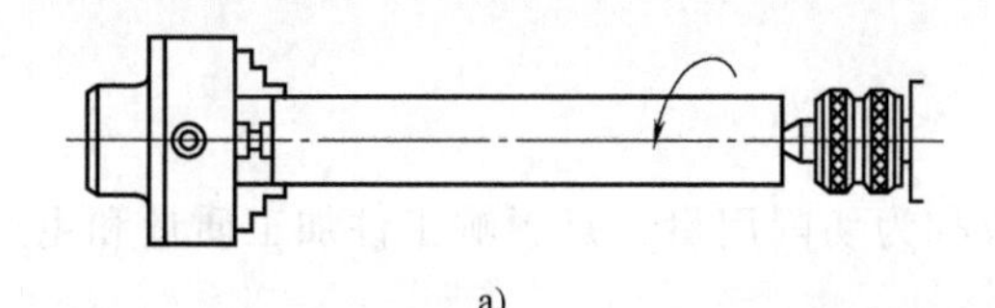

a)

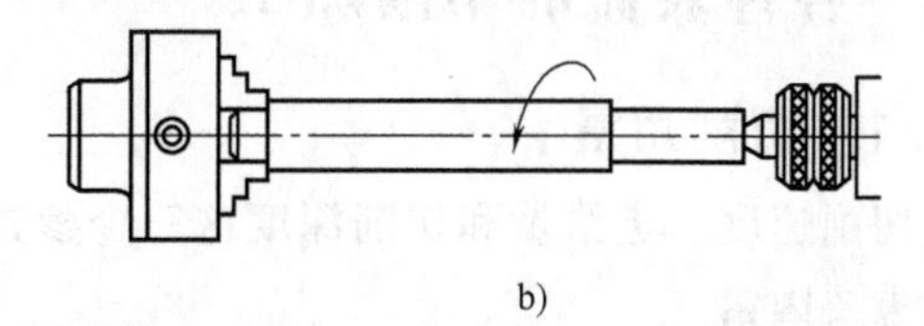

b)

图 3-13　一夹一顶装夹工件

a）用限位支承防止工件轴向移动　b）用工件上台阶防止工件轴向移动

5. 用心轴装夹

当工件内、外表面有较高的位置精度要求，且不能将内、外圆表面在同一次装夹中加工时，常采用先精加工内表面，再以其为定位基准面，用心轴装夹，之后精加工外圆的工艺方法，如图 3-15 所示。

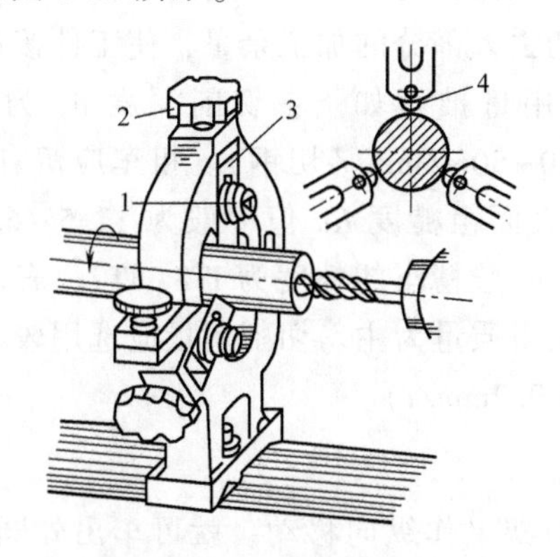

图 3-14　用中心架支撑

1—固定螺母　2—调节螺孔
3—支承爪　4—支承辊

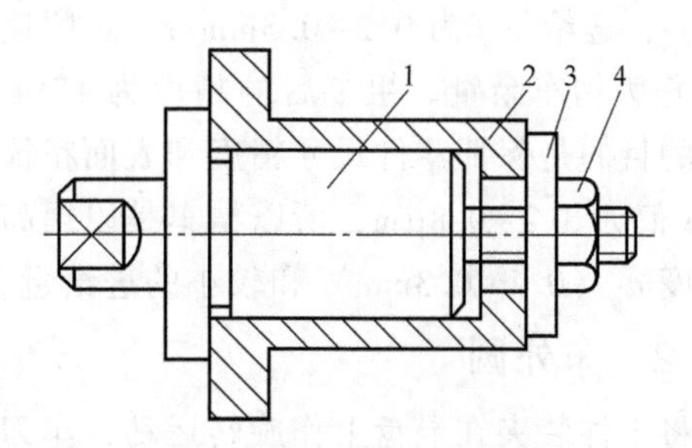

图 3-15　用心轴装夹工件

1—心轴　2—工件　3—开口垫圈　4—螺母

6. 用花盘、角铁装夹

加工特型或复杂工件时，需要用花盘、角铁装夹，如图 3-16 和图 3-17 所示。

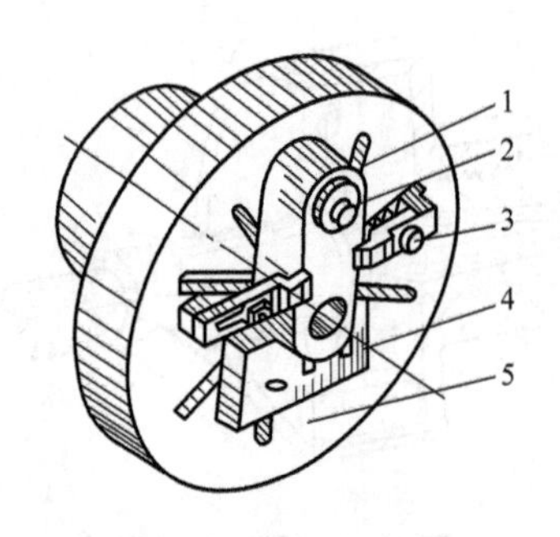

图 3-16　用花盘装夹工件

1—双孔连杆（工件）　2—压紧螺钉
3—压板　4—V 形架　5—花盘

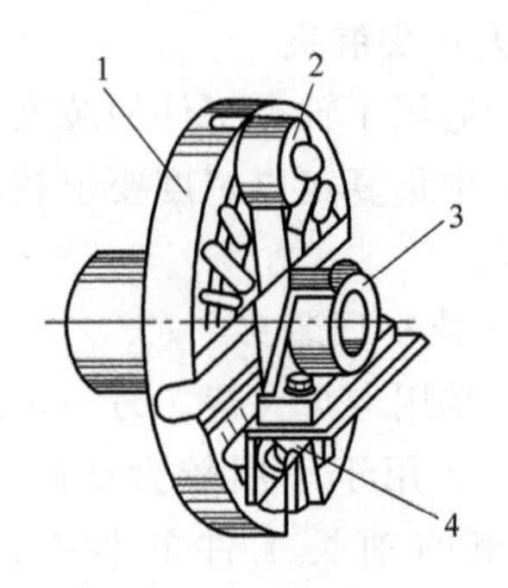

图 3-17　用角铁装夹工件

1—花盘　2—平衡块
3—工件（轴承座）　4—角铁

3.4　各种表面的车削加工

3.4.1　切削用量

切削速度、进给量和切削深度这三个参数称为切削用量，是影响工件加工质量和生产效率的重要因素。

车削时，工件加工表面最大直径处的线速度称为切削速度，以 v（m/min）表示，其计算公式

$$v=\pi dn/1000(\mathrm{m/min})$$

式中，d 为工件待加工表面的直径（mm）；n 为车床主轴每分钟的转速（r/min）。

工件每转一周，车刀所移动的距离，称为进给量，以 f（mm/r）表示。车刀每一次切去的金属层的厚度，称为切削深度，以 a_p（mm）表示。

为了保证加工质量和提高生产率，零件加工应分阶段，对于中等精度的零件，一般按粗车到精车的方案进行。粗车的目的是尽快从毛坯上切去大部分的加工余量，使工件接近要求的形状和尺寸，使用高速钢车刀进行粗车的切削用量推荐如下：切削深度 a_p 为 0.8～1.5mm，进给量 f 为 0.2～0.3mm/r，切削速度 v 取 30～50m/min（切钢）。粗车应留有 0.5～1mm 作为精车余量。粗车后的精度为 IT14～IT11，表面粗糙度 Ra 值一般为 12.5～6.3μm。精车的目的是保证零件尺寸精度和表面粗糙度要求，一般精车的精度为 IT8～IT7，表面粗糙度 Ra 值为 3.2～0.8μm，所以精车是以提高工件的加工质量为主。切削用量应选用较小的切削深度 a_p（0.1～0.3mm）和较小的进给量 f（0.05～0.2mm/r）。

3.4.2　车外圆

将工件装夹在卡盘上作旋转运动，车刀安装在刀架上作纵向移动，就可车出外圆柱面。车削这类零件时，除了要保证图样的标注尺寸、公差和表面粗糙度外，一般还应注意几何公差的要求，如垂直度和同轴度的要求。

1. 外圆车刀的选择

常用外圆车刀有尖刀、弯头刀和偏刀。外圆车刀常用主偏角有 45°、75°和 90°。

尖刀主要用于粗车外圆和没有台阶或台阶不大的外圆。弯头刀用于车外圆、端面和有 45°斜面的外圆，特别是 45°弯头刀应用较为普遍。主偏角为 90°的左右偏刀，车外圆时，径

向力很小，常用来车削细长轴的外圆。各种外圆车刀均可用于倒角，如图 3-18 所示。

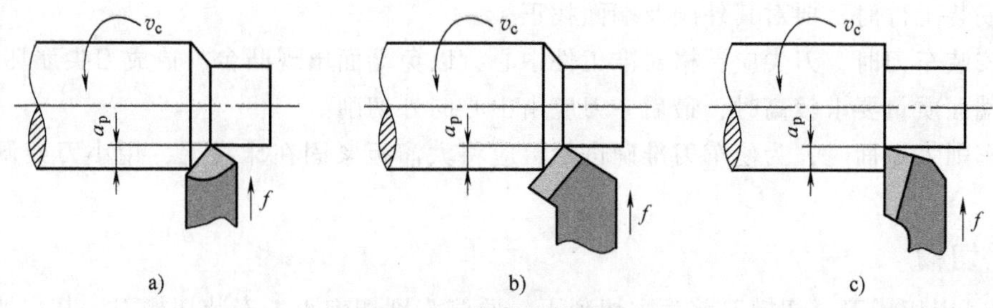

图 3-18　常用的外圆车刀

a）尖刀车外圆　b）弯头车刀车外圆　c）偏刀车外圆

2. 外圆车刀的安装

外圆车刀在安装时应注意：

1）刀尖应与工件轴线等高，如图 3-19 所示。

2）刀杆应与工件轴线垂直。

3）刀杆伸出刀架不宜过长，一般为刀杆厚度的 1.5~2 倍。

4）刀杆垫片应平整，尽量用厚垫片，以减少垫片数量。

5）车刀位置调整好后应夹紧。

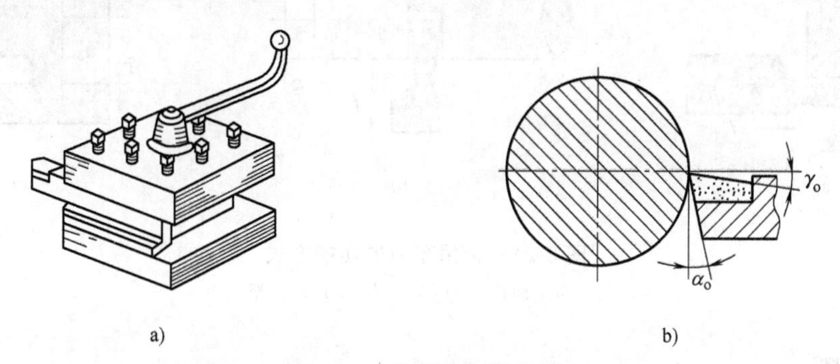

图 3-19　外圆车刀的安装

a）车刀正确装夹　b）刀尖对准工件回转中心

3.4.3　车端面

常用的端面车刀有弯头刀和偏刀，如图 3-20 所示。

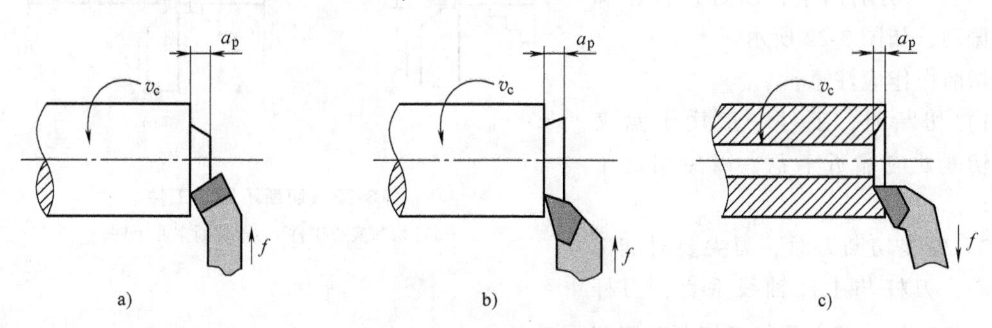

图 3-20　端面车刀车端面

a）弯头车刀车端面　b）偏头车刀车端面（由外向中心）　c）偏头车刀车端面（由中心向外）

车端面操作应注意：

1）安装工件时，要对其外圆及端面找正。

2）安装车刀时，刀尖应严格对准工件中心，以免端面出现凸台，造成刀尖崩坏。

3）端面质量要求较高时，最后一刀应由中心向外切削。

4）车削大端面时，为使车刀准确进给，应将大溜板紧固在床身上，用小刀架调整切削深度。

3.4.4 切槽

切槽时用切槽刀。切槽刀前为主切削刃，两侧为副切削刃。安装切槽刀，其主切削刃应平行于工件轴线，主切削刃与工件轴线同一高度。

切窄槽，主切削刃宽度等于槽宽，横向走刀一次将槽切出。切宽槽，主切削刃宽度小于槽宽，分几次横向走刀，切出槽宽；切出槽宽后，纵向走刀精车槽底，切完宽槽，常用车刀的切槽方式如图 3-21 所示。

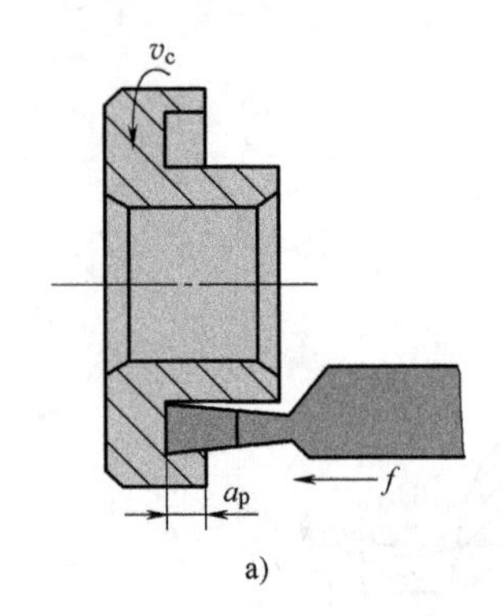

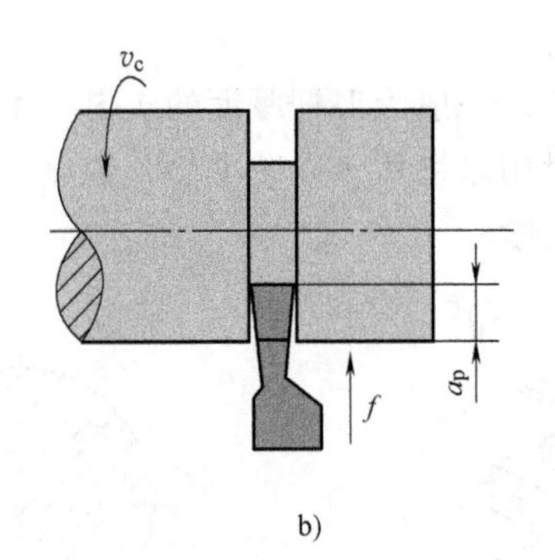

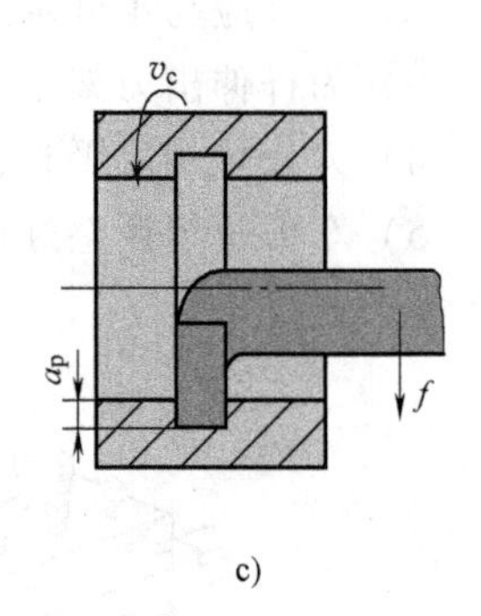

图 3-21 常用车刀的切槽方式

a）车端面槽 b）车外槽 c）车内槽

3.4.5 切断

切断刀和切槽刀基本相同，但其主切削刃较窄，刀头较长。在切断过程中，散热条件差，刀具刚度低，因此必须减小切削用量，以防止机床和工件振动，如图 3-22 所示。

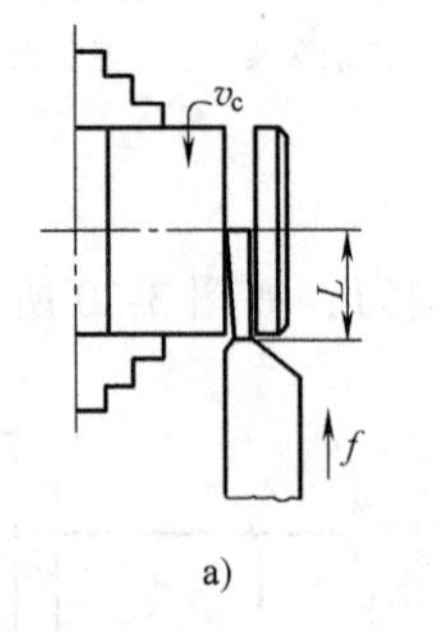

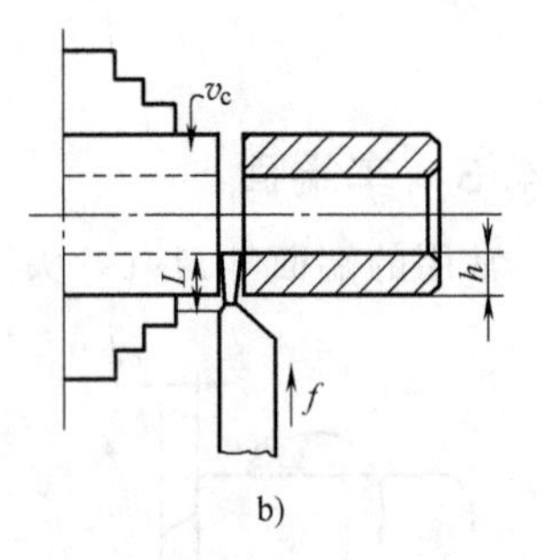

图 3-22 切断不同的工件

a）切断实心工件 b）切断空心工件

切断操作应注意：

1）切断时，工件一般用卡盘夹持。切断处应靠近卡盘，以免引起工件振动。

2）安装切断刀时，刀尖要对准工件中心，刀杆与工件轴线垂直，刀杆不能伸出过长，但必须保证切断时刀架不碰卡盘。

3）切断时应降低切削速度，并应尽可能减小主轴和刀架滑动部分的配合间隙。

4）手动进给要均匀。即将切断时，应放慢进给速度，以免刀头折断。

5）高速钢切断时，需加切削液。

3.4.6 车圆锥面

在机械制造中，常用圆锥体和内圆锥面作为配合面。例如，车床主轴孔与顶尖的配合；尾座套筒的圆锥孔和顶尖、钻头锥柄的配合等。

车圆锥面的方法有四种：转动小拖板法、偏移尾座法、靠尺法和宽刀法。

1. 转动小拖板法（小刀架转位法）

方法：根据零件的圆锥角（α），把小刀架下的转盘顺时针或逆时针扳转一个圆锥角（$\alpha/2$），再把螺母固紧，用手缓慢而均匀地转动小刀架手柄，车刀则沿锥面的母线移动，从而加工出所需要的圆锥面，如图3-23所示。

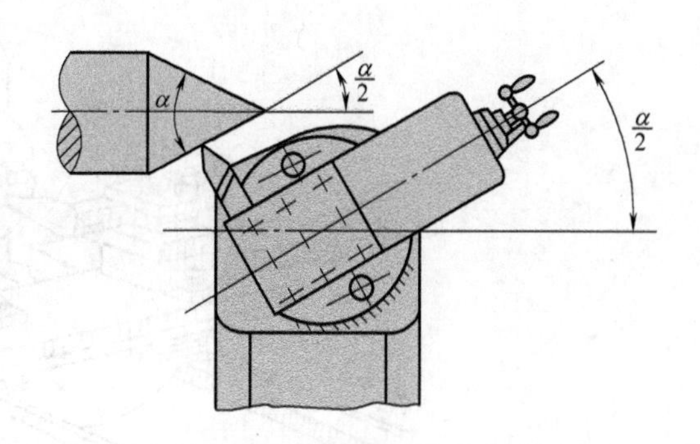

图 3-23 转动小拖板法加工圆锥面

特点：使用此法车圆锥面操作简单，可以加工任意锥角的内、外圆锥面。因受小刀架行程的限制，不能加工较长的圆锥面。需手动进给，劳动强度较大，表面粗糙度 Ra 值为 6.3~1.6μm。

应用：适用于单件小批量生产时，车削精度较低和长度较短的圆锥面。

2. 偏移尾座法

尾座主要由尾座体和底座两大部分组成。底座靠压板和固定螺钉并紧固在床身上，尾座体可在底座上工作并横向调节。当松开固定螺钉而拧动两个调节螺钉时，即可使尾座体在横向移动一定距离。

方法：偏移尾座法加工圆锥面如图 3-24 所示，工件安装在前后顶尖之间，将尾座体相对底座在横向向前或向后偏移一定距离 S，使工件回转轴线与车床主轴轴线夹角等于工件圆锥斜角（α），当刀架自动或手动纵向进给时，即可车出所需的锥面。

尾座偏移距离 S 的计算公式为

$$S=\frac{L(D-d)}{2l}$$

式中，D、d 分别为圆锥体大端和小端直径；L 为工件总长度；l 为锥体部分轴向长度。

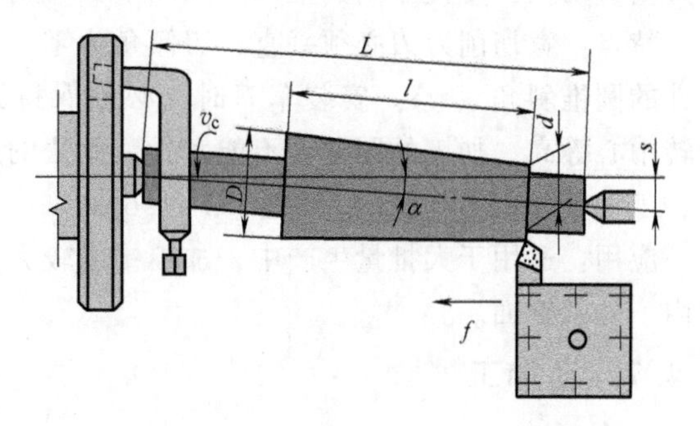

图 3-24 偏移尾座法加工圆锥面

特点：此法可以加工较长的锥面，表面粗糙度 Ra 值小（6.3~1.6μm）。因受尾座偏移量的限制，只能车削工件圆锥斜角 $\alpha<8°$ 的外圆锥面。使用尾座偏移法车圆锥面，最好使用球顶尖，以保持顶尖与中心孔有良好的接触状态。

应用：适用于单件和成批生产中，加工锥度较小、较长的外圆锥面。

3. 靠尺法（靠模法）

靠尺装置一般要自制，也有作为车床附件供应的。

方法：靠模尺装置的底座固定在床身的后侧面，底座上装有靠模尺。靠模尺可以根据需要扳转一个斜角（α）。使用靠模时，需将中滑板上螺母与横向丝杠脱开，并用接长板与滑块连接在一起，滑块可以在靠模尺的导轨上自由滑动。这样，当大拖板作自动或手动纵向进给时，中滑板与滑块一起沿靠模尺方向移动，即可车出圆锥斜角为 α 的锥面。加工时，小刀架需扳转 90°，以便调整车刀的横向位置和进切深度，如图 3-25 所示。

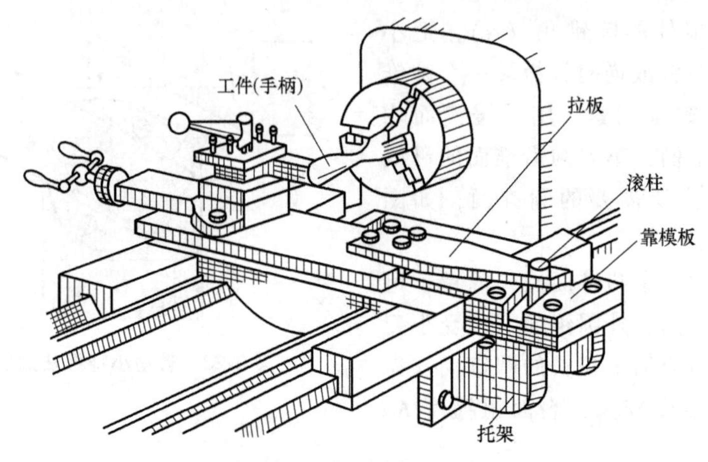

图 3-25　靠尺法加工手柄

特点：此法可以加工较长的内、外圆锥面，圆锥斜度不大，一般 $\alpha<12°$。若圆锥斜度太大，中滑板由于受靠模尺的约束，纵向进给会产生困难。能采用自动进给，锥面加工质量较高，表面粗糙度 Ra 值可达 6.3~1.6μm。

应用：适用于成批和大量生产中，加工锥度小，较长的内、外圆锥面。

4. 宽刀法（样板刀法）

方法：宽刀（样板刀）车削圆锥面，是依靠车刀主切削刃垂直切入，直接车出圆锥面，如图 3-26 所示。

特点：宽切削刀刃必须平直，刃倾角为零，主偏角等于工件的圆锥斜角（α）。安装车刀时，必须保持刀尖与工件回转中心等高。加工的圆锥面不能太长。此法的加工生产率高，工件表面粗糙度 Ra 值可达 6.3~1.6μm。

应用：适用于大批量生产中，加工锥度较大、长度较短的内、外圆锥面。

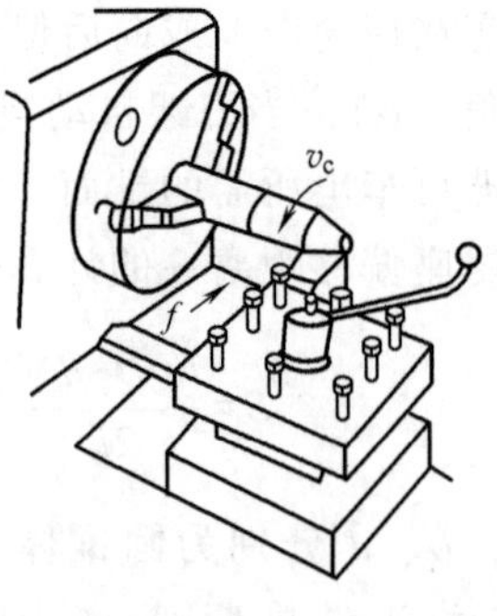

图 3-26　宽刀法加工工件

3.4.7　孔加工

1. 钻孔

在车床上钻孔，一般将麻花钻头装在尾座套筒圆锥孔中进行。钻削时，零件旋转运动为主运动，钻头的纵向移动为进给运动，如图 3-27 所示。

钻孔操作步骤如下：

1）车平端面。为防止钻头引偏，先将零件端面车平，且在端面中心预钻中心孔。

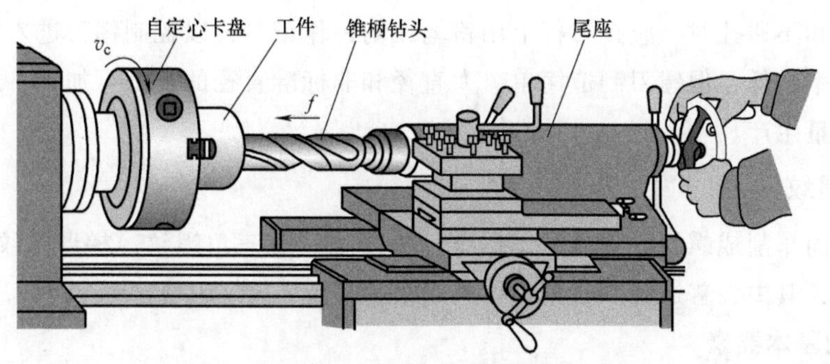

图 3-27　在车床上钻孔

2）装夹钻头。锥柄钻头可直接装在尾座套筒圆锥孔中，直柄钻头用钻夹头夹持。

3）调整尾座位置。调整尾座位置，使钻头能达到所需长度，为防止振动，应使套筒伸出距离尽量短。位置调好后，固定尾座。

4）开车钻削时速度不宜过高，以免钻头研着退火，通常 v_C = 0.3~0.6m/s。钻削时先慢后快，将要钻通时，应降低进给速度，以防钻头折断。孔钻通后，先退出钻头再停车。

2. 镗孔

镗孔是对锻出、铸出或钻出孔的进一步加工，镗孔可扩大孔径，提高精度，减小表面粗糙度值，还可以较好地纠正原来孔轴线的偏斜。镗孔可分为粗镗、半精镗和精镗。精镗孔的尺寸精度可达 IT8~IT7，表面精糙度 *Ra* 值 1.6~0.8μm。

常用的镗刀如下：

1）通孔镗刀。镗通孔用的普通镗刀，为减小径向切削分力，以减小刀杆弯曲变形，一般主偏角为 45°~75°，常取 60°~70°。

2）不通孔镗刀。镗台阶孔和不通孔用的镗刀，其主偏角大于 90°，一般取 95°。

镗刀在安装时应注意：

1）刀杆伸出刀架的长度应短，以增加刚性，避免因刀杆弯曲变形，而使孔产生锥形误差。

2）刀尖应略高于工件旋转中心，以减小振动和扎刀现象，防止镗刀下部碰坏孔壁。

3）刀杆要装正，不能歪斜，以防止刀杆碰坏已加工表面。

镗孔方法如图 3-28 所示，由于镗刀刀杆刚性差，加工时容易产生变形和振动，为了保证镗孔质量，精镗时一定要采用试切，并选用比精车外圆更小的切削深度 a_p 和进给量 f，并要多次走刀，以消除孔的锥度。

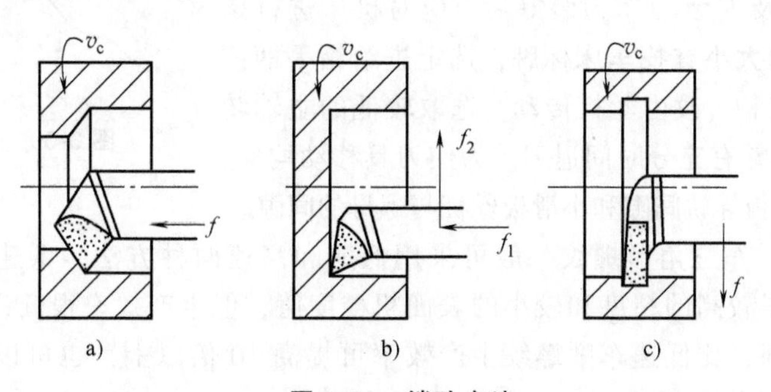

图 3-28　镗孔方法

镗台阶孔和不通孔时，应在刀杆上用粉笔或划针作记号，以控制镗刀进入的长度。

镗孔生产率较低，但镗刀制造简单，大直径和非标准直径的孔都可加工，通用性强，多用于单件小批量生产。

3.4.8 车螺纹

将工件表面车削成螺纹的方法为车螺纹，按牙型分有三角螺纹、梯形螺纹、矩形螺纹、锯齿形螺纹等，其中，普通公制三角螺纹应用最为广泛。

1. 螺纹的基本要素

内外螺纹总是配合使用。内外螺纹能否配合以及配合的松紧程度，主要取决于牙型角 α、螺距 P 和中径 D_2（d_2）三个基本要素的精度，如图 3-29 所示。

牙型角 α 是螺纹轴向剖面上的相邻两牙侧之间的夹角。普通螺纹的牙型角 α 为 60°。中径 D_2（d_2）是一个假想圆柱的直径，该圆柱的母线通过螺纹牙厚与牙槽宽相等的位置。螺距 P 是相邻两牙在中径线上对应两点之间的轴向距离。

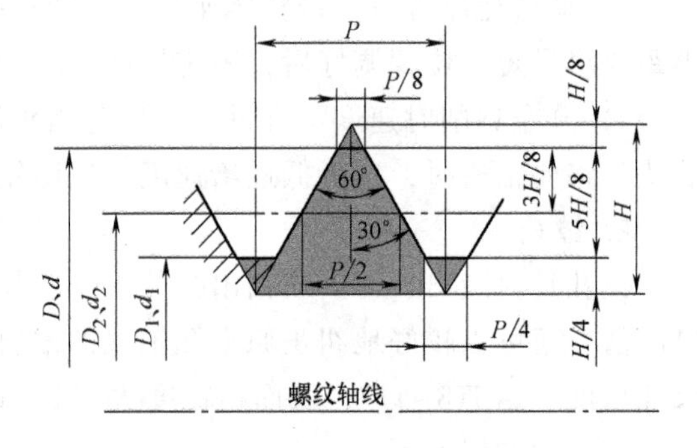

图 3-29 螺纹的基本要素

D—内螺纹大径 d—外螺纹大径 D_2—中螺纹中径

D_1—内螺纹小径 d_1—外螺纹小径

P—螺距 H—原始三角形高度

普通螺纹的标注，如 M20，其中 M 表示三角螺纹，牙型角 α 为 60°；20 表示螺纹外径为 20mm；螺距 P 为 2.5mm（查普通螺纹标准得到）；单线、右旋（在螺纹标注中省略）。

2. 螺纹的车削加工

车削螺纹时，为了获得准确的螺纹，必须用丝杠带动刀架进给，使工件每转一周，刀具移动的距离等于螺距。

（1）螺纹车刀在安装时有以下要求：

1）车刀的刀尖角等于螺纹轴向剖面的牙型角 α。

2）刀尖必须与工件旋转中心等高。

3）刀尖角的平分线必须与工件轴线垂直。

因此，要用对刀样板对刀，如图 3-30 所示。

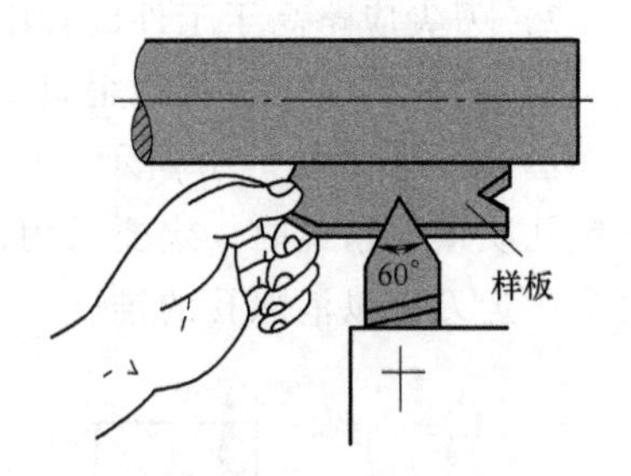

图 3-30 用样板对刀

（2）机床调整及安装　车刀装好后，应对机床进行调整，根据工件螺距的大小查找车床标牌，选定进给箱手柄位置，脱开光杠进给机构，改由丝杠传动。选取较低的主轴转速，以便顺利切削，并有充分时间退刀。为使刀具移动均匀、平稳，必须调整中滑板导轨间隙和小滑板丝杠与螺母的间隙。

（3）操作方法　车三角形螺纹一般可采用低速和高速两种方法。低速车削螺纹采用高速钢车刀，可以获得较高的精度和较小的表面粗糙度值，但生产效率很低；高速车削螺纹可采用高速钢高速车削，比低速车削螺纹生产效率可提高 10 倍以上，也可以获得较小的表面粗糙度值，因此现在广泛应用。

低速车削三角形外螺纹的方法。低速车削螺纹时，一般都选用高速钢螺纹车刀，并分别用粗、精车刀对螺纹进行粗、精加工。车削螺纹主要有 3 种进刀方法，如图 3-31 所示。

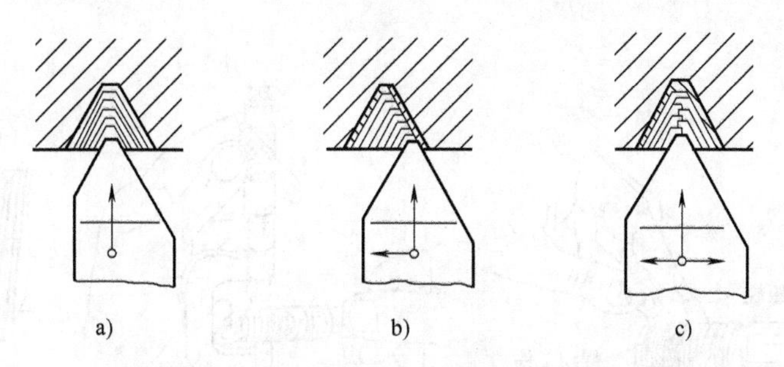

图 3-31 螺纹进刀方式

a）直进法 b）左右切削法 c）斜切法

1）直进法。车削螺纹的过程中，在每次往复行程后，只利用中拖板作横向进刀，多次行程后，把螺纹车到所要求的精度，这种进刀方法叫直进法。直进法车螺纹可得到比较正确的螺纹牙形，但车刀的两切削刃同时参加切削，螺纹不易车光，并且容易产生扎刀现象。注意，用此方法加工螺纹时车刀刀尖宽度应等于牙底槽宽度。

2）左右切削法。车削螺纹的过程中，在每次往复行程后，除了用中拖板作横向进刀外，同时使用小拖板把车刀向左、右作微量进给，这样重复切削几个行程，直至螺纹牙形全部车削完成，这种车削方法为左右切削法。车削时，车刀向左、右的借刀量由小拖板的刻度盘控制。注意，此方法适合大螺距螺纹粗加工，刀尖宽度应小于牙底槽宽度。

3）斜进法。粗车螺纹时，为了操作方便，每次往复行程后，除中拖板进给外，小拖板只向一个方向进给，这种方法叫做斜进法。但在精车时，必须用左右借刀精车的方法，才能使螺纹的两侧面都获得较小的表面粗糙度值。用左右切削法和斜进法车削螺纹时，因车刀为单面切削，因此不易产生扎刀现象。在精车时，如选择很低的切削速度（$v \leqslant 5$m/min），再加上切削液，可以获得较小的表面粗糙度值。

4）乱扣及其预防方法。车削螺纹时，有时会产生乱扣（乱牙）现象，便无法车出完整的牙形。所以在车削前必须了解产生乱扣的原因，然后采取措施加以预防。车削螺纹时，一般要分几次吃刀才能完成，一次吃刀完毕后，退出车刀，提起开合螺母，并退回拖板再进行第二次吃刀。车刀在第二次吃刀时，刀尖偏离第一次车出的螺旋槽，而把螺纹车乱，称为乱扣（乱牙）。产生乱扣的主要原因是丝杠转过一转时，工件未转过整数转。即丝杠的螺距是工件的螺距的整数倍时，就不会产生乱扣。

目前常用预防乱扣的方法是开倒顺车，即在一次吃刀结束时，不提起开合螺母，而采用开倒车（把主轴反转）的方法，使车刀退回，再开顺车车第二刀，这样反复来回车削螺纹，直至把螺纹车完。因为拖板跟丝杠的传动没有分离过，车刀始终在原来的螺旋槽中倒顺移动，就不会产生乱扣。

（4）三角螺纹的测量

1）大径检测。螺纹大径测量一般用游标卡尺或千分尺直接测量直径。

2）螺距检测。一般用钢板尺、游标卡尺和螺距规检测，如图 3-32 所示。

3）中径检测。精度高的三角螺纹可用螺纹千分尺或三针测量检测中径。螺纹千分尺可直接测量螺纹中径的实际尺寸，如图 3-32 所示。三针检测法必须通过计算才能获得实际尺寸。

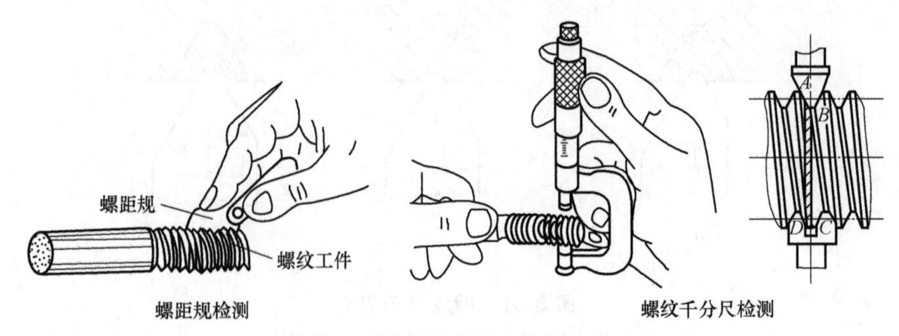

图 3-32　螺纹检测

4）螺纹综合测量。检验三角螺纹的常用量具是螺纹量规。螺纹量规是综合性检验量具，分为塞规和环规两种。塞规检验内螺纹，环规检验外螺纹，通规、止规两件组成一副。螺纹工件只有在通规可通过、止规通不过的情况下为合格，否则零件为不合格品，如图 3-33 所示。

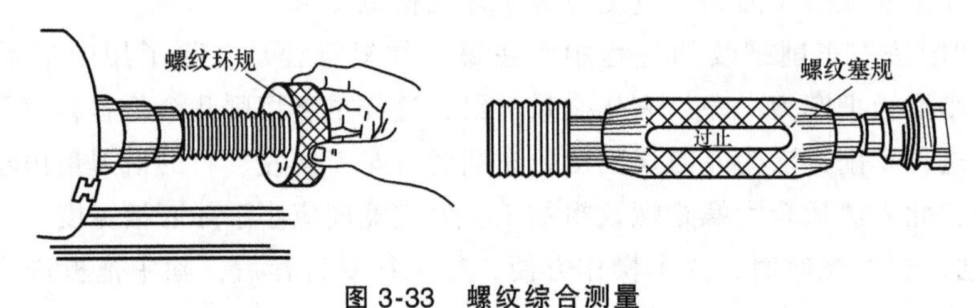

图 3-33　螺纹综合测量

3.5　车床操作及维护

3.5.1　车床操作

1. 车床主轴转速的确定

熟悉车床各个转速调整手柄，根据车床速度指示牌和车削需要的切削速度，选择需要的主轴转速。需要变速时，必须停车操作。

2. 进给速度的确定

进给速度 v_f 是车床切削用量中的重要参数，主要根据零件的加工精度和表面粗糙度要求以及刀具、工件的材料性质选取。最大进给速度受机床刚度和进给系统的性能限制。在轮廓加工中，在接近拐角处应适当降低进给量，以克服由于惯性或工艺系统变形在轮廓拐角处造成“超程”或“欠程”现象。

3. 溜板箱上刻度盘的使用

在车削零件时，要准确、迅速地调整背吃刀量，必须熟练使用中滑板和小滑板的刻度盘，同时加工中必须按操作步骤进行。如 CA6136 车床中滑板丝杠螺距为 4mm，中滑板刻度盘等分为 200 格，故每转一格中滑板移动的距离为 0.02mm。刻度盘转一格，滑板带着车刀移动 0.02mm，即径向背吃刀量为 0.02mm，零件直径减少了 0.04mm。

3.5.2　日常维护

车削工作前应注意：

1）检查操作手柄、开关和旋钮是否在正确位置，操纵是否灵活，安全装置是否安全、可靠。

2）接通电源，空车低速运转2~3min，并观察运转情况是否正常，如有异常应停机检查或报告维修人员。

3）检查油标中液面指示高度是否合适，油路是否畅通，并在规定指示高度内加润滑油。

4）确认润滑、电气系统以及各部位运转正常方可开始工作。

车削过程中应注意：

1）严禁超负荷运行。

2）禁止在机床的导轨表面、油漆表面放置金属物品。

3）禁止在卡盘、顶尖或导轨面上进行敲打、校直和修整工件。

4）装夹工件、刀具必须牢固可靠。严禁在主轴或尾座圆锥孔内安装与圆锥度不符或圆锥面有严重伤痕及不清洁的刀具、顶尖等。

5）装卸卡盘或较重工件时，必须选择安全、可靠的吊具和方法，同时要对导轨进行防护。

6）合理选择转速及切削用量，严禁开车时进行变速。

7）操作反车时先停车后反向。

8）用顶尖夹持工件时，尾座套筒伸出量不得大于套筒直径的2倍。用尾座钻孔时，禁止采用杠杆增加尾座手轮转距的方法进行钻削。

9）使用中心架、跟刀架和靠模板时，必须经常检查其与工作接触面上的润滑和磨损状况。

10）机床运转时，操作者严禁离开工作岗位。

11）机床运行中若出现异常，应立即停机，查明原因，及时处理。

车削结束后应注意：

1）须将各操作手柄置于停机位置，尾座、溜板箱移至床身右端，切断电源。

2）进行日常维护保养。

第4章

铣削加工

目的和要求

1. 了解铣床的用途、运动和分类。
2. 掌握铣床的主要组成部件、主运动和进给运动传动链、工作台快速移动等知识。
3. 掌握铣床的主要部件——主轴部件和顺铣机构的结构及调整。

安全操作规程

1. 操作前检查铣床各部位手柄是否正常，按规定加注润滑油，并低速试运转1~2min。
2. 工作前，必须穿好工作服（校服），女生必须戴好工作帽，发辫不得外露。操作时，必须戴防护眼镜。
3. 装夹工件要稳固。装卸、对刀、测量、变速及清洁机床，都必须在机床停稳后进行。
4. 工作台上禁止放置工量具、工件及其他杂物。
5. 开机时，应检查工件和铣刀的相互位置是否恰当。
6. 铣床运转时，禁止徒手或用棉纱清扫机床，人不能站在铣刀的切线方向，更不得用嘴吹切屑。
7. 刀杆、拉杆、夹头和刀具要在开机前装好并拧紧，不得利用主轴转动来帮助装卸。
8. 机床在运行中不得擅离岗位或委托他人看管。不准闲谈、打闹。
9. 两人或多人共同操作一台机床时，必须严格分工，分段操作，严禁同时操作一台机床。
10. 铣后的工件取出后，应及时去毛刺，防止拉伤手指或划伤堆放的其他工件。
11. 发生事故时，应立即切断电源，保护现场，参加事故分析，承担事故应负的责任。
12. 工作结束应认真清扫机床、加油，并将工作台移向立柱附近。
13. 打扫工作场地，将切屑倒入规定地点。
14. 收拾好工、夹、量具，摆放于工具箱中，工件交检。

4.1 铣削加工概述

1. 铣削的定义及特点

铣削是以旋转的铣刀作主运动，工件或铣刀作进给运动，在铣床上进行切削加工的过程。

优点：使用旋转的多刃刀具进行加工，同时参加切削的刃数多，切削过程是连续的，生产率较高。

缺点：由于每个刀齿的切削过程是断续的，每个刀齿的切削厚度也是变化的，使得切削力发生变化，产生的冲击会使铣刀刀齿寿命降低，严重时将引起崩齿和机床振动，影响加工精度。

2. 铣床的分类

铣床主要分为立式铣床、卧式铣床和龙门铣床等，以适应不同的加工需要。立式铣床是指主轴与工作台面垂直的铣床；卧式铣床是指主轴与工作台面平行的铣床。

3. 工艺范围

铣削适用于加工平面（水平面、侧面、台阶面等）、沟槽（键槽、T形槽、燕尾槽等）、成形表面（螺纹、螺旋槽、特定成形面等）、分齿零件（齿轮、链轮、棘轮和花键轴等）和回转体表面，还可用于内孔的加工以及切断，如图4-1所示。

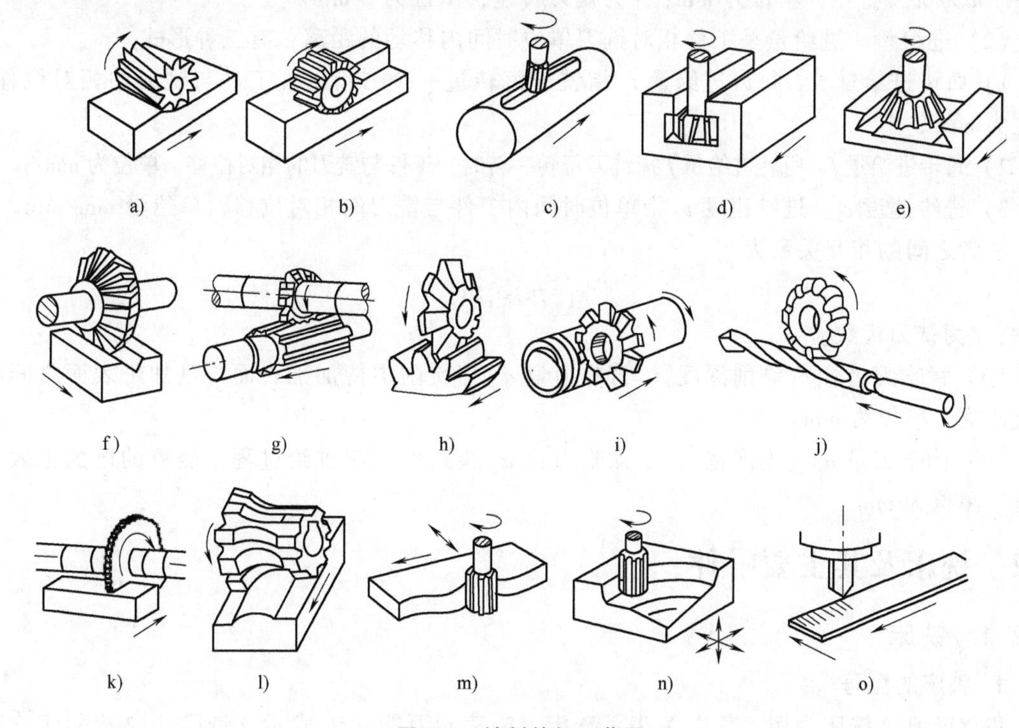

图4-1 铣削的加工范围

a）铣平面 b）铣台阶面 c）铣键槽 d）铣T形槽 e）铣燕尾槽 f）铣V形槽 g）铣花键轴 h）铣齿轮 i）铣螺纹 j）铣螺旋槽 k）切断 l）铣成形面 m）铣特形面 n）铣圆弧面 o）刻线

4. 切削要素

铣削的主运动是铣床主轴带动铣刀的旋转运动，进给运动是工件相对铣刀的直线运动。铣削运动及铣削要素如图4-2所示。

铣削要素包括铣削速度、进给量、背吃刀量和侧吃刀量。

（1）铣削速度 v_c

铣削速度 v_c（m/min）即铣刀最大直径处的线速度，可以由下式计算

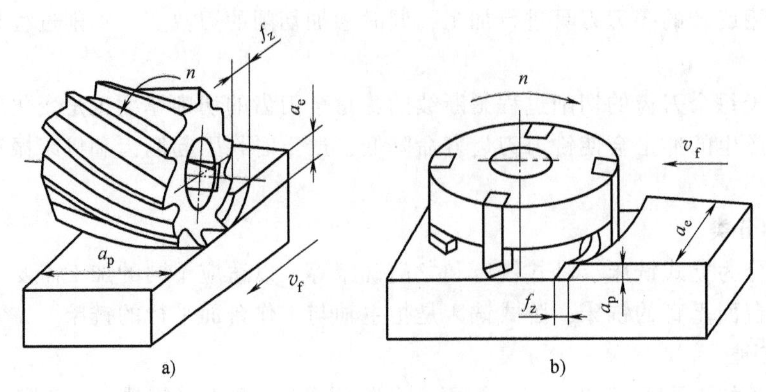

图 4-2　铣削要素

$$v_c = \pi dn/1000$$

式中，d 为铣刀直径，单位为 mm；n 为铣刀转速，单位为 r/min。

（2）进给量　进给量是工件相对铣刀单位时间内移动的距离，有三种形式：

1）每齿进给量 f_z。每齿进给量 f_z 指铣刀每转过一个刀齿时，工件与铣刀的相对位移，单位为 mm/z。

2）每转进给量 f。每转进给量 f 指铣刀每转一转时，工件与铣刀的相对位移，单位为 mm/r。

3）进给速度 v_f。进给速度 v_f 指单位时间内工件与铣刀的相对位移，单位为 mm/min。

三者之间的相互关系为

$$v_f = fn = f_z zn$$

式中，z 为铣刀齿数。

（3）背吃刀量 a_p（铣削深度）　背吃刀量 a_p 指铣削中待加工表面与已加工表面之间的垂直距离，单位为 mm。

（4）侧吃刀量 a_e（铣削宽度）　侧吃刀量 a_e 指铣削一次进给过程中测得的已加工表面宽度，单位为 mm。

4.2　铣床及其主要附件

4.2.1　铣床

1. 铣床的型号

以 XW5032 铣床为例，其中 X 表示铣床，W 表示万能，50 表示立铣床，32 表示工作台宽度的 1/10（即工作台宽度为 320mm）。

2. 铣床的结构

铣床的组成，如图 4-3 所示。

铣床主要由以下 10 个部分组成：

1）床身。床身用于安装和支承机床各部件，是铣床的身体，内部有主传动装置、变速箱和电器箱。床身安装在底座上，内部还有冷却液等。

2）底座。底座用于支撑机床。

3）铣头。铣头安装在铣床上并与主轴连接，是用于带动铣刀旋转的机床附件。

4）升降台。升降台沿床身的垂直导轨作上下运动，即铣削时的垂直进给运动。

5）纵向工作台。纵向工作台在转台的导轨上作纵向移动，带动台面上的工件作纵向进给。

6）横向工作台。横向工作台位于升降台上的水平导轨上，带动纵向工作台一起作横向进给。

7）主轴。主轴用于带动铣刀旋转，其上有7 : 24 的精密锥孔，可以安装刀杆或直接安装带柄铣刀。

8）主轴变速机构。通过旋转手柄，调整主轴转速。

9）主轴旋转刻度盘。主轴旋转刻度盘用于调整主轴的倾斜角度。

10）电动机。电动机用于把电能转化为机械能。

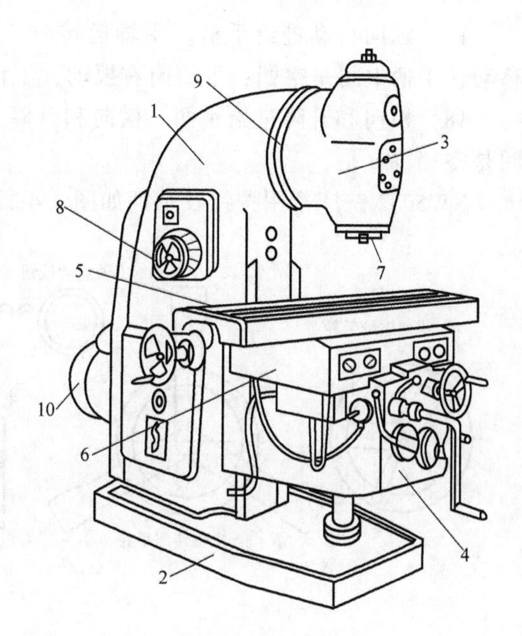

图 4-3　XW5032 铣床结构

1—床身　2—底座　3—铣头　4—升降台
5—纵向工作台　6—横向工作台　7—主轴
8—主轴变速机构　9—主轴旋转刻度盘　10—电动机

3. XW5032 铣床常用按钮及手柄

XW5032 铣床常用按钮及手柄如下：

1）主轴转速手轮。主轴转速手轮用于调整主轴旋转速度，可以转到转盘上任意转速。

2）主轴制动开关。主轴制动开关用于控制主轴运转或停止。

3）主轴点动按钮。主轴点动按钮用于控制主轴点动运转。

4）紧急停止按钮。紧急停止按钮用于控制铣床紧急停止或运转，正面和侧面分别有一个。

5）开关机钥匙。开关机钥匙用于控制铣床开机或关机。

6）电源开关。使用电源开关接通电源，指示灯亮。

7）切削液开关。切削液开关用于控制切削液打开或关闭。

8）照明灯开关。照明灯开关用于控制铣床照明灯开启或关闭。

9）主轴转向按钮。主轴转向按钮用于控制铣床主轴正反转。

10）主轴启动按钮。按下主轴启动按钮后，主轴开始运转。

11）主轴停止按钮。按下主轴停止按钮后，主轴停止运转。

12）快速进给按钮。当自动进给手柄方向选定时，按住快速进给按钮，使铣床的工作台快速地按照指定方向进给。

13）工作台进给量手轮。工作台进给量手轮的外圈代表左右进给量，内圈代表上下前后进给量。

14）纵向进给手轮。纵向进给手轮顺时针旋转，工作台向右移动；逆时针旋转，工作台向左移动。

15）横向进给手轮。横向进给手轮顺时针旋转，工作台向内移动；逆时针旋转，工作台向外移动。

16）升降进给手轮 。升降进给手轮顺时针旋转，工作台向上移动；逆时针旋转，工作台向下移动。

17）纵向自动进给手柄。主轴运转时，纵向自动进给手柄向左扳动，工作台自动向左移动；手柄中间是空档；手柄向右扳动，工作台自动向右移动。

18）横向和升降进给手柄。横向和升降进给手柄分别控制工作台前后和上下移动，中间是空档。

XW5032 铣床常用按钮及手柄如图 4-4 所示。

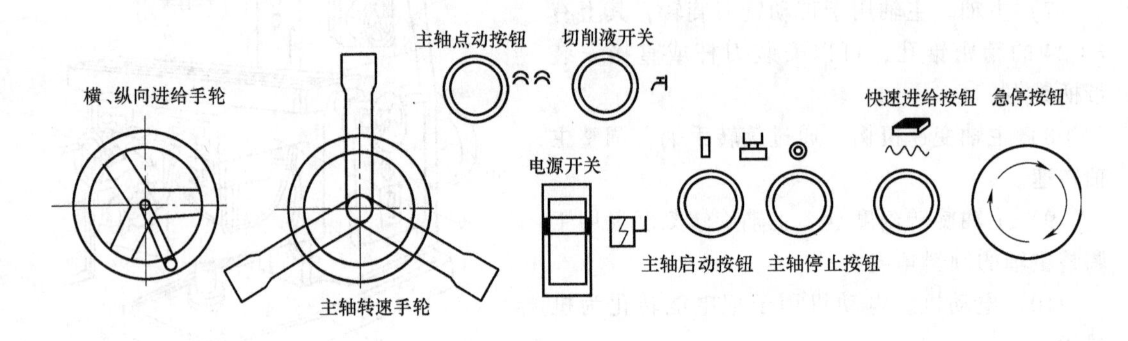

图 4-4　XW5032 铣床常用按钮及手柄

4.2.2　铣刀种类、安装及用途

铣刀按形状可分：带柄铣刀和带孔铣刀两类。

1. 带柄铣刀

带柄铣刀有直柄和锥柄之分。直径小于 20mm 的较小铣刀一般做成直柄。直径较大的铣刀多做成锥柄。带柄铣刀多用于立铣加工，如图 4-5 所示。

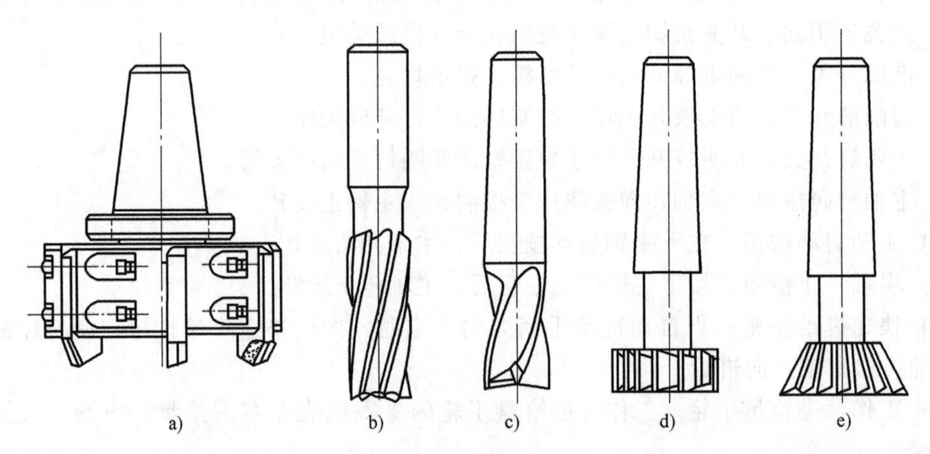

图 4-5　带柄铣刀的种类

a）镶齿面铣刀　b）立铣刀　c）键槽铣刀　d）T 形槽铣刀　e）燕尾槽铣刀

常用带柄铣刀有面铣刀、立铣刀、键槽铣刀、T 形槽铣刀和燕尾槽铣刀。

（1）面铣刀　由于其刀齿分布在铣刀的端面和圆柱面上，端铣刀多用于立式升降台铣床上加工平面，也可用于卧式升降台铣床上加工平面。

（2）立铣刀　立铣刀是一种带柄铣刀，有直柄和锥柄两种，适用于铣削端面、斜面、沟槽和台阶面等。

（3）键槽铣刀和T形槽铣刀　键槽铣刀和T形槽铣刀专门用于加工键槽和T形槽。

（4）燕尾槽铣刀　燕尾槽铣刀专门用于加工燕尾槽。

带柄铣刀的安装如图4-6所示。

（1）直柄铣刀的安装　直柄铣刀常用弹簧夹头安装。安装时，收紧螺母，使弹簧套作径向收缩而将铣刀的柱柄夹紧。

（2）锥柄铣刀的安装 当铣刀锥柄尺寸与主轴端部锥孔相同时，可直接装入锥孔，并用拉杆拉紧，否则要用过渡锥套进行安装。

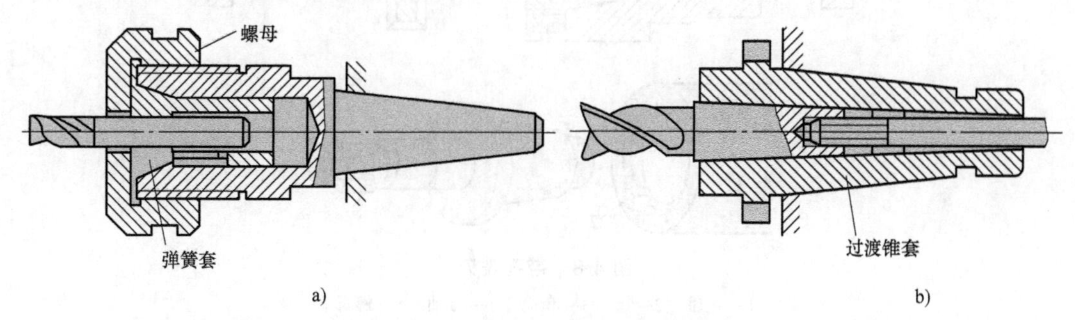

图4-6　直柄铣刀和锥柄铣刀的安装

2. 带孔铣刀

带孔铣刀适用于卧式铣床，能加工各种表面，应用范围较广，如图4-7所示。

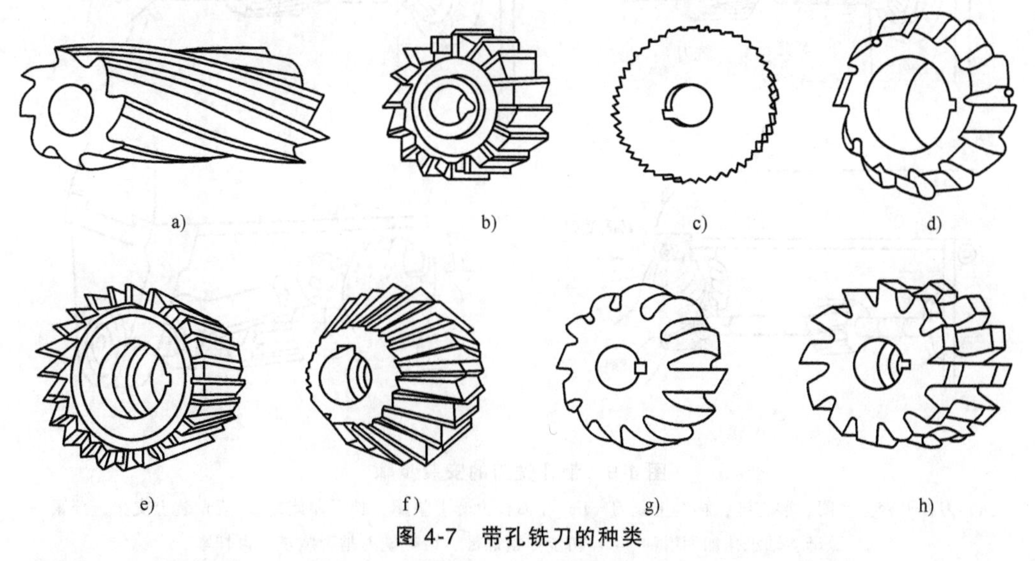

图4-7　带孔铣刀的种类

a）圆柱铣刀　b）圆盘铣刀　c）切断铣刀　d）模数铣刀　e）单角铣刀　f）双角铣刀　g）凹圆弧铣刀　h）凸圆弧铣刀

常用带孔铣刀有圆柱铣刀、三面刃铣刀、锯片铣刀、成形铣刀和角度铣刀。

（1）圆柱铣刀　由于圆柱铣刀仅在圆柱表面上有切削刃，故适用于卧式升降台铣床上加工平面。

（2）三面刃铣刀和锯片铣刀 三面刃铣刀一般用于卧式升降台铣床上加工直角槽，也可以加工台阶面和较窄的侧面等。锯片铣刀主要用于切断工件或铣削窄槽。

(3) 成形铣刀　成形铣刀有多种形态，如模数铣刀，凹凸圆弧铣刀，适用于加工齿轮或各种成形面等。

(4) 角度铣刀　角度铣刀分单、双角两种，适用于加工各种角度斜面或沟槽。

带孔铣刀及其安装步骤，如图 4-8 和图 4-9 所示。

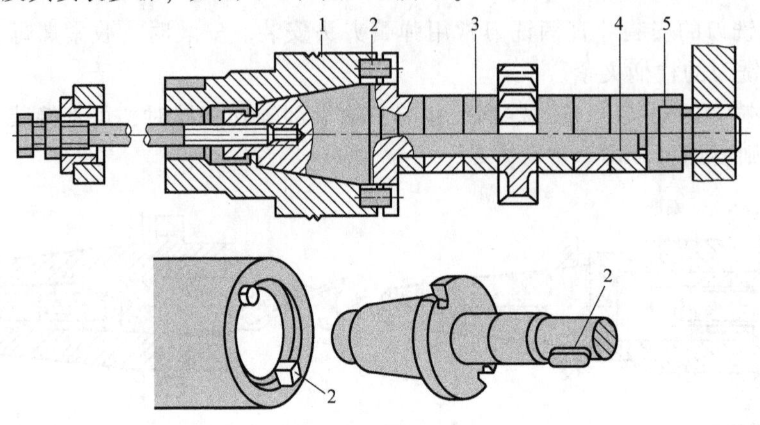

图 4-8　带孔铣刀

1—主轴　2—键　3—套筒　4—刀轴　5—螺母

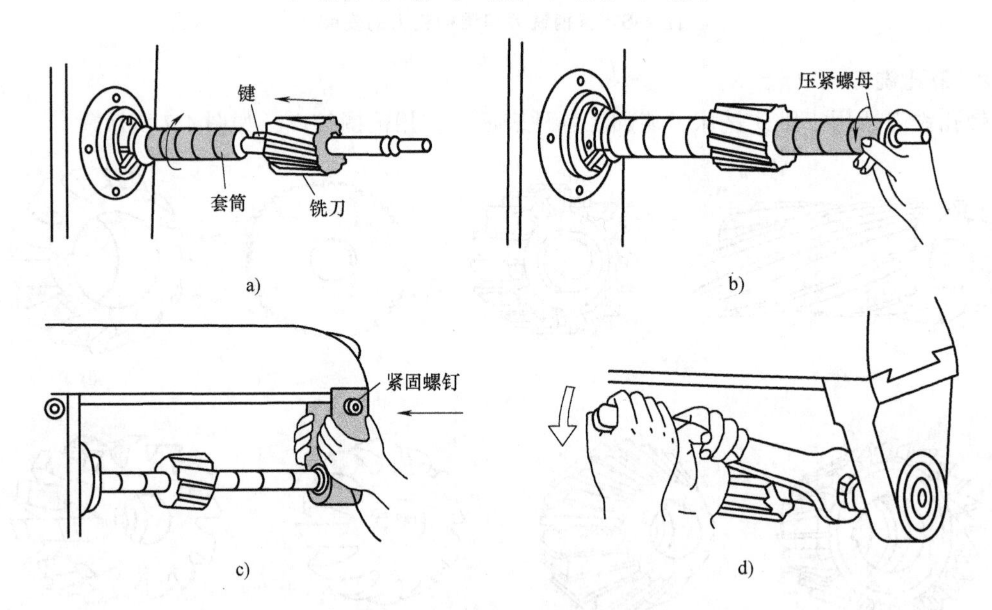

图 4-9　带孔铣刀的安装步骤

a) 刀杆上套上垫圈，装上键，再套上铣刀　b) 在刀杆上套上垫圈，拧上左旋螺母　c) 装上支架，拧紧螺母，轴承孔加润滑油　d) 初步拧紧螺母，检查铣刀是否装正，再拧紧

常用铣刀的用途见表 4-1。

表 4-1　常用铣刀的用途

分类	铣刀名称	用途
加工平面用铣刀	圆柱铣刀:粗齿圆柱铣刀、细齿圆柱铣刀	粗、半精加工平面
	面铣刀:镶齿套式面铣刀、硬质合金面铣刀、可转位面铣刀	粗、半精加工和精加工平面

（续）

分类	铣刀名称	用途
加工沟槽、台阶面用铣刀	立铣刀：粗齿立铣刀、中齿立铣刀、细齿立铣刀、套式立铣刀、模具立铣刀	加工沟槽表面，粗、半精加工平面，加工台阶面和各种模具表面
	三面刃铣刀、两面刃铣刀、直齿三面刃铣刀、错齿三面刃铣刀、镶齿三面刃铣刀	粗、半精加工沟槽表面
	锯片铣刀：粗齿、中齿、细齿锯片铣刀	加工窄槽表面、切断
	键槽铣刀：平键槽铣刀、半圆键槽铣刀	加工平键键槽、半圆键键槽表面
	T形槽铣刀	加工T形槽表面
	燕尾槽铣刀、反燕尾槽铣刀	加工燕尾槽表面
	角度铣刀：单角铣刀、对称双角铣刀、不对称双角铣刀	加工18°~90°的各种沟槽表面
加工成形面用铣刀	铲齿成形铣刀、尖齿成形铣刀、凸半圆铣刀、凹半圆铣刀、圆角铣刀	加工凹、凸半圆面和圆角及成形表面

4.2.3　铣床主要附件

铣削零件时，工件用铣床附件固定和定位，常用铣床附件有回转工作台、万能分度头和万能铣头。

1. 回转工作台

回转工作台又称转台，它的主要功能是在转台台面上装夹工件、进行圆周分度和作圆周进给铣削曲线外形轮廓。回转工作台的规格以转台的外径表示，常见的规格有250mm、315mm、400mm和500mm四种。回转工作台按驱动方法分为手动和机动进给两种，其外形结构如图4-10和图4-11所示。机动回转工作台既可机动进给，又可手动进给；而手动回转工作台只能手动进给。

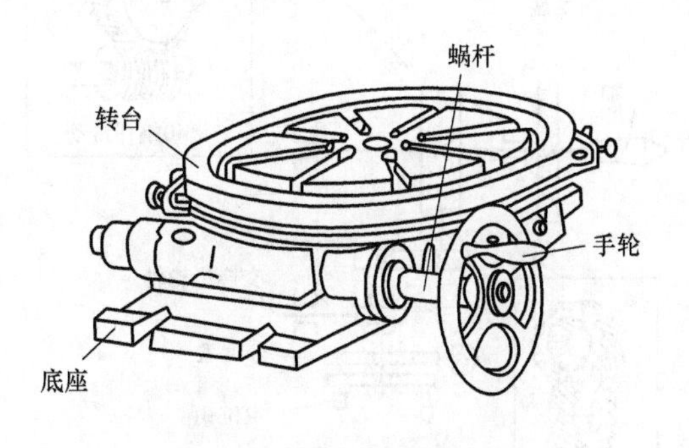

图4-10　手动回转工作台

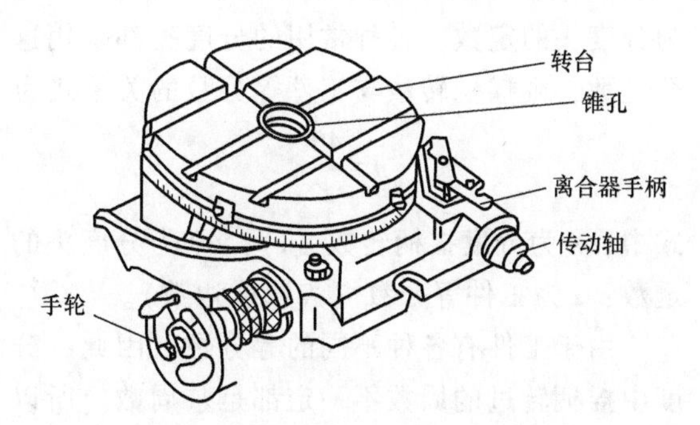

图4-11　手动和机动两用工作台

无论哪种回转工作台，若在分度手柄上装有一块孔盘和一对分度叉，转动带有定位销的分度手柄，则分度手柄轴转动，并带动蜗轮（工作台）和工件旋转，以实现分度。回转工作台常用的传动比有1∶60、1∶90和1∶120三种。

2. 万能分度头

（1）万能分度头的作用

1）使工件绕本身轴线进行分度（等分或不等分），如六方、齿轮、花键等等分的零件。

2）使工件的轴线相对铣床工作台台面扳成所需要的角度。因此，可以加工不同角度的斜面。

3）铣削螺旋槽或凸轮时，能配合工作台的移动使工件连续旋转。

（2）万能分度头的外形结构　万能分度头主要由底座、回转体、主轴、分度盘和手柄等组成，如图 4-12 所示。

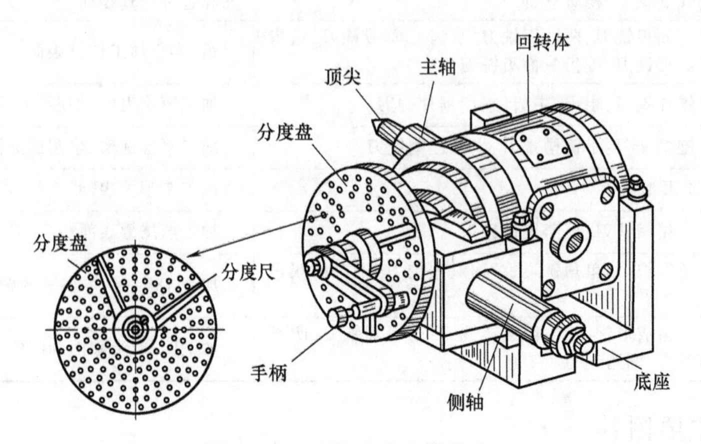

图 4-12　万能分度头的结构

（3）分度方法及原理　万能分度头的分度方法有直接分度法、简单分度法、角度分度法和差动分度法等，这里只介绍最常用的简单分度法。

分度头传动系统如图 4-13 所示，主轴上固定有齿数为 40 的蜗轮，与蜗杆相啮合。

在万能分度头内部，蜗杆为单头蜗杆，蜗轮为 40 齿。分度中，当摇柄转动，蜗杆和蜗轮就旋转。当摇柄（蜗杆）转 40 周，蜗轮（工件）转一周，即传动比为 40 : 1，“40”称为分度头的定数。各种常用的分度头都采用这个定数，则摇柄转数与工件等分数的关系式为

$$n=\frac{40}{z}$$

式中，n 为分度摇柄转数（r）；40 为分度头的定数；z 为工件等分数（齿数或边数）。

由于工件有各种不同的等分数，因此，分度中摇柄转过的周数不一定都是整周数。所以在分度中，要按照计算出的周数，先使摇柄转过整周数，再在孔圈上转过一定的孔数（可以根据分度盘上的孔圈数，把分子、分母同时扩大或缩小）。

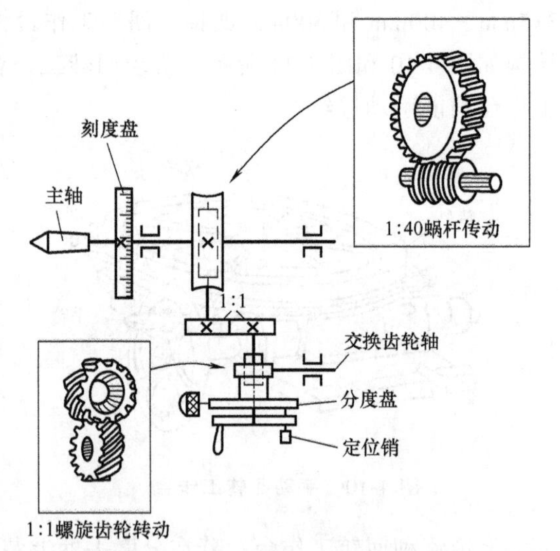

图 4-13　分度头传动系统

一般情况下，每个分度头自带两个分度盘，每个分度盘包含正反面，两个面上分别有许多同心圆排列的圆孔，第一个分度盘正面孔数：24、25、28、30、34；第一个分度盘反面孔数：38、39、41、42、43；第二个分度盘正面孔数：46、47、49、51、53、54；第二个分度盘反面孔数：57、58、59、62、66。

例：在万能分度头上铣削多齿槽，工件齿的等分数 $z=23$，求每铣一齿分度中摇柄相应

转过的圈数。

解：利用公式，按分数法计算，把 $z=23$ 代入，得

$$n=\frac{40}{z}=\frac{40}{23}=(\mathrm{r})$$

但分度盘上并没有一周为23的孔，这时需将分子、分母同时扩大相同倍数，即

$$n=\frac{40}{23}=1\frac{17}{23}=1\frac{34}{46}(\mathrm{r})$$

所以，每铣一齿，分度摇柄在46孔圈的分度盘上转过一整周后再转过34个孔。

（4）分度时的操作　分度前，应先将分度盘用锁紧螺钉固定，通过分度手柄的转动，使蜗杆带动蜗轮旋转，从而带动主轴和工件转过一定的度（转）数。分度时一定要调整好插销所对应的分度盘圈孔。

分度叉两叉脚间的夹角可调，调整方法是使两个叉脚间的孔数比需摇的孔距多一个，如图4-14所示，两叉脚间有七个孔，但只包含六个孔距。在示例中，$n=\frac{40}{23}=1\frac{17}{23}=1\frac{34}{46}$（r）。如选择孔数为46的孔圈，分度叉两叉脚间应有35个分度孔。

分度时，先拔出插销，转动分度手柄，经传动系统的一定传动比，可使主轴回转到所需位置，然后再把插销插入所对应的孔盘上孔圈中。分度手柄转动的转数，由插销所对应的孔圈孔数计算得到，插销可在分度手柄的长槽中沿分度盘径向调整位置，以使插销能插入不同孔数的孔圈中。

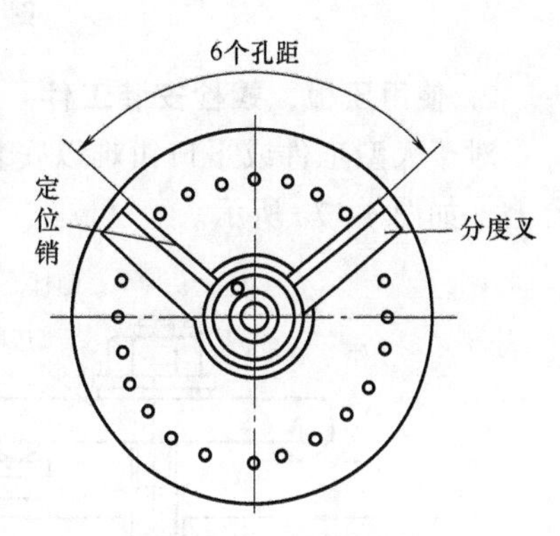

图4-14　简单分度

3. 万能铣头

万能铣头也称万向铣头，是指铣床刀具可在水平和垂直两个平面内回转的铣头。从铣床坐标系来看，就是铣床刀具输出轴能够围绕铣床 Z 轴和 X 轴（或 Y 轴）旋转的铣头，其中围绕铣床 Z 轴的轴为 C 轴，围绕铣床 X 轴的轴为 A 轴，从而使铣床具备五个坐标轴。联动自动万能铣头具备五轴加工功能，所以联动自动万能铣头有时也称 AC 轴铣头或五轴铣头。万能铣头是机床常用的附件，也是机床最核心、技术含量最高的部件之一，如图4-15所示。

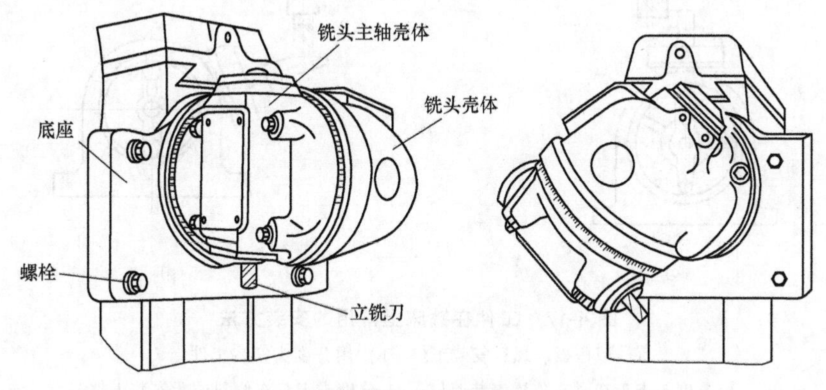

图4-15　万能铣头

4.2.4 铣床上工件的安装

铣床上常用的工件安装方法有使用平口钳安装和使用压板、螺栓安装两种。

1. 使用平口钳安装工件

在铣削加工时，常使用平口钳夹紧工件，如图 4-16 所示。平口钳具有结构简单、夹紧牢靠等特点，所以使用广泛。平口钳用两个 T 形螺栓固定在铣床上，底座上还有一个定位键，与工作台上中间的 T 形槽配合，以提高平口钳安装时的定位精度。

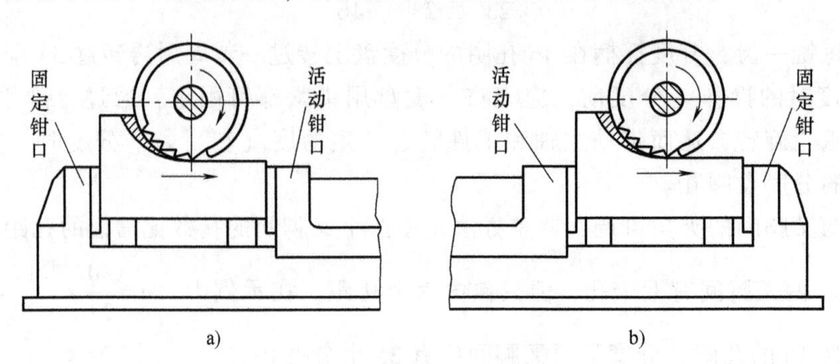

图 4-16 使用平口钳安装工件

2. 使用压板、螺栓安装工件

对于大型工件或平口钳难以安装的工件，可用压板、螺栓和垫铁将工件直接固定在工作台上，如图 4-17a 所示。

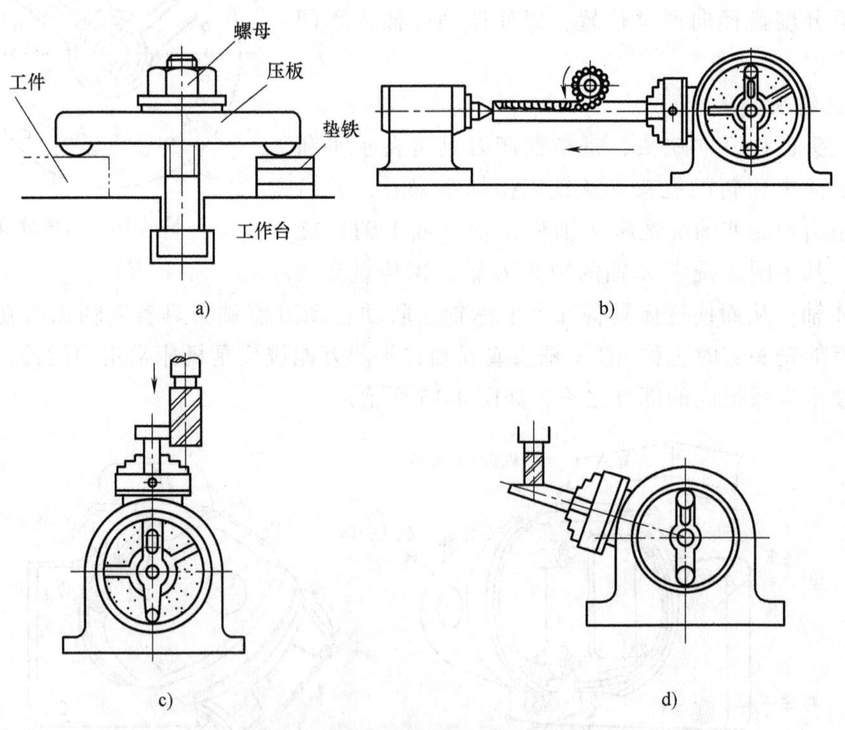

图 4-17 工件在铣床上常用的安装方法

a) 用压板、螺钉安装工件 b) 用分度头安装工件

c) 分度头卡盘在垂直位置安装工件 d) 分度头卡盘在倾斜位置安装工件

3. 用分度头安装工件

分度头安装工件一般用在等分工作中。它即可以用分度头卡盘（或顶尖）与尾架顶尖一起使用安装轴类零件，图 4-17b 所示。也可以只使用分度头卡盘安装工件，又由于分度头的主轴可以在垂直平面内转动，因此可以利用分度头在水平、垂直及倾斜位置安装工件，如图 4-17c、d 所示。

当零件的生产批量较大时，可采用专用夹具或组合夹具装夹工件，这样既能提高生产效率，又能保证产品质量。

4.2.5 平面的铣削

用铣削方法加工工件平面的方法称为铣平面。铣平面主要有周铣和端铣两种，也可以用立铣刀加工平面，如图 4-18 所示。

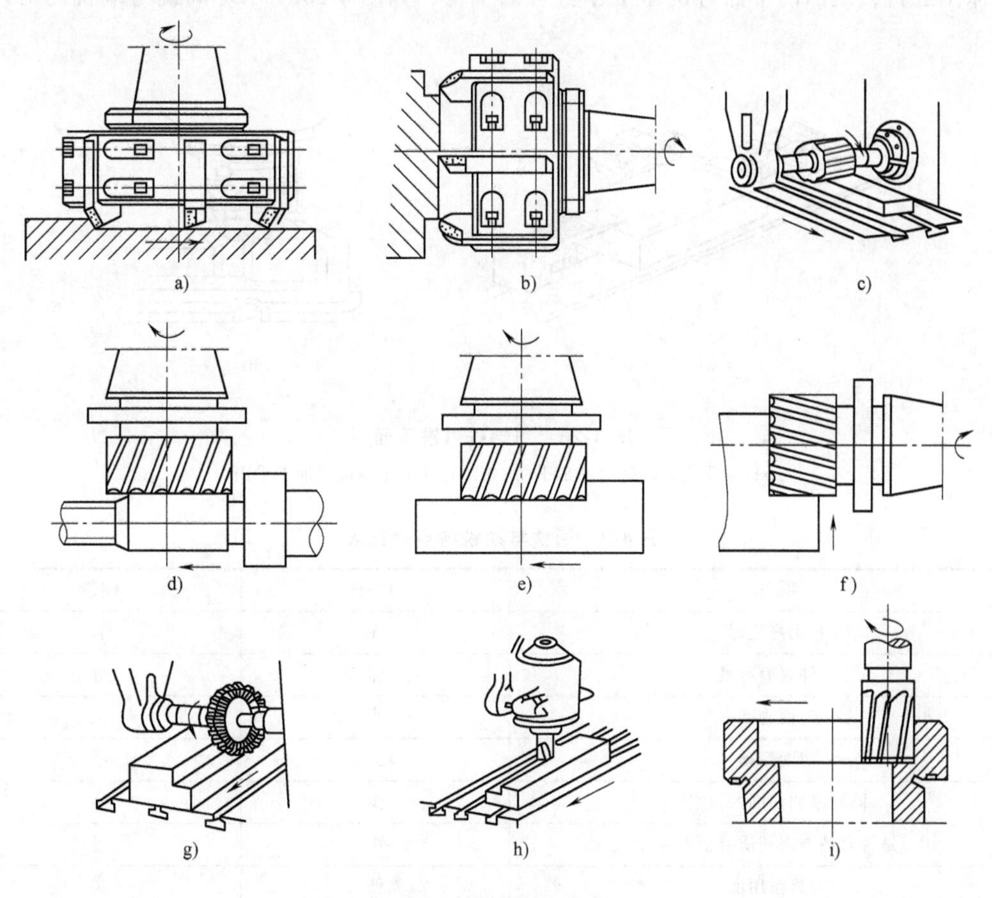

图 4-18 铣平面实例

（1）周铣　利用分布在铣刀圆柱面上的切削刃进行铣削并形成平面的加工方法称为圆周铣，简称周铣。周铣主要在卧式铣床上进行，圆柱铣刀的刀齿有直齿与螺旋齿两种，由于螺旋齿刀齿在铣削时是逐渐切入工件的，因此，铣削平面时均采用螺旋齿圆柱形铣刀，如图 4-19所示。

（2）端铣　利用分布在铣刀端面上的切削刃进行铣削并形成平面的加工称为端铣。用

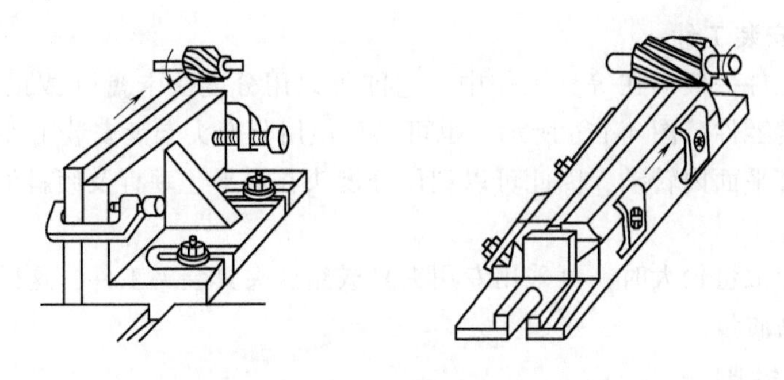

图 4-19 用螺旋齿圆柱齿刀铣平面

端铣刀铣平面可以在卧式铣床上进行，铣出的平面与铣床工作台台面垂直。端铣也可以在立式铣床上进行，铣出的平面与铣床工作台台面平行，如图 4-20 所示。周铣与端铣的对比见表 4-2。

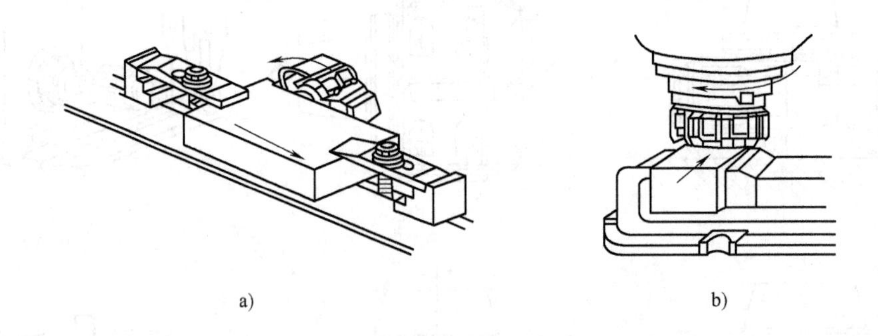

a) b)

图 4-20 用端铣刀铣平面

a）卧式铣床端铣刀加工平面 b）立式铣床端铣刀加工平面

表 4-2 周铣与端铣特点对比表

项目	周铣	端铣
有无修光刃	无	有
工件表面质量	差	好
刀柄刚度	小	大
切削振动	大	小
同时参加切削的刀齿	少	多
是否容易镶嵌硬质合金刀片	难	易
刀具耐用度	低	高
生产效率	低	高
加工范围	广	较窄

（3）立铣 用立铣刀铣平面在立式铣床上进行，用立铣刀的圆柱面切削刃铣削，铣出的平面与铣床工作台台面垂直，如图 4-21 所示。由于立铣刀的直径相对于端铣刀的回转直径较小，因此，加工效率较低。用立铣刀加工较大平面时有接刀纹，相对而言，表面粗糙度 *Ra* 值较大。但其加工范围广泛，可进行各种内腔表面的加工。

（4）周铣的顺铣和逆铣　铣削有顺铣与逆铣两种方式。铣刀对工件的作用力在进给方向上的分力与工件进给方向相同的铣削方式，称为顺铣；铣刀对工件的作用力在进给方向上的分力与工件进给方向相反的铣削方式，称为逆铣。用圆柱铣刀周铣平面时的铣削方式如图4-22所示。

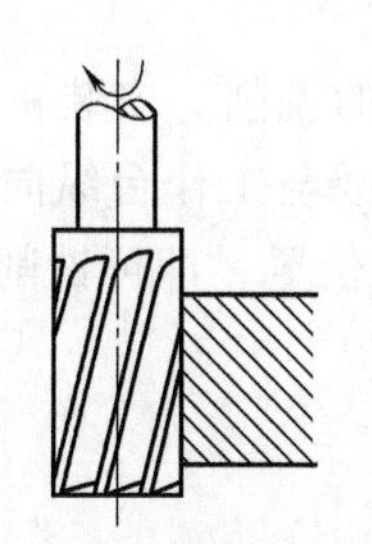

图4-21　用立铣刀铣平面

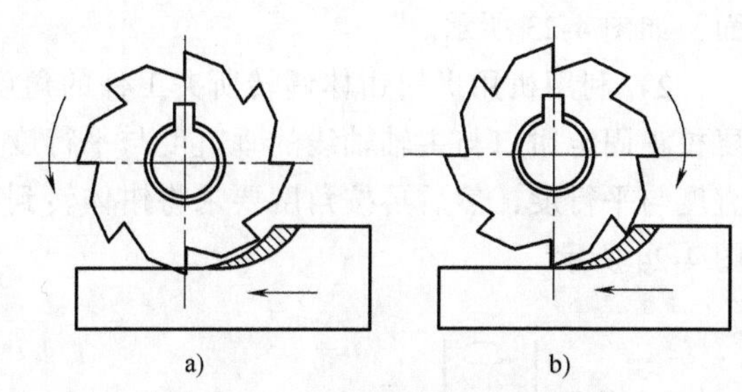

图4-22　周铣的顺铣和逆铣

a）逆铣　b）顺铣

1）周铣时逆铣的特点。刀齿切入工件时的切削厚度值为零，随着刀齿的回转，切削厚度值在理论上逐渐增大。但实际上，刀齿并非一开始接触工件就能切入金属层内，其原因是切削刃并不是前、后刀面的交线，而是有刃口钝圆半径存在的实体，它相当于小圆柱的一部分。钝圆半径的大小与刀具材料种类，晶粒粗细，前、后刀面的刃磨质量以及刀具磨损等多种因素有关。新刃磨好的高速钢和硬质合金刀具一般钝圆半径值取10~26μm，随着刀具的磨损，钝圆半径值可能进一步增大。根据研究，一般认为当理论切削厚度（计算值）小于刃口钝圆半径时，切屑不易生成；只有当理论切削厚度大约等于（或大于）刃口钝圆半径时，刀齿才能真正切入金属，形成切屑。因此逆铣时，刀齿开始接触工件及以后的一段距离内没有发生铣削，而是刀齿的刃口钝圆部分在工件的被切削表面上挤压、滑擦和啃刮。值得一提的是，这一挤压、滑擦和啃刮现象是发生在前一刀齿所形成的硬化层内，致使刀具磨损加剧，易产生周期性振动，工件已加工表面粗糙度值增大。

2）周铣时顺铣的特点。顺铣时，铣刀齿刚开始切入工件时的切削厚度最大，而后逐渐减小，避免了逆铣切入时的挤压、滑擦和啃刮现象。而且刀齿的切削距离较短，铣刀磨损较小，寿命比逆铣时高2~3倍，已加工表面质量也较好。特别是铣削硬化趋势强的难加工材料时效果更明显，前刀面作用于切削层的垂直分力 F_N 始终向下，因而整个铣刀作用于工件的垂直分力较大，将工件压紧在夹具上，安全可靠。

在铣床上进行周铣时，一般都采用逆铣，只有下列情况才选用顺铣：工作台丝杠、螺母传动副有间隙调整机构，并可将轴向间隙调整到足够小（0.03~0.05mm）；F_c 在水平方向的分力 F 小于工作台与导轨之间的摩擦力；铣削不易夹紧或薄而长的工件。

（5）端铣的对称铣与不对称铣　端面铣削时，根据铣刀与工件加工面相对位置的不同，可分为对称铣削、不对称逆铣和不对称顺铣三种铣削方式。铣刀的轴线位于工件中心时称为对称铣，铣刀的轴线在工件一侧时称为非对称铣。非对称铣常用于窄长且易变形的工件。

4.2.6　铣斜面

斜面的铣削方法有工件倾斜铣斜面、铣刀倾斜铣斜面和用角度铣刀铣斜面三种。

1. 工件倾斜铣斜面

在立式或卧式铣床上，铣刀无法转动角度的情况下，可以将工件倾斜所需角度安装进行斜面铣削。常用的方法有以下几种：

1）在单件生产中，常采用划线校正工件的装夹方法来实现斜面的铣削。按划线加工平面，如图 4-23 所示。

2）利用机用虎钳钳体调转所夹工件的角度也可实现斜面的铣削。安装机用虎钳时必须要校正固定钳口与主轴轴线的垂直度与平行度（卧式铣床），或与工作台纵向进给方向的垂直度与平行度，然后再按角度要求将钳体转到刻度盘上的相应位置，即可铣削所需斜面，如图 4-24 所示。

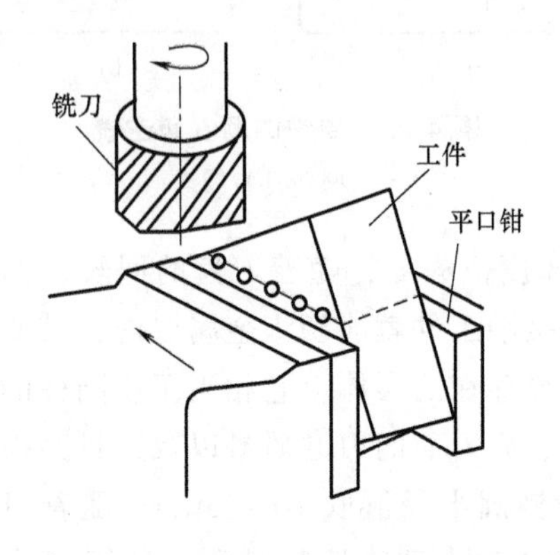

图 4-23 用划线校正装夹工件铣斜面

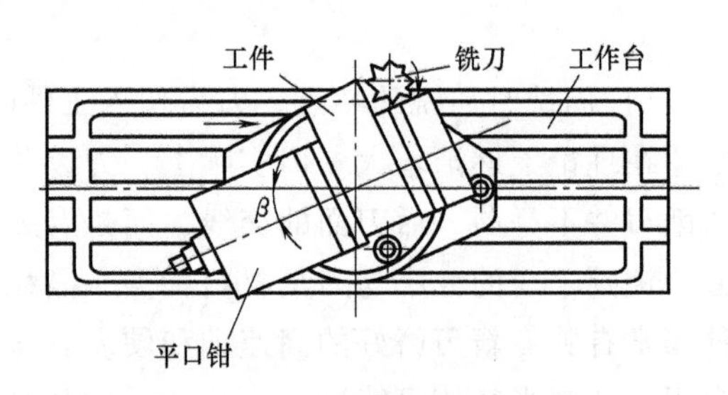

图 4-24 虎钳旋转铣斜面

3）利用倾斜垫铁装夹工件铣斜面，或用万能分度头铣斜面，如图 4-25 和图 4-26 所示。

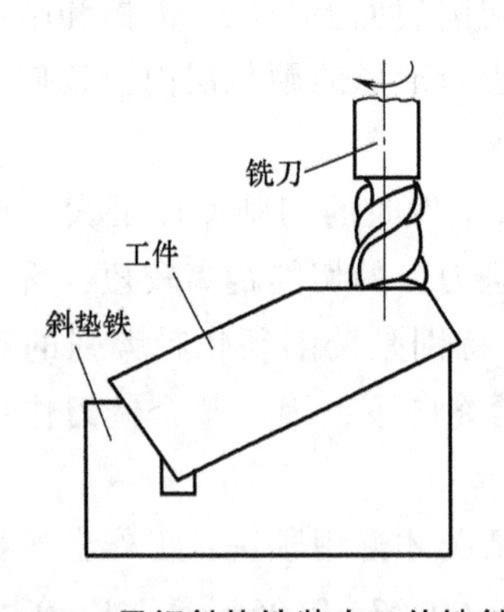

图 4-25 用倾斜垫铁装夹工件铣斜面

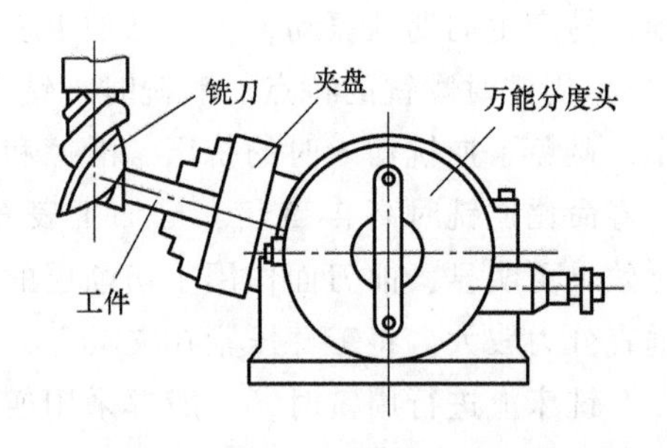

图 4-26 用万能分度头装夹工件铣斜面

2. 铣刀倾斜铣斜面

在立铣头可偏转的立式铣床、装有立铣头的卧式铣床、万能工具铣床上均可将端铣刀、立铣刀按要求偏转一定角度进行斜面铣削，如图 4-27 所示。

3. 角度铣刀铣斜面

切削刃与轴线倾斜成某一角度的铣刀称为角度铣刀，斜面的倾斜角度由角度铣刀保证。受铣刀切削刃宽度的限制，用角度铣刀铣削斜面只适用于宽度不大的斜面，如图 4-28 所示。

综上所述，铣削斜面时，工件、铣床及铣刀三者之间必须满足以下三个条件：

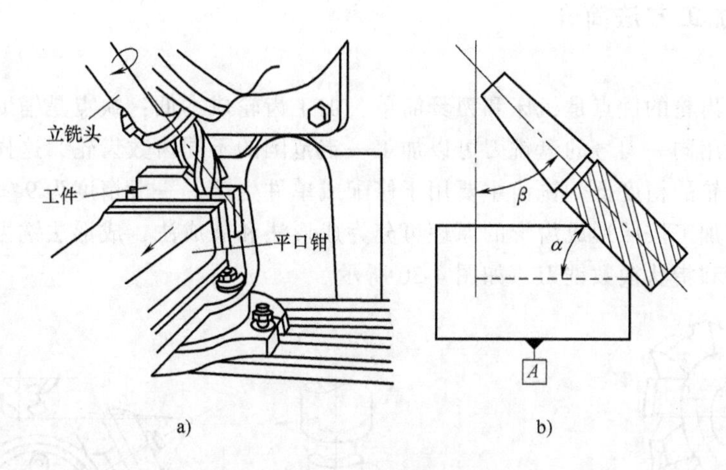

图 4-27　铣刀倾斜铣斜面

1）斜面应平行于铣削时铣床工作台的进给方向。

2）斜面应与铣刀的切削位置相吻合，即用圆周刃铣刀铣削时，斜面与铣刀的外圆柱面相切。

3）用端面刃铣刀铣削时，斜面与铣刀的端面相重合。

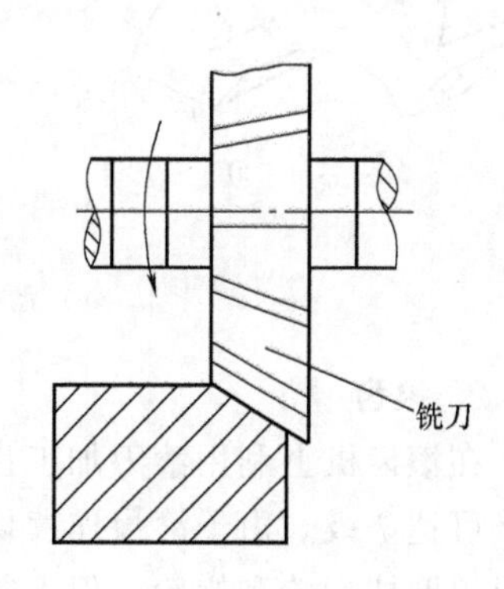

图 4-28　角度铣刀铣斜面

4.2.7　铣直槽、燕尾槽和 T 形槽

铣直槽、燕尾槽和 T 形槽可在卧式铣床上用三面铣刀进行铣削，或在立式铣床上用立铣刀进行铣削。铣 T 形槽和燕尾槽的方法是：先在工件上铣出直槽，然后在铣床上用专门的 T 形铣刀和燕尾槽铣刀进行加工，如图 4-29 所示。

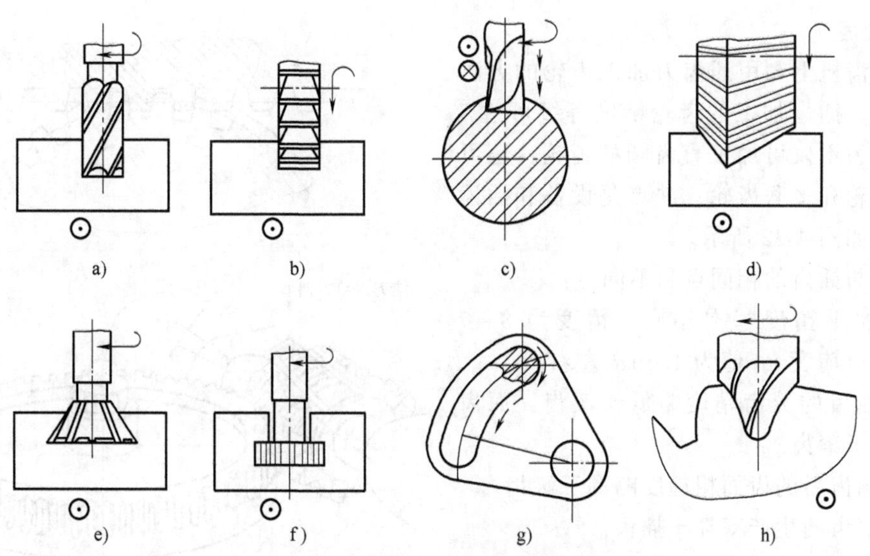

图 4-29　不同的铣刀切槽

a）立铣刀铣直槽　b）三面刃铣刀铣直槽　c）键槽铣刀铣键槽　d）铣角度槽
e）铣燕尾槽　f）铣 T 形槽　g）在圆形工作台上立铣刀铣圆弧槽　h）指状铣刀铣齿槽

4.2.8 齿轮加工方法简介

1. 铣齿

用铣床加工齿轮的优点是机床和刀具简单，加工齿轮成本低；缺点是辅助时间长，生产率低，又由于使用同一刀号的盘铣刀可以加工一定范围的不同齿数齿轮，这样会产生齿形误差，所以加工齿轮的精度低。铣齿主要用于修配或单件生产，一般精度为 9~11 级的齿轮。

齿轮的铣削加工按照形成齿形的原理可分为成形法和展成法，成形法铣齿采用的刀具分为盘状模数铣刀和指状模数铣刀，如图 4-30 所示。

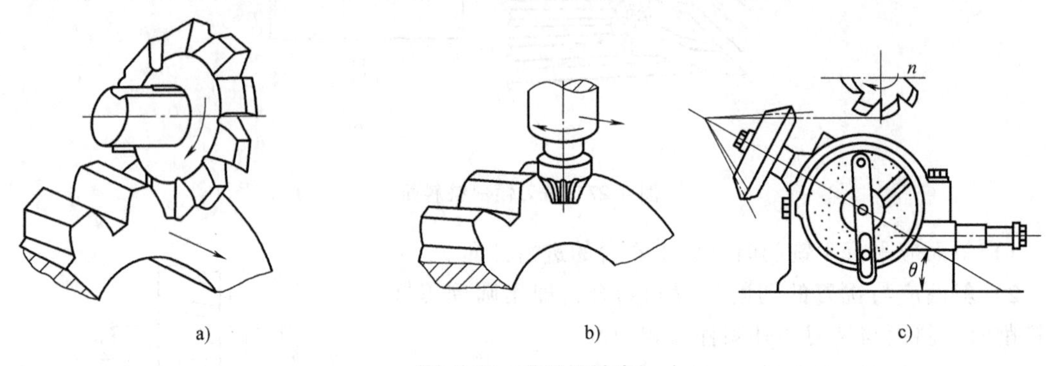

图 4-30 成形法铣齿

a）盘状铣刀铣齿 b）指状铣刀铣齿 c）铣锥齿轮

2. 滚齿

在滚齿机上利用滚刀加工齿形的方法称为滚齿，是展成法的一种。滚齿加工的齿轮精度等级可达 7 级。由于滚齿连续切削，故优点为生产率高，不但能加工直齿圆柱齿轮，还可加工斜齿圆柱齿轮和蜗轮，但不能加工内齿轮和多联齿轮；缺点为设备和滚刀较贵，如图 4-31 所示。

3. 插齿

在插齿机上利用插齿刀加工齿轮的方法称为插齿。插齿加工的齿轮精度等级可达 7 级。优点为不仅可加工直齿圆柱齿轮，还可加工内齿轮和多联齿轮；缺点是设备和插齿刀较贵，如图 4-32 所示。

滚齿与插齿的相同点和不同点：

1）加工精度基本相同，精度为 8 ~ 7 级，表面粗糙度 Ra 值为 1.6μm 左右。

2）插齿的分齿精度略低于滚齿，而齿形精度高于滚齿。

3）插齿后的齿面粗糙度略高于滚齿。

4）滚齿的生产率高于插齿。

5）两者加工范围不同。插齿适用于内齿轮、小间距联动齿轮等加工；圆柱齿轮、螺旋齿轮、涡轮、齿轮轴等多由滚齿加工。

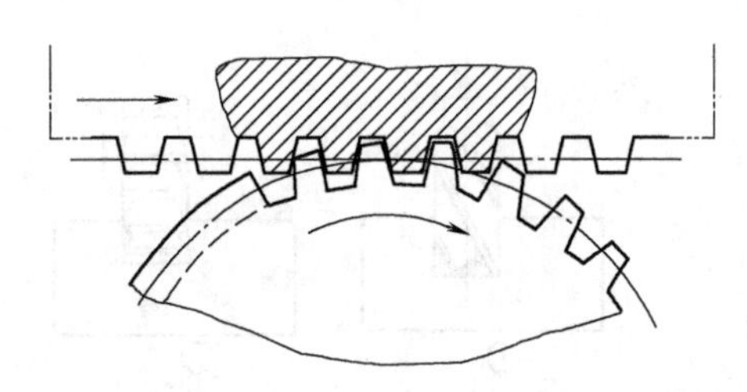

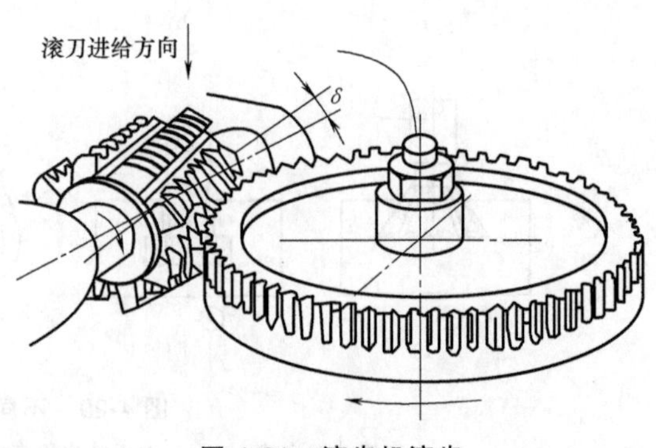

图 4-31 滚齿机滚齿

4. 齿轮精加工

插齿和滚齿加工精度不高，热处理后还会产生变形，因此若要加工 7 级以上精度的齿轮还需精加工。齿轮精加工有剃齿、珩齿和磨齿三种。

(1) 剃齿　盘形剃齿刀外形很像齿轮，加工时剃齿刀和齿轮轴交错成一角度，作螺旋齿轮啮合，适用于未经淬火的齿轮的精加工，精度为 7～6 级，表面粗糙度 *Ra* 值为 0.8～0.4μm，如图 4-33 所示。

主运动：剃齿刀正、反转；轴向进给：工件沿轴向往复进给；径向进给：工件每往复一次，剃齿刀沿工件径向进给一次。

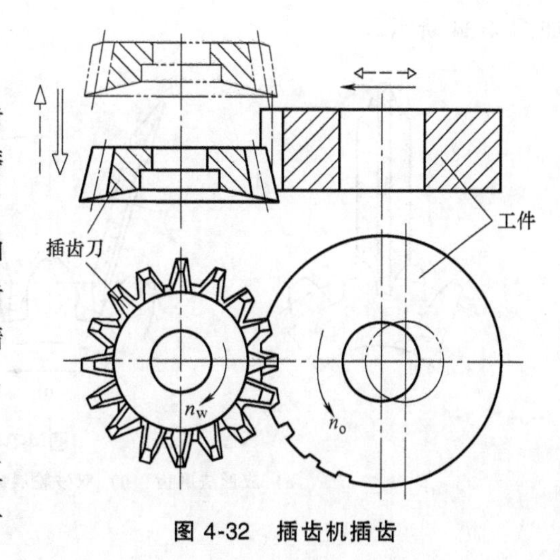

图 4-32　插齿机插齿

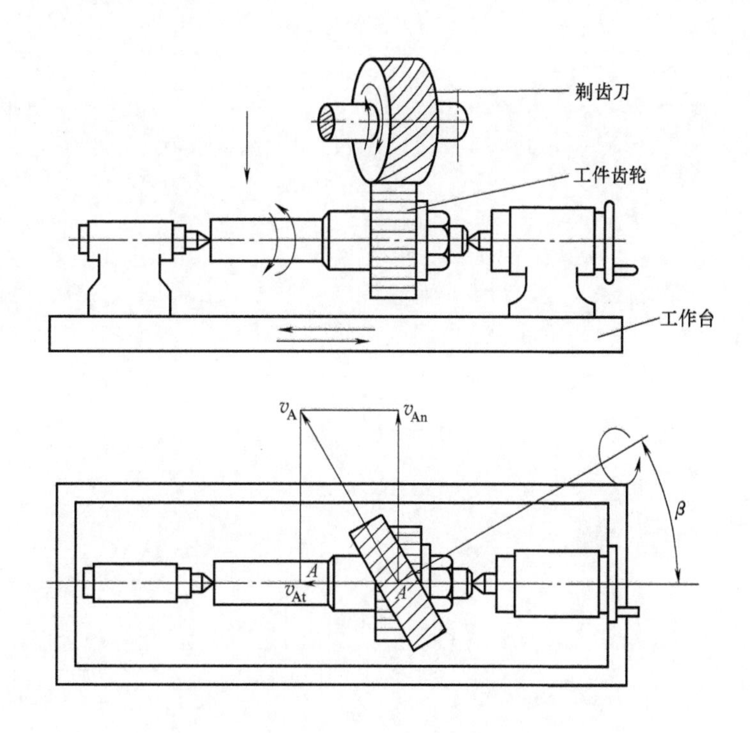

图 4-33　剃齿

(2) 珩齿　珩齿适用于淬火后硬度较高的齿轮，指的是用珩磨轮在珩齿机进行齿轮的精加工的方法，精度为 7～6 级，表面粗糙度 *Ra* 值为 0.4～0.2μm。珩齿的原理与剃齿完全相同，不同的是刀具，珩磨轮是将金刚砂或白刚玉磨料与环氧树脂等材料合成后浇铸或热压在钢制轮坯上的斜齿轮。

(3) 磨齿　磨齿是在磨齿机上用高速旋转的砂轮对经过淬硬的齿面进行加工的方法。按原理不同可分为成形法和展成法两种，而展成法又可分为双砂轮磨齿和单砂轮磨齿两种，如图 4-34 所示。

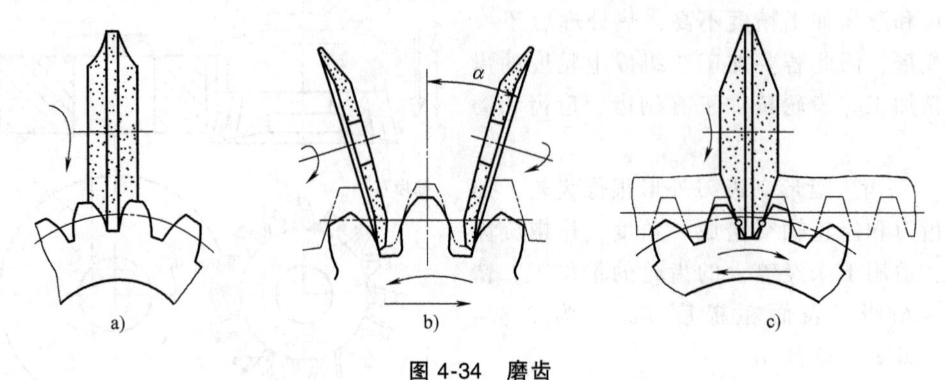

图 4-34　磨齿

a）成形法磨齿　b）双砂轮展成法磨齿　c）单砂轮展成法磨齿

5

焊　接

目的和要求

1. 了解焊条电弧焊、气焊等常用焊接方法的特点及应用。
2. 了解焊条电弧焊的焊接工艺参数，初步掌握焊条电弧焊的引弧及平焊技术。
3. 了解气焊过程，能进行气焊平焊操作。
4. 了解其他常用焊接方法及其应用。

安全操作规程

1. 焊接前穿好工作服和胶鞋，进行焊条电弧焊操作必须带好手套和面罩等防护用品。
2. 焊接外壳应可靠接地，焊钳和焊接电缆绝缘要好。
3. 焊接人员引焊时防止弧光伤人，清渣时防止渣屑伤人。
4. 发现焊接异常时应停止工作，立即切断电源并检查。
5. 氧气瓶和乙炔瓶放置必须稳定可靠，严禁火种，不得敲击、火烤等。
6. 工作前检查回火防止器水位是否正常。
7. 焊接和切割后的工件禁止直接用手去拿，防止烫手，应用钳夹。

5.1　焊接概述

1. 焊接的定义

焊接就是通过加热、加压或两者并用，并且用或不用填充材料，使焊件达到结合的一种加工工艺方法。

由此可见，焊接最本质的特点就是通过焊接使焊件达到结合，从而将原来分开的物体形成永久性连接的整体。要使两部分金属材料达到永久连接的目的，就必须使分离的金属互相非常接近，使之产生足够大的结合力，才能形成牢固的接头。这对液体来说很容易，而对固体来说则比较困难，需要外部给予很大的能量，如电能、化学能、机械能、光能和超声波能等，这就是金属焊接时必须采用加热、加压或两者并用的原因。

2. 焊接方法的分类

焊接的方法很多，按焊接过程的特点可分为熔焊、压焊和钎焊三大类。

(1) 熔焊　焊接过程中，将焊件接头加热至熔融状态，不加压力完成焊接的方法称为熔焊。根据热源不同，这类焊接方法可分为气焊、熔焊、电渣焊、气体保护焊和电子束焊等多种。

(2) 压焊　焊接过程中，必须对焊件施加压力（加热或不加热），以完成焊接的方法称为压焊。属于这类焊接的方法有电阻焊（点焊、缝焊、对焊等）、摩擦焊、超声波焊和冷压焊等多种。

(3) 钎焊　钎焊是采用比母材熔点低的金属材料作为钎料，将焊件和钎料加热到高于钎料熔点低于母材熔点的温度，利用液态钎料润湿母材，填充接头间隙并与母材相互扩散实现连接焊件的方法。属于这类焊接方法的有硬钎焊与软钎焊等。

3. 焊接接头的组成

用焊接方法连接的接头称为焊接接头（简称接头），焊接接头包括焊缝金属、熔合区和热影响区三部分，如图 5-1 所示。

被焊的工件材料称为母材（或称基本金属）。焊缝是焊接后形成的结合部分（即在焊接时，经加热熔化后冷却凝固的那部分金属）；熔合区是焊缝向热影响区过渡的区域；热影响区是焊接或切割过程中，材料因受热影响（但未熔化）而发生金相组织和力学性能变化的区域。因此，焊接质量常用焊接接头的性能来评价。

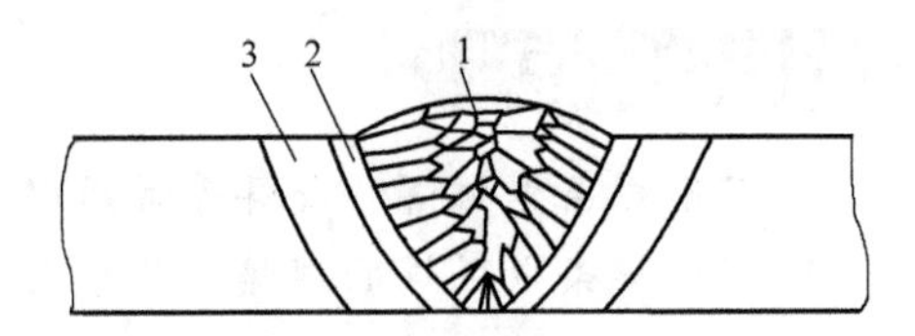

图 5-1　焊接接头的组成

1— 焊缝金属　2—熔合区　3—热影响区

4. 金属材料的焊接性

金属材料的焊接性也称为可焊性，是指金属材料对焊接加工的适应性，主要指在一定的焊接工艺条件下，获得优质焊接接头的难易程度。对于钢与铸铁材料，一般随着含碳量的增加、合金元素的增多，材料的可焊性逐渐变差。因此低碳钢和低碳合金钢的可焊性良好，常用作合金结构件使用。

5.2　焊条电弧焊

电弧焊是利用电弧作为热源的熔焊方法。用手工操纵焊条进行焊接的电弧焊称为焊条电弧焊，如图 5-2 所示。

5.2.1　焊条电弧焊的焊接过程及焊接电弧

1. 焊接过程

焊接前，先将焊件和焊钳通过导线分别接到弧焊机输出端的两极，并用焊钳夹持焊条。焊接时，首先在焊件与焊条间引出电弧，电弧热将同时熔化焊件接头处和焊条，形成金属熔池，随着焊条沿焊接方向向前移动，新的熔池不断产生，原先的熔池则不断冷却、凝固并形成焊缝，使分

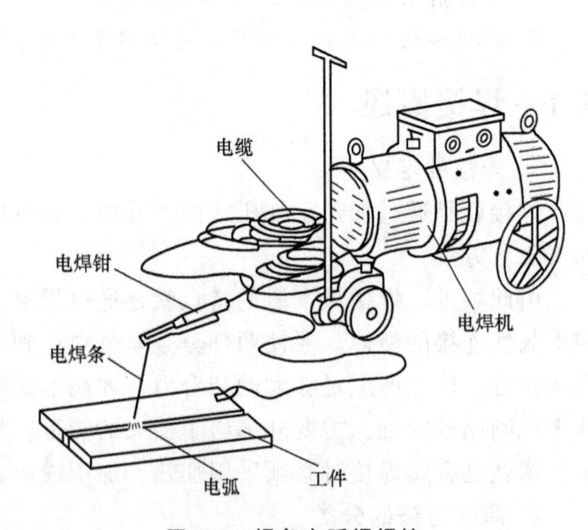

图 5-2　焊条电弧焊焊接

离的两个焊件连接在一起。焊接后，用清渣锤把覆盖在焊缝上的熔渣清理干净，检查焊接质量。

2. 焊接电弧

焊接电弧是由一定电压的两电极或电极（手弧焊时为焊条）与焊件在气体介质中产生的强烈而持久的放电现象。焊接电弧的最高温度可达6000~8000K，并发出大量紫外线和红外线，对人体有害，因此应用面罩和手套保护眼睛和皮肤等。

5.2.2　焊条电弧焊的设备

进行焊条电弧焊的工具有：①夹持焊条的焊钳；②保护眼睛、皮肤免于灼伤的电弧手套和面罩；③清除焊缝表面及渣壳的清渣锤和钢丝刷等。

焊条电弧焊的主要设备是弧焊机。按焊接电流种类可分为交流弧焊机和直流弧焊机两类。

1. 交流弧焊机

交流弧焊机供给焊接时的电流是交流电，是一种特殊的降压变压器。它具有结构简单、价格便宜、使用可靠、工作噪声小和维护方便等优点，所以焊接时常用交流弧焊机。它的主要缺点是焊接时电弧不够稳定。

以BX1-330型弧焊机为例，其型号的含义是：B指的是交流变压器；X1指的是下降特性；330指的是基本规格（即额定电流为330A）。其空载电压为60~70V。工作电压为20~30V，随焊接时电弧长度变化而波动，电弧长度增加，工作电压升高。它可以通过改变绕组接法及调节可动铁心位置来改变焊接电流大小。

2. 直流弧焊机

直流弧焊机供给焊接时的电流为直流电。它具有电弧稳定、引弧容易、焊接质量较好等优点，但是直流弧焊发电机结构复杂、噪声大、成本高且维修困难。在焊接质量要求高或焊接2mm以下薄钢件、有色金属、铸铁和特殊钢件时，宜用直流弧焊机。

采用直流电流焊接时，弧焊电源正负输出端与零件和焊枪的连接方式，称为极性。当零件接电源输出正极，焊枪接电源输出负极时，称为直流正接或正极性。采用正接法温度较高，常用于焊接黑色金属。反之，零件、焊枪分别与电源负、正输出端相连时，则称为直流反接或反极性。采用反接法温度较低，常用于焊接有色金属或薄钢板。交流焊接无电源极性问题，如图5-3所示。

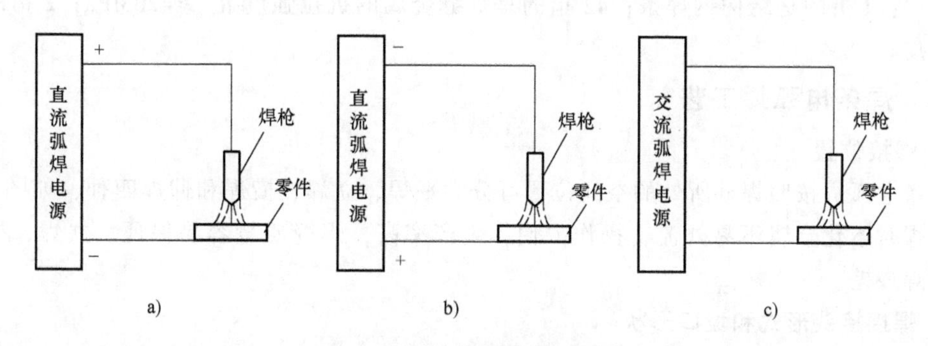

图5-3　焊接电源极性示意图

a）直流反接　b）直流正接　c）交流

5.2.3 焊条

1. 焊条的组成和作用

涂有药皮的供焊条电弧焊用的焊条由焊芯和药皮两部分组成，如图 5-4 所示。

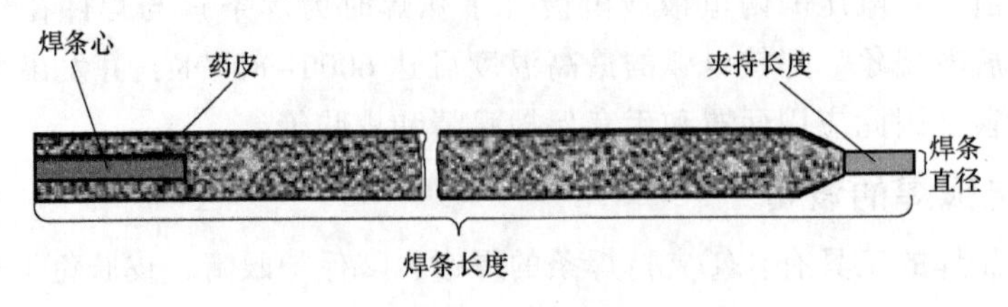

图 5-4 焊条的组成

焊芯是一根具有一定直径和长度的金属丝。焊接时焊芯的作用：①作为电极，产生电弧；②熔化后作为填充金属，与熔化的母材一起形成焊缝。我国常用的碳素结构钢焊条的焊芯牌号为 H08 和 H08A，平均碳的质量分数为 0.08%（牌号中的 A 表示优质）。焊条的直径是用焊芯直径来表示的，常用的直径为 3.2~6mm，长度为 350~450mm。

涂在焊芯外面的药皮，由各种矿物质（如大理石、萤石等）、铁合金和黏结剂等原料按一定比例配制而成。药皮的主要作用是使电弧容易引燃并稳定电弧燃烧，形成大量气体和熔渣以保护熔池金属不被氧化，通过熔池中的冶金作用去除有害的杂质（如氧、氢、硫和磷等），添加合金元素以提高焊缝的力学性能。

2. 焊条的种类及牌号

焊条按用途可分为结构钢焊条、耐热钢焊条、不锈钢焊条、铸铁焊条、铜及铜合金焊条和铝及铝合金焊条等。焊条按熔渣化学性质可分为酸性焊条和碱性焊条两大类。碱性焊条焊出的焊缝含氢、硫、磷少，焊缝力学性能良好，但对油、水、铁锈敏感，易产生气孔。酸性焊条焊接时电弧稳定，飞溅少，脱渣性好。因此重要的焊接结构件选用碱性焊条，而一般结构件选用酸性焊条。

焊条的编号目前有两种方法：一是焊条型号，是指国家规定的标准型号；二是焊条牌号，指有关部门和厂家按照样板上实际生产的编号。

以国家型号酸性焊条 E4303 为例，它的牌号是 J422。其中：E 指的是电焊条；43 指的是焊缝金属的抗拉强度 $R_m \geqslant 420$MPa；0 指的是适合于全位置焊接；3 指的是钛钙型药皮。而牌号中：J 指的是结构钢焊条；42 指的是焊缝金属的抗拉强度 $R_m \geqslant 420$MPa；2 指的是钛钙型药皮。

5.2.4 焊条电弧焊工艺

1. 焊接位置

焊条电弧焊按照焊缝所处的空间位置可分为平焊、立焊、横焊和仰焊四种，如图 5-5 所示。平焊时熔化金属不易外流，操作方便，生产率高，焊缝质量容易保证。立焊、横焊次之，仰焊最差。

2. 焊接接头形式和坡口形状

（1）接头形式　根据焊件厚度和工作条件不同，常用的焊接接头形式有对接、搭接、T 形接和角接四种，如图 5-6 所示。对接接头是各种焊接结构中采用最多的一种接头形式。对

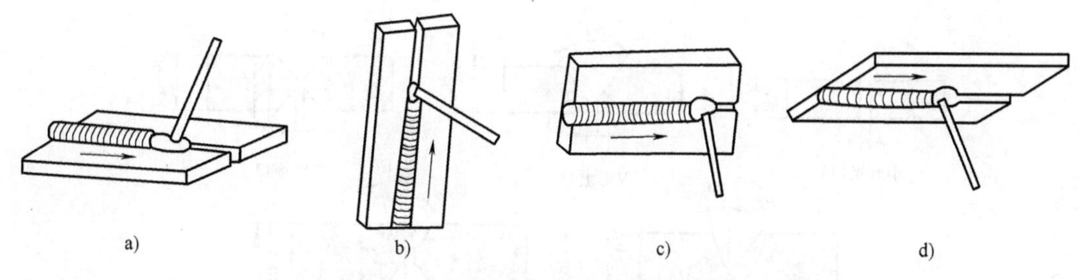

图 5-5 焊接的位置

a）平焊位置 b）立焊位置 c）横焊位置 d）仰焊位置

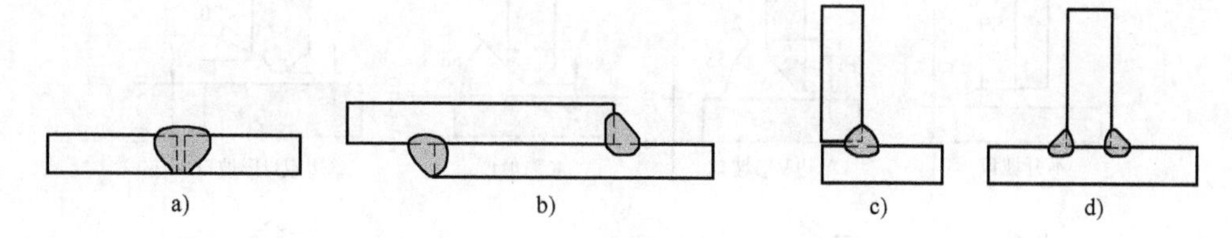

图 5-6 焊接接头形式

a）对接接头 b）搭接接头 c）角接接头 d）T形接头

接接头受力较均匀，因此重要的受力焊缝一般都选用对接接头。工件的焊接工艺如图 5-7 所示。

（2）坡口形状 根据焊接板厚不同，选用不同焊接接头的坡口形状，如图 5-8 所示。

3. 焊接工艺参数

（1）焊条直径 焊条直径根据焊件的板厚从国标标准规定的直径规格中进行选择，见表 5-1。

（2）焊接电流 根据焊条直径选择焊接电流。焊接低碳钢时，可按经验公式选择焊接电流：$I=(30\sim50)d$。应当指出，该式只提供一个大概的焊接电流范围，实际生产中，还要根据焊件厚度、接头形式、焊接位置和焊条种类等因素，通过试焊来调整和确定焊接电流大小。电流过小，易引起夹渣和未焊透；电流过大，易产生咬边、烧穿等缺陷。

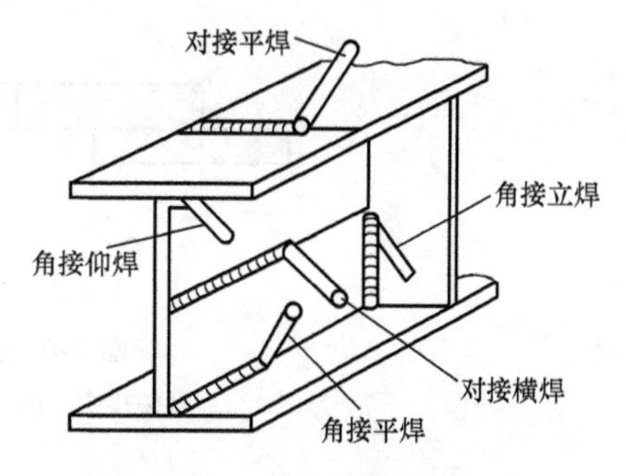

图 5-7 工件不同的焊接工艺

（3）电弧电压 电弧电压由电弧长度决定（即焊条焊芯端部与熔池之间的距离）。电弧长，电弧电压高，电弧燃烧不稳定，熔深减小，飞溅增加，且保护不良，易产生焊接缺陷；电弧短，电弧电压低。操作时采用短电弧，一般要求电弧长度不超过焊条直径。

（4）焊接速度 焊接速度指焊条沿焊接方向移动的速度，即单位时间内完成的焊缝长度。手弧焊时，焊接速度由操作者凭经验来掌握。

表 5-1 焊条直径

焊接厚度/mm	2	3	4~7	8~12	≥13
焊条直径/mm	1.6~2.0	2.5~3.2	3.2~4.0	4.0~5.0	4.0~5.8

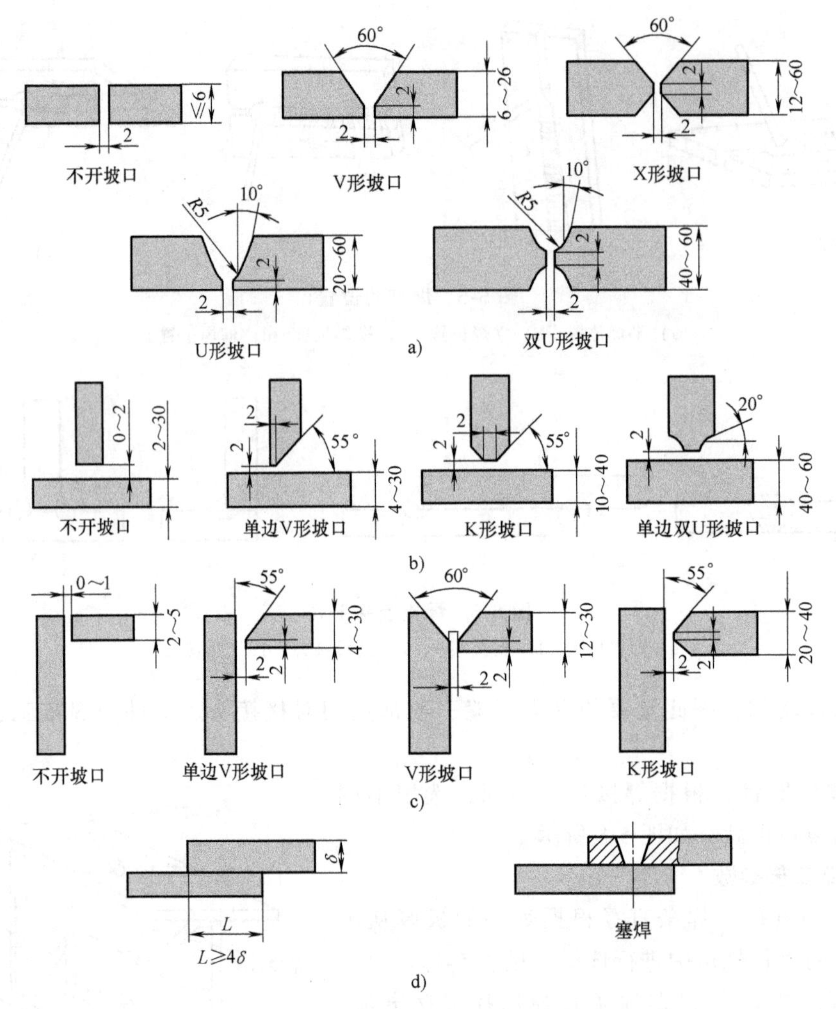

图 5-8　焊接接头的坡口形状与尺寸

a）对接接头　b）T 形接头　c）角接接头　d）搭接接头

5.2.5　对接平焊的操作技术

1. 焊钳准备

焊接前需要准备：一台交流弧焊机，两个焊接平板，一个焊接工作台，一根焊条和一个焊接面罩。穿好工作服，戴好手套和护脚盖。

2. 引弧

引燃并产生稳定电弧的过程称为引弧。引弧方法有敲击法和摩擦法两种，如图 5-9 所示。对于碱性焊条，使用最多的是摩擦法，对于酸性焊条，两种方法都可以。敲击法是在工件上面敲击焊条，迅速提起焊条 3~4mm 的高度，电弧即被引燃。摩擦法是在工件上面摩擦焊条，同样迅速提起焊条 3~4mm 的高度，引燃电弧。

电弧引燃后焊条提起太高，电弧熄灭，焊条在工件上停留时间过长，就会粘条。如发生粘条，可将焊条左右摇动后拉开。若拉不开，则要松开焊钳，切断焊接电路，待焊件稍冷后再作处理。如无法引弧，重敲击几下焊条前端绝缘物即可。

3. 运条

焊条应有三个基本运动：①焊条向下送进，送进速度应与焊条的熔化速度相等，使弧长维持不变；②焊条沿焊接方向向前运动，其速度也就是焊接速度；③横向摆动，焊条以一定的运动轨道周期地向焊缝左右摆动，以获得一定宽度的焊缝。这三个运动结合起来称为运条，如图 5-10 所示。

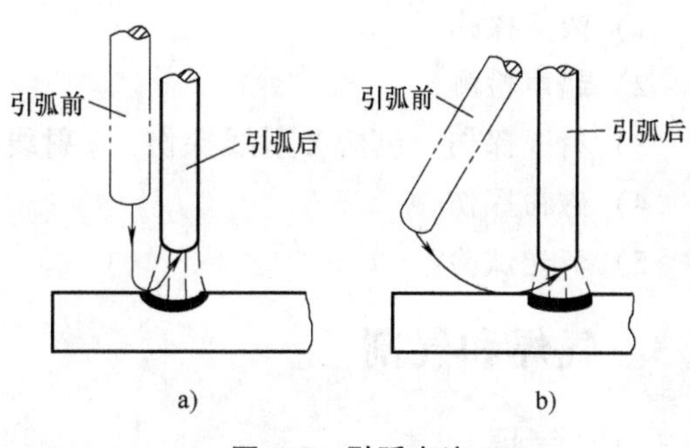

图 5-9　引弧方法

a）敲击法　b）摩擦法

焊接时，左手拿面罩，右手拿焊钳，从左向右焊接。焊条相对焊缝两侧要保持 90°，相对于焊接方向保持 70°~80°。电弧高度即焊条离工件的高度，一般为 1 个焊条直径的电弧长度，焊缝宽度为焊条直径的 2 倍即可。眼睛离电弧近些，以便观察焊接情况，如图 5-11 所示。

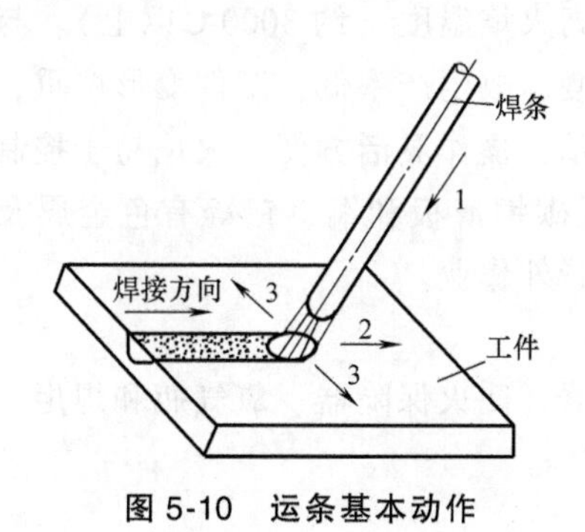

图 5-10　运条基本动作

1—向下送进　2—向前运动　3—横向摆动

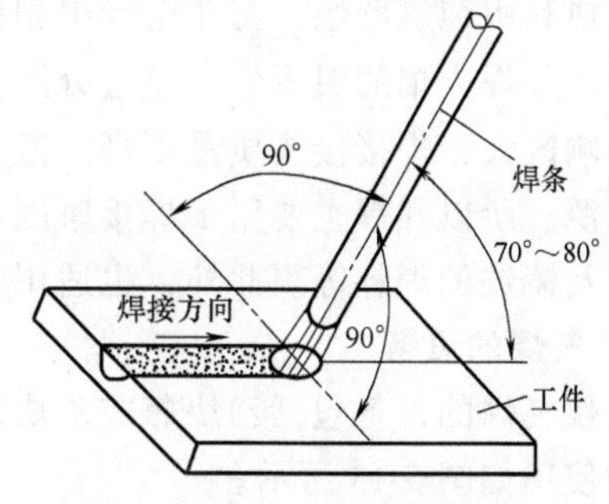

图 5-11　焊条角度

4. 收尾

焊缝焊完时，不应在焊缝尾处出现尾坑。如果收尾时立即拉断电弧，则会在焊缝尾部出现低于焊件表面的弧坑，所以焊缝的收尾不仅要熄弧，还要填满弧坑。一般的收尾方法有：划圈收尾法（即焊条停止向前移动，而朝一个方向旋转，自下而上地慢慢拉断电弧）、反复断弧收尾法等，如图 5-12 所示。

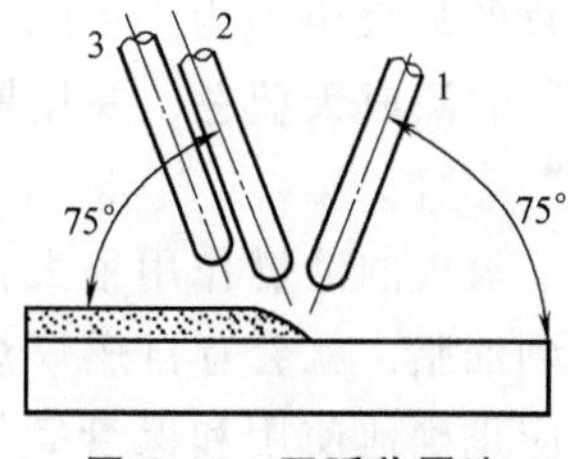

图 5-12　回弧收尾法

5.2.6　常见焊接缺陷及检测

常见焊接缺陷有：

1）裂纹。包括热裂纹、冷裂纹、再热裂纹和层状撕裂。

2）未焊透和未熔合。

3）夹渣。

4）气孔。

5）表面缺陷。包括咬边、背面凹陷、焊瘤、弧坑、电弧擦伤和焊缝尺寸不符合要求等。

6）其他缺陷。包括过热和过烧以及夹钨。

焊缝缺陷检验的方法：

1）渗透探伤。

2）超声检测。

3）射线探伤。包括 X 射线探伤、γ 射线探伤和高能射线探伤。

4）磁粉探伤。

5）荧光试验。

5.3 气焊和气割

5.3.1 气焊

1. 气焊的特点

气焊是利用气体火焰作为热源，来熔化母材和填充金属的一种焊接方法。最常用的是氧乙炔焊，即利用乙炔（可燃气体）和氧（助燃气体）混合燃烧时所产生的氧乙炔焰，来加热熔化工件与焊丝，冷凝后形成焊缝的焊接方法。

乙炔利用纯氧助燃，与在空气中相比，能大大提高火焰温度（约 3000℃ 以上）。与电弧焊相比，气焊火焰的温度低，热量分散，加热速度缓慢，故生产率低，工件变形严重，焊接的热影响区大，焊接接头质量不高。但是气焊设备简单，操作灵活方便，火焰易于控制，不需要电源。所以气焊主要用于焊接厚度小于 3mm 的低碳钢薄板和铜、铝等有色金属及其合金，以及铸铁的焊补等。此外，也适用于没有电源的野外作业。

2. 气焊的设备

乙炔气焊的设备包括乙炔瓶或乙炔发生器、减压器、回火保险器、氧气瓶和焊炬，气焊设备的使用如图 5-13 所示。

（1）氧气瓶　氧气瓶是贮存和运输高压氧气的容器。氧气瓶容积为 40L，贮氧的最大压强为 15MPa。按规定氧气瓶外表漆成天蓝色，并用黑漆标明“氧气”字样。

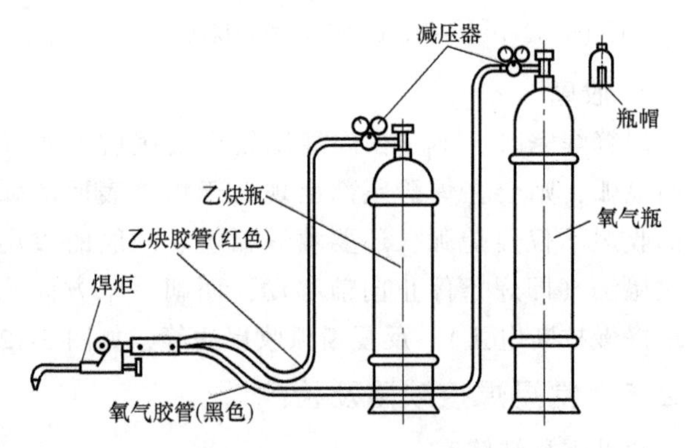

图 5-13　由乙炔瓶提供的气焊

氧气的助燃作用很大，若在高温下遇到油脂，就会有自燃爆炸的危险。所以应正确地使用和保管氧气瓶：放置氧气瓶必须平稳可靠，不应与其他气瓶混在一起；气焊工作地与其他火源要距氧气瓶 5m 以上；禁止撞击氧气瓶；严禁沾染油脂等。氧气瓶口装有瓶阀，用以控制瓶内氧气进出，手轮逆时针方向旋转则可开放瓶阀，顺时针旋转则关闭。氧气瓶的结构如图 5-14 所示。

（2）乙炔瓶　乙炔瓶是贮存和运输乙炔的容器，其外形与氧气瓶相似，但其表面涂成白色，并用红漆写上“乙炔”字样。在乙炔瓶内装有浸满丙酮的多孔性填料，丙酮对乙炔有良好的溶解能力，可使乙炔稳定而安全地贮存在瓶中，在乙炔瓶上装有瓶阀，用方孔套筒扳手启闭。使用时，溶解在丙酮中的乙炔分离出来，通过乙炔瓶阀流出，而丙酮仍留在瓶内，以便溶解再次压入的乙炔，一般乙炔瓶上也要安装减压器。乙炔瓶的结构如图 5-15 所示。

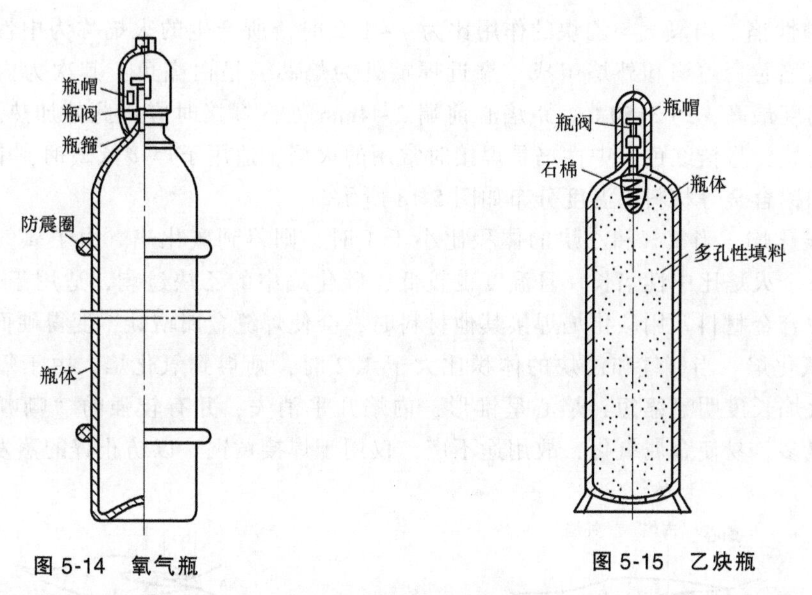

图 5-14 氧气瓶　　图 5-15 乙炔瓶

(3) 减压器　减压器的作用是将高压氧气瓶中的高压氧气减压至焊炬所需的工作压强（约 0.1～0.3MPa）以供焊接使用；同时减压器还有稳压作用，以保证火焰稳定燃烧。使用减压器时，先缓慢打开氧气瓶阀门，然后旋转减压器的调节手柄，待压强达到所需要的数值。停止工作时，先松开调节螺钉，再关闭氧气瓶阀门。

(4) 焊炬　焊炬是使乙炔和氧气按一定比例混合，并获得稳定气焊火焰的工具，常用的焊炬是低压焊炬，也称射吸式焊炬。其型号有 H01-2、H01-6、H01-12 等多种，型号中 H 表示焊炬；01 表示射吸式；2、6、12 等表示可焊接的最大厚度（单位为 mm）。射吸式焊炬由乙炔接头、氧气接头、手柄、乙炔阀门、氧气阀门、射吸式管、混合管、喷嘴等组成。每把焊炬都配有 5 个不同规格的焊嘴（1、2、3、4 和 5，数字小则焊嘴孔径小），以适用于不同厚度的工件的焊接，如图 5-16 所示。

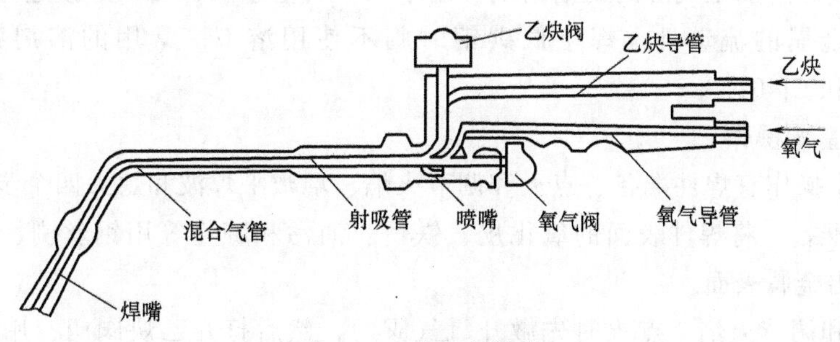

图 5-16 焊炬的结构

(5) 辅助器具与防护用具　辅助器具有通针、橡皮管、点火器、钢丝刷、手锤和锉刀等。防护用具有气焊眼镜、工作服、手套、工作鞋和护脚布等。

3. 气焊火焰（氧乙炔焰）

氧与乙炔混合燃烧所形成的火焰称为氧乙炔焰。通过调节氧气阀门和乙炔阀门，可改变氧气和乙炔的混合比例从而得到三种不同的火焰：中性焰、氧化焰和碳化焰，如图 5-17 所示。

（1）中性焰　当氧气与乙炔的作用比为 1～1.2 时，所产生的火焰称为中性焰，也称正常焰。它由焰芯、内焰和外焰组成，靠近焊嘴处为焰芯，呈白亮色；其次为内焰，呈蓝紫色，此处温度最高，约 3150℃，距焰心前端 2～4mm 处，焊接时应用此处加热工件和焊丝；最外层为外焰，呈桔红色。中性焰是焊接时常用的火焰，适用于焊接低碳钢、中碳钢、合金钢、紫铜和铝合金等材料，温度分布如图 5-18 所示。

（2）碳化焰　当氧气和乙炔的体积比小于 1 时，则得到碳化焰。由于氧气较少，燃烧不完全，整个火焰比中性焰长。且温度也较低，碳化焰中的乙炔过剩，适用于焊接高碳钢、铸铁和硬质合金材料。用碳化焰焊接其他材料时，会使焊缝金属增碳，变得硬而脆。

（3）氧化焰　当氧气和乙炔的体积比大于 1.2 时，则得到氧化焰。由于氧气较多，燃烧剧烈，火焰长度明显缩短，焰心呈锥形，内焰几乎消失，并有较强的“嘶嘶”声。氧化焰中由于氧多，易使金属氧化，故用途不广，仅用于焊接黄铜，以防止锌的蒸发。

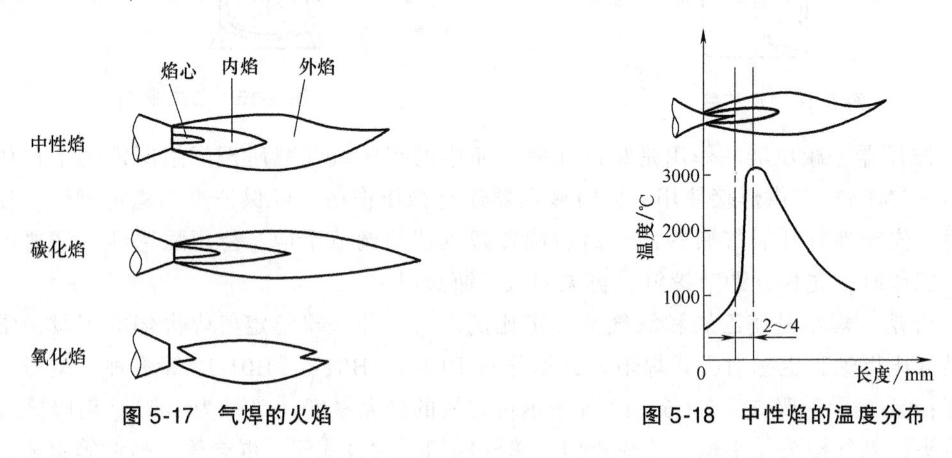

图 5-17　气焊的火焰　　　图 5-18　中性焰的温度分布

4. 气焊材料

气焊材料分为焊丝和气焊溶剂。气焊焊丝直径一般选 2～4mm，焊丝直径和焊件厚度不宜相差太大。气焊溶剂是气焊时的助熔剂，用于保护熔池金属，去除焊接过程中形成的氧化物，增加液态金属的流动性。焊接低碳钢时则不使用溶剂。常用的溶剂牌号有 CJ101、CJ201、CJ301 和 CJ401。

5. 气焊的基本操作

气焊的基本操作有焊件准备、点火和调节火焰、堆敷平焊波和熄火四个步骤。

（1）焊件准备　将焊件表面的氧化皮、铁锈、油污和脏物等用钢丝刷、砂布等进行清理，使焊件露出金属表面。

（2）点火和调节火焰　点火时先微开氧气阀门，然后打开乙炔阀门，用明火（可用的电子枪或低压电火花等）点燃火焰。这时的火焰为碳化焰，然后逐渐开大氧气阀，将碳化焰调整为中性焰，如继续增加氧气（或减少乙炔）就可得到氧化焰。点火后，可能连续出现“放炮”声，原因是乙炔不纯，应放出不纯乙炔，重新点火；有时会不易点火，原因是氧气量过大，这时应重新微关氧气阀门。点火时，拿火源的手不要正对焊嘴，也不要指向他人，以防烧伤。

（3）堆敷平焊波　气焊操作时，一般右手持焊炬，大拇指位于乙炔开关处，食指位于氧气开关处，以便于随时调节气体流量。用其他三指握住焊炬柄，左手拿焊丝。

堆敷平焊波操作中，气焊、正常焊接、焊缝收尾是重要步骤，应尤其注意：

1）气焊。一般低碳钢用中性火焰，左向焊法。即将焊炬自左向右焊接，使火焰指向待焊部分，填充的焊丝端头位于火焰的前下方。起焊时，由于刚开始加热，焊炬倾斜角应大些（50°~70°），以利于工件预热，且焊嘴轴线投影与焊缝重合。同时在起焊处应使火焰往复运动，保证焊接区加热均匀。待焊件由红色熔化成白亮而清晰的熔池，便可熔化焊丝，而后立即将焊丝抬起，火焰向前均匀移动，形成新的熔池。

2）正常焊接。为了获得优质而美观的焊缝和控制熔池的热量，焊炬和焊丝应作均匀协调的运动：焊炬沿焊缝作纵向运动；焊矩沿焊缝作横向摆动；焊丝在垂直焊缝方向送进并作上下移动。

3）焊缝收尾。当焊到焊缝终点时，由于端部散热条件差，应减小焊炬与焊件的夹角（20°~30°），同时要增加焊接速度并且多加一些焊丝，以防止熔池扩大，造成焊件烧穿。

（4）熄火　焊接完毕需熄火时，应先关乙炔阀门，再关氧气阀门，以免发生回火，同时也可减少烟尘。

5.3.2　气割

气割是利用气体火焰的热能将工件切割处预热到一定温度，喷出高速切割氧气流，使其燃烧并放出热量以实现切割的方法。它与气焊在过程上本质不同，气焊是熔化金属，而气割是金属在纯氧中燃烧。

1. 金属氧气切割的条件

1）金属材料的燃烧点必须低于其熔点，这是金属氧气切割的基本条件。否则金属先熔化而变为熔割过程，使割口过宽也不整齐。

2）燃烧生成的金属氧化物的熔点，应低于金属本身的熔点，同时流动性要好，否则切割不能正常进行。

3）金属燃烧时应能释放大量的热量，保证下层金属有足够的预热温度。

只有满足上述条件的金属材料才能进行气割，如纯铁、低碳钢、中碳钢、普通钢和合金钢等。高碳钢、铸铁、高合金钢、铜和铝等有色金属与合金均难进行气割。

2. 气割过程

气割时用割炬代替焊炬，其余设备与气焊相同，如图 5-19 所示。气割时先用氧乙炔火焰将割口附近的金属预热到燃点（约 1300℃，呈黄白色），然后打开割炬上的切割氧气阀门，高压氧气射流使高温金属立即燃烧，生成的氧化物同时被氧气流吹走。金属燃烧产生的热量和氧乙炔火焰一起又将邻近的金属预热到燃点，沿切割线以一定的速度移动割炬，即可形成割口。

3. 气割操作过程

1）将被切割工件垫高，使切割部位与地面保持一定距离，方便切割。

2）点火，打开燃气和预热氧，使用打火机从侧面点火。

3）开始切割，用预热火焰加热，从工件边缘开始（此时切割氧管道是关闭的），一般加热到工件表面接近熔化（表面呈橘红色），这时轻轻打开切割氧阀门，开始气割。如果预热的地方切割不掉，说明预热温度太低，应关闭高压氧继续预热，预热火焰的焰芯前端应离工件表

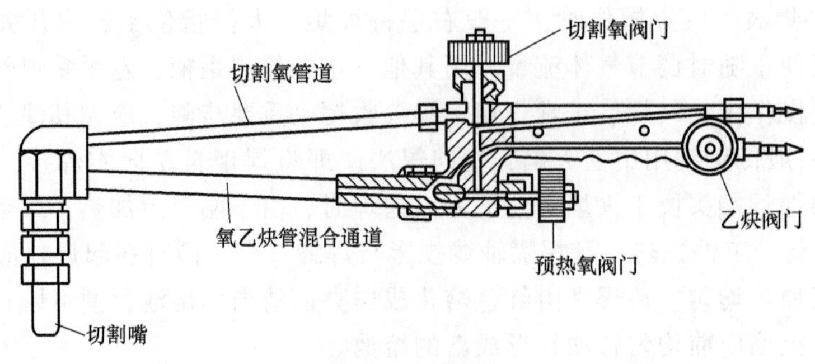

图 5-19　割炬

面 2~4mm，同时要注意割炬与工件间应有一定的角度。当气割 5~30mm 厚的工件时，割炬应垂直于工件；当厚度小于 5mm 的工件时，割炬可向后倾斜 5°~10°；若工件厚度超过 30mm，在气割开始时割炬可向前倾斜 5°~10°，待割透时，割炬可垂直于工件，直到气割完毕。

5.4　其他焊接方法

5.4.1　电阻焊

1. 电阻焊的定义、特点及应用

电阻焊是压焊的主要方法。电阻焊是将焊件组合后，通过电极施加压力，利用电流通过接头的接触面及邻近区域产生的电阻热进行的焊接方法。

电阻焊的主要特点是：焊接电压很低（1~12V），焊接电流很大（几十到几千安培），完成一个接头的焊接时间极短（0.01 到几秒），故生产率高；加热时，对接头施加机械压力，接头在压力的作用下焊合；焊接时不需要填充金属。

电阻焊的应用很广泛，在汽车和飞机制造业中尤为重要，如新型客机上有多达几百万个焊点。电阻焊在宇宙飞行器、半导体器件和集成电路元件等也都有应用。因此，电阻焊在焊接中是非常重要的，电阻焊按工艺方法可分为点焊、缝焊和对焊，如图 5-20 所示。

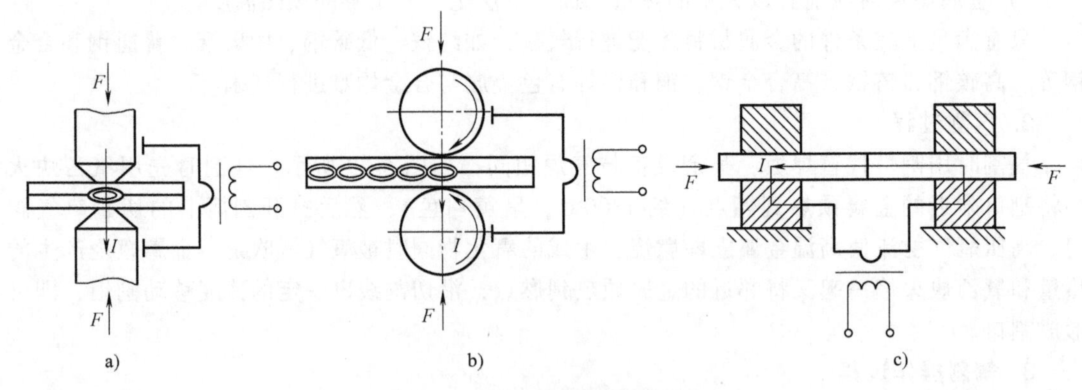

图 5-20　不同电阻焊的原理图

a) 点焊　b) 缝焊　c) 对焊

2. 点焊

点焊是焊件装配成搭接接头，并压紧在两电极之间，利用电阻热熔化母材金属，形成焊点的电阻焊方法。点焊多用于薄板的连接，如飞机蒙皮、航空发动机的火焰筒、汽车驾驶室

外壳等。

(1) 点焊机　点焊机的主要部件包括机架、焊接变压器、电极与电极臂、加压机构和冷却水路等。焊接变压器是点焊电器，它的次级只有一圈回路。上、下电极与电极臂既用于传导焊接电流，又用于传递动力。冷却水路通过变压器、电极等部分，在焊接时，应先通冷却水，然后接通电源开关。电极的质量直接影响焊接过程、焊接质量和生产率。电极材料常由纯铜、镉青铜、铬青铜等制成。电极的形状多种多样，主要根据焊件形状确定。安装电极时，要注意上、下电极表面保持平行。电极平面要保持清洁，常用砂布或锉刀修整。

(2) 点焊过程　点焊的工艺过程为：开通冷却水；将焊件表面清理干净，装配准确后，送入上、下电极之间，施加压力，使其接触良好；通电使两工件接触表面受热，局部熔化，形成熔核；断电后保持压力，使熔核在压力下冷却凝固形成焊点；去除压力，取出工件。

5.4.2　钎焊

1. 钎焊的定义及特点

钎焊是采用比母材熔点低的金属材料作为钎料，将焊件和钎料加热到高于钎料熔点、低于母材熔点的温度，利用液态钎料润湿母材，填充接头间隙并与母材相互扩散实现连接的焊接方法。

钎焊的特点是焊接加热温度低，工件不熔化，焊后接头附近母材的组织和性能变化不大，压力和变形较小，接头平整光滑，焊件尺寸容易保证，同时也可焊接异种金属。钎焊的主要缺点是接头强度较低，焊前对被焊处的清洁和装配工件要求较高，残余熔剂有腐蚀作用，焊后必须仔细清洗。目前钎焊在机械、仪表仪器、航空和空间技术等领域都得到了广泛应用。

2. 熔剂（或称钎剂）

在焊接过程中，一般都要使用熔剂。熔剂的作用是清除液态钎料和焊件表面的氧化物与其他杂质，改变液态钎料对工件的湿润性，以利于钎料进入被焊件的间隙，并可使钎料及焊件免于氧化。钎焊不同金属材料，应选用不同的熔剂。

3. 钎焊的种类

根据钎料熔点和接头的强度不同，钎焊可分为硬钎焊和软钎焊两种。

(1) 软钎焊　软钎焊的钎料熔点低于450℃，焊接强度低于70MPa。软钎焊常用的钎料为锡铅钎料（又称焊锡）、锌锡钎料、锌镉钎料等。熔剂常采用松香、磷酸、氯化锌等制成。软钎焊常用于受力不大，工作温度不高的工件的焊接，如电器仪表、半导体收音机导线的焊接等。

(2) 硬钎焊　硬钎焊的钎料熔点高于450℃，焊接强度可达500MPa。硬钎焊常用的钎料为铜基、银基、铝基和镍基钎料。熔剂常用硼砂、硼酸、氟化物、氯化物等制成。硬钎焊常用于接头强度较高，工作温度较高的工件的焊接，如硬质合金刀头的焊接等。

5.4.3　埋弧焊

埋弧焊是电弧在焊剂层下燃烧进行焊接的方法，由于电弧掩埋在焊剂下燃烧，弧光不外露，因此称为埋弧焊，如图5-21所示。

埋弧焊的焊接过程：先送丝，导电嘴与焊件轻微接触，焊剂堆敷在待焊处，引弧。随着电弧向前移动，熔池液态金属冷却凝固形成焊缝，液态熔渣冷却而形成渣壳。焊接时，焊机的启动、引弧、送丝和机头（或焊件）移动等过程全由焊机机械化控制。

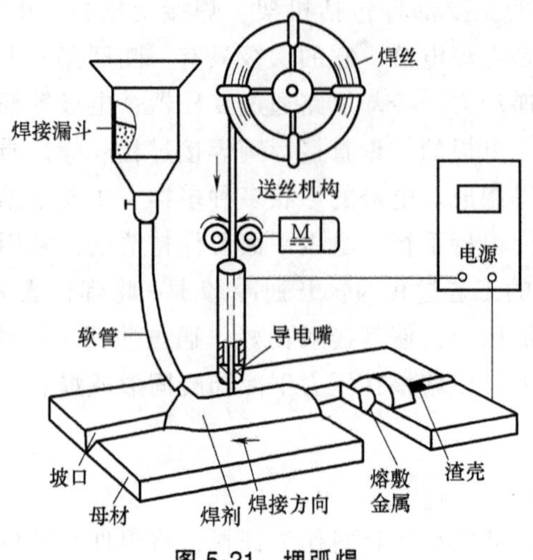

图 5-21　埋弧焊

埋弧焊与焊条电弧焊相比，优点如下：

1）焊接生产率高。埋弧自动焊可采用较大的焊接电流，同时因电弧加热集中，使熔深增加，单丝埋弧焊可一次焊透 20mm 以下不开坡口的钢板。单丝埋弧焊焊速可达 30～50m/h。

2）焊接质量好。因熔池有熔渣和焊剂的保护，使空气中的氮、氧难以侵入，提高了焊缝金属的强度和韧性，焊接质量好。另外，焊缝表面光洁、平整，成形美观。

3）劳动条件好。由于实现了焊接过程机械化，操作较简便，而且电弧在焊剂层下燃烧没有弧光的有害影响，放出烟尘也少，因此劳动条件得到了改善。

4）焊接成本较低。由于熔深较大，埋弧自动焊时可不开或少开坡口，减少了焊缝中焊丝的填充量，也节省因加工坡口而消耗的母材。

5）焊接范围广。埋弧焊不仅能焊接碳钢、低合金钢、不锈钢，还可以焊接耐热钢及铜合金、镍基合金等有色金属。此外，还可以进行抗磨损、耐腐蚀材料的堆焊。但不适用于铝、钛等氧化性强的金属及其合金的焊接。

第6章

铸造

目的和要求

1. 了解铸造生产工艺过程及其特点。

2. 了解砂型的结构，了解零件、模样和铸件之间的关系。

3. 能正确采用常用工具进行简单的整模两箱造型、分模两箱造型及挖砂造型，并浇注一种铸件。

4. 了解常见的铸件缺陷及其产生原因。

5. 了解常用的特种铸造方法及其特点。

安全操作规程

1. 紧砂时不得将手放在砂箱上。

2. 不得将造型工具乱扔、乱放，或者用工具敲击砂箱。

3. 在造型现场小心行走，以免损坏砂型或砂箱等。

4. 开炉浇注前必须穿戴好劳动防护用品。

5. 观察开炉与浇注时，应站在安全位置，以免发生事故。

6. 不准用冷金属或工具伸入铁液中，以免铁液爆溅。

7. 刚浇注的铸件，未经许可不得触动，以免损坏或烫伤人。

8. 当浇注铸件冷却后，才能打箱和清理。

9. 清理铸件时，不要对着人打浇冒口或凿飞边，以免飞出伤人。

6.1 铸造概述

1. 铸造生产工艺过程、特点及应用

铸造是熔炼金属，制造铸型，并将熔融金属浇入铸型，经冷却凝固后获得具有一定形状和性能的铸件的方法。铸件是用铸造方法获得的金属制品。铸造生产工艺具有生产适应性强和生产成本低两大特点。

（1）铸造生产适应性强　铸件尺寸和质量不受限制，铸件形状可以非常复杂，特别是可以获得具有复杂内腔的铸件，适合铸造生产的金属材质范围广，生产批量不受限制。

（2）铸造生产成本低　铸造生产使用的原材料来源广泛，价格便宜，铸件形状、尺寸与零件相近，节省大量的金属材料和加工工时，废金属回收利用方便，因此铸造生产成本低廉。

铸造是一种古老的生产金属件的方法，也是现代工业生产制取金属制品的必不可少的重要方法。在一般机器中，铸件占总质量的40%~80%。铸件一般作为毛坯，经过切削加工后才能成为零件。现在一些特种铸造方法，可以直接铸出某些零件，是少无切屑加工的重要发展方向。

铸造按生产方式可分为砂型铸造和特种铸造。砂型铸造是指在砂型中生产铸件的铸造方法。砂型是用型砂制成的铸型，砂型铸造是目前生产中最基本的而且是用得最多的铸造方法。用砂型铸造生产的铸件，约占铸件总产量80%以上。砂型铸造的生产过程如图6-1所示，其中制作铸型和熔炼金属是核心环节。对于大型铸件的铸型和型芯，在合箱前还要进行烘干。

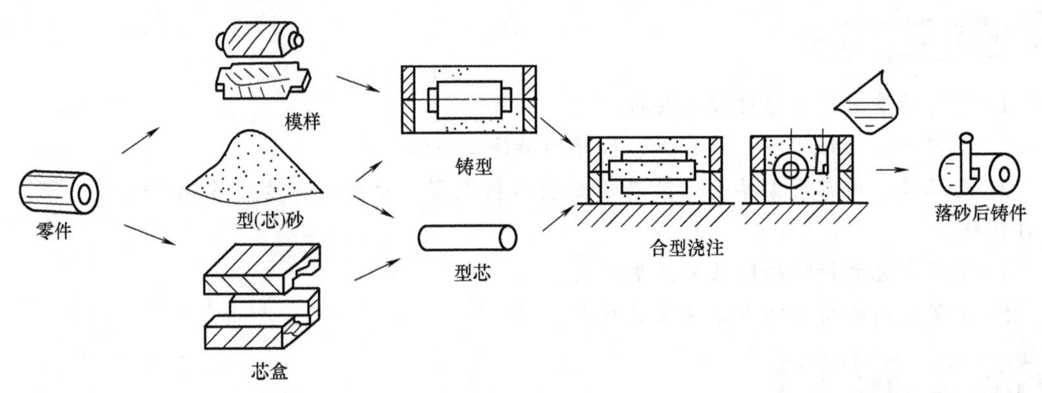

图6-1　砂型铸造的生产过程

2. 造型材料

型砂是按一定比例配成的造型材料，是制作砂型铸造用铸型的主要材料。

（1）型砂的性能要求　配制好的型（芯）砂应具有黏性和可塑性，浇注时型砂与高温液体金属接触，承受高温金属液流的冲刷及烘烤。因此，型砂应具有较高的强度和耐火性，以保证砂型不被冲坏和烧熔，避免产生冲砂、粘砂等缺陷。型砂还应具有透气性，使浇注时产生的气体能顺利地从砂粒间的孔隙排出型外，防止产生气孔缺陷。此外，型砂还应具有退让性，以保证铸件冷却收缩时，不致因阻碍收缩而使铸件产生裂纹。型砂的质量直接影响铸件的质量。在铸件废品中约50%废品的产生与型砂质量有关，因此要对型砂质量进行控制。

（2）型砂的组成　为了满足型砂的性能要求，型砂由原砂、黏结剂、水及附加物按一定比例混制而成。

1）原砂　原砂一般采自海、河或山地，但并非所有的砂子都能用于铸造，铸造用砂应控制化学成分粒度和形状。

① 化学成分。原砂的主要成分是石英和少量的杂质（钠、钾、钙和铁等的氧化物）。石英的化学成分是二氧化硅（SiO_2），它的熔点高达1700℃。砂中SiO_2含量越高，其耐火性越好。铸造用砂SiO_2质量分数为85%~97%。

② 粒度。砂粒越大，耐火性和透气性越好。

③ 形状。砂粒的形状可分为圆形、多角形和尖角形。一般湿型砂多采用颗粒均匀的圆形或多角形的天然石英砂或石英长石砂。高熔点金属铸件应选用粗砂，以保证耐火性。

2）黏结剂。用来黏结砂粒的材料称为黏结剂，如水玻璃、桐油、干性植物油、树脂和黏土等。前几种黏结性比黏土好，但价格贵，且来源不广，因此除特殊要求的型砂，一般不用。黏土价廉且资源丰富，有一定的黏结强度，用得较多。黏土又分为普通黏土和膨润土。湿型砂普遍采用黏结性较好的膨润土，而干型多采用普通黏土。

3）附加物。为改善型砂的某些性能而加入的材料称为附加物，常用的有煤粉和油等。

（3）混砂过程　型砂的组成物按一定比例配制，以保证其性能。型砂的性能好坏不仅决定于其配比，还与配砂的工艺操作有关，如加料次序、混碾时间等。混碾时间越长的型砂性能越好，但时间太长会影响生产。

目前工厂一般采用碾轮式混砂机进行混砂。混砂工艺过程是先将新砂、黏土和旧砂依次加入混砂机中，先干混 5min，混拌均匀后加一定量的水进行湿混约 10min，即可打开混砂机碾盘上的出砂口出砂。

3. 铸型的组成

铸型是用金属或其他耐火材料制成的组合整体，是金属液凝固后形成铸件的地方。以两箱砂型铸造为例，它由上砂型、下砂型、浇注系统、型腔、型芯和通气孔组成。型砂被舂紧在上、下砂箱中，连同砂箱一起，称为上砂型（上箱）和下砂型（下箱）。取出模样后砂型中留下的空腔称为型腔。上、下砂型的分界面称为分型面，一般位于模样的最大截面上。型芯是为了形成铸件上的孔或局部外形，用型砂制成。型芯上用来安放和固定型芯的部分称为型芯头，型芯头放在砂型的型芯座中，如图 6-2所示。

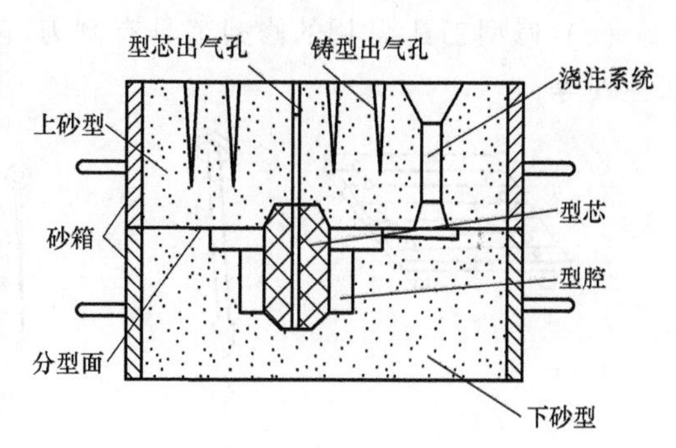

图 6-2　两箱砂型铸造

浇注系统是为了将熔融金属填充入型腔而开设于铸型中的一系列通道。金属液从外浇口浇入，经直浇道、横浇道、内浇道而流入型腔。型腔最高处开通气孔，以观察金属液是否浇满，也可排除型腔中的气体。被高温金属包围后型芯产生的气体则由型芯通气孔排出，而型砂中的气体及部分型腔中的气体则由通气孔排出。有时为了避免产生缩孔缺陷，应在铸件厚大部分或最高部分加设补缩冒口。

6.2 造型方法

制作砂型的方法分为手工造型和机器造型两种。后者制作的砂型型腔质量好，生产效率高，但只适用于成批或大批量生产条件。手工造型具有机动、灵活的特点，应用仍较为普遍。

6.2.1 手工造型工具及辅助工具

1. 砂箱

砂箱一般采用铸铁制造，常做成长方形框架结构。但脱箱造型的砂箱一般用木材制造，也可用铝制成。砂箱的作用是便于砂型的翻转、搬运和防止金属液将砂型冲垮等。两箱造型中放在下面的叫下箱，放在上面的叫上箱。上下箱要配对，箱口要平，定位装置要准确，如

图 6-3 所示。

2. 底板

底板是一块具有一个光滑工作面的平板，造型时用来托住模样、砂箱和型砂。底板可用硬木、铝合金或铸铁制成。

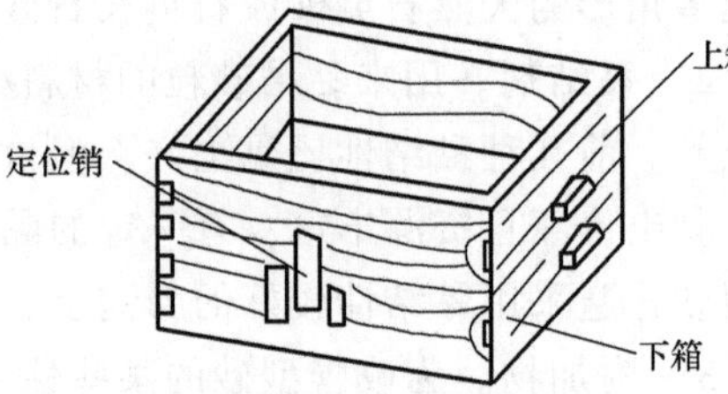

3. 造型工具

常用的造型工具如图 6-4 所示。

(1) 铁锹　铁锹用于混和型砂和铲起型砂送入砂箱。

(2) 舂砂锤　舂砂锤用于舂实型砂，舂砂锤一头尖一头平。舂砂时应先用尖头，最后用平头。

图 6-3　砂箱结构

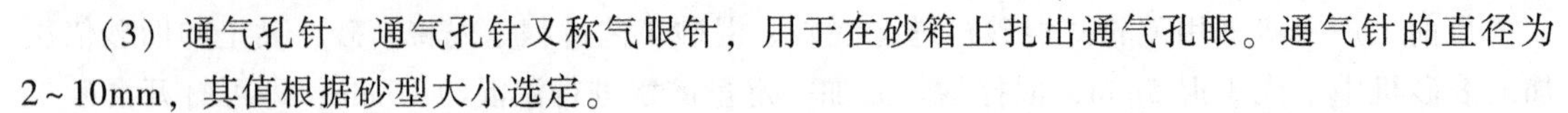

(3) 通气孔针　通气孔针又称气眼针，用于在砂箱上扎出通气孔眼。通气针的直径为 2~10mm，其值根据砂型大小选定。

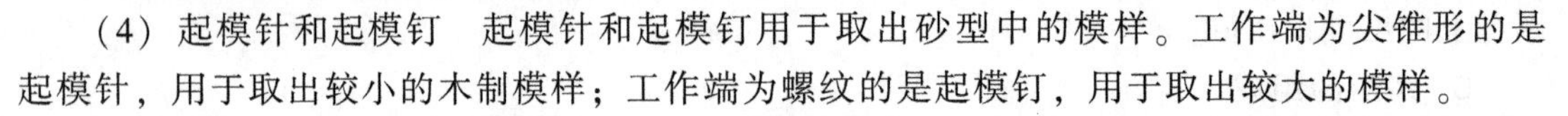

(4) 起模针和起模钉　起模针和起模钉用于取出砂型中的模样。工作端为尖锥形的是起模针，用于取出较小的木制模样；工作端为螺纹的是起模钉，用于取出较大的模样。

(5) 掸笔　掸笔用于润湿型砂，以便于起模和修型，或用于对狭小孔腔涂刷涂料。

(6) 修型工具 常用的修型工具有刮刀（镘刀）、提钩、压勺、竹片梗、圆头、圈圆和法兰梗等。

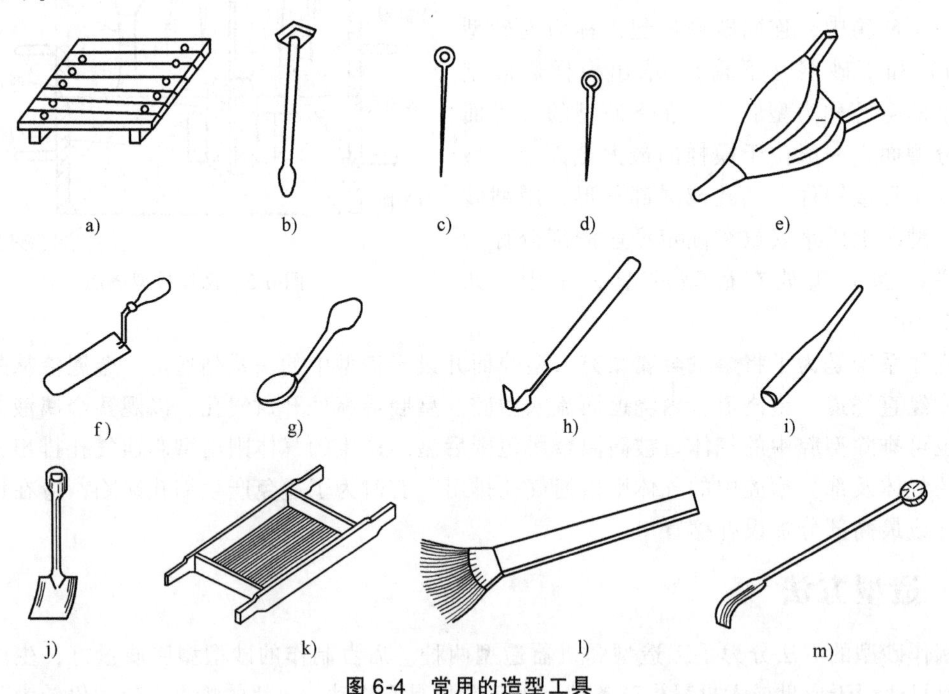

图 6-4　常用的造型工具

a) 底板　b) 舂砂锤　c) 起模针　d) 通气孔针　e) 皮老虎　f) 镘刀　g) 秋叶　h) 提钩　i) 浇口棒　j) 铁锹　k) 筛子　l) 掸笔　m) 圆头

6.2.2　常用的手工造型方法

1. 整模造型

整模造型适用于形状简单，最大截面在端部且为一平面的铸件，适用于齿轮坯、轴承、皮带和轮罩等，如图 6-5 所示。

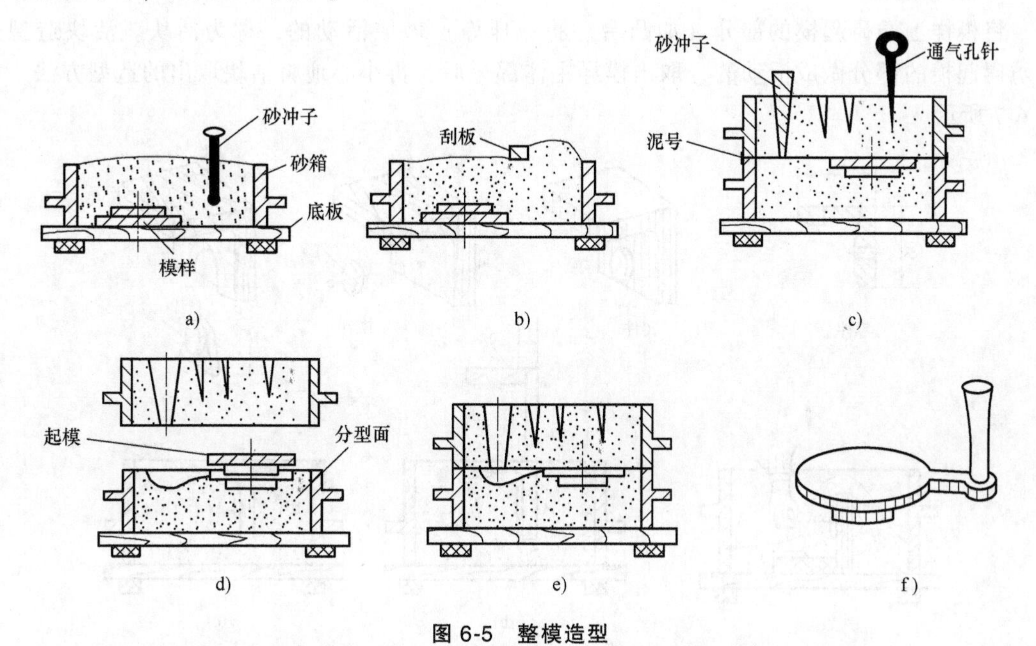

图 6-5　整模造型

a）造下砂型、添砂、舂砂　b）刮平、翻箱　c）造上型、扎气孔、做泥号
d）起箱、起模、开浇口　e）合型　f）落砂后带浇口的铸件

2. 分模造型

分模造型中铸件的最大截面在中部，因而木模沿最大截面分成两半。分模造型操作简便，适用于形状较复杂的铸件，广泛用于有孔或带有型芯的铸件，如套筒、水管、阀体、箱体和立柱等，如图 6-6 所示。

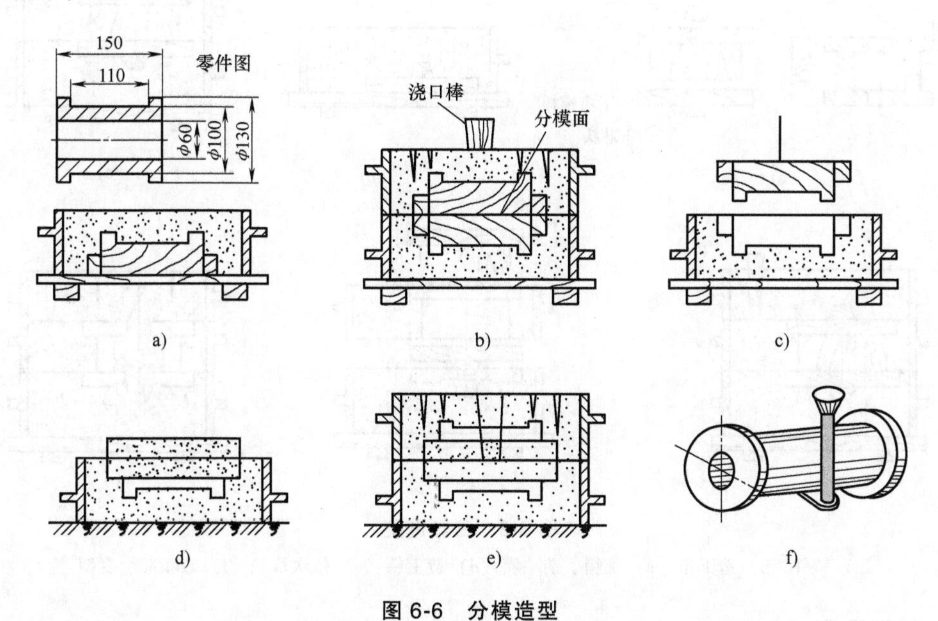

图 6-6　分模造型

a）造下型　b）翻转下型合模样、造上型　c）开箱、起模
d）开浇口、下型芯　e）合型　f）落砂后带浇口的铸件

3. 活块造型

将模样上妨碍起模的部分（如凸台、肋、耳等）做成活动的，称为活块。活块造型是将妨碍起模的部分做成活动的，取出模样主体部分后，再小心地将活块取出的造型方法，如图 6-7 所示。

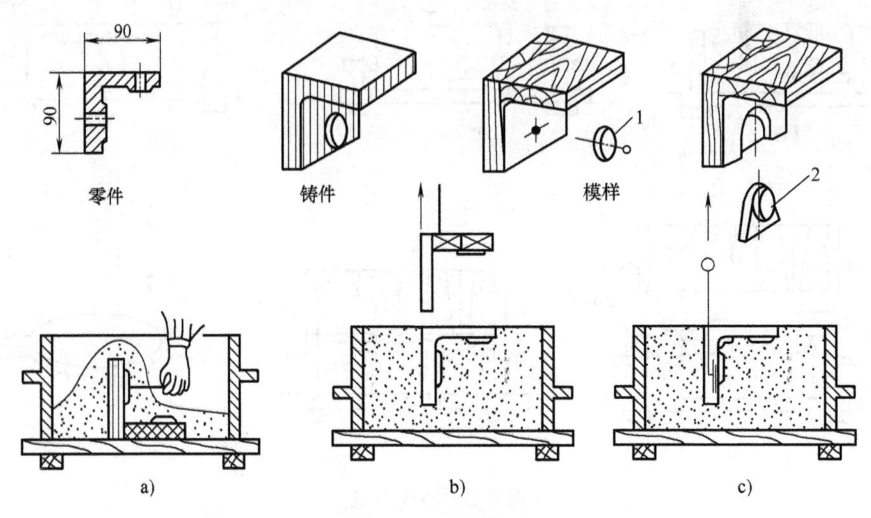

图 6-7 活块造型

a）造下型、拔出钉子 b）取出模样主体 c）取出活块

4. 三箱造型

用三个砂箱制造铸型的过程称为三箱造型。有些铸件如两端截面尺寸大于中间截面时，需要用三个砂箱，从两个方向分别起模，如带轮、槽轮等，如图 6-8 所示。

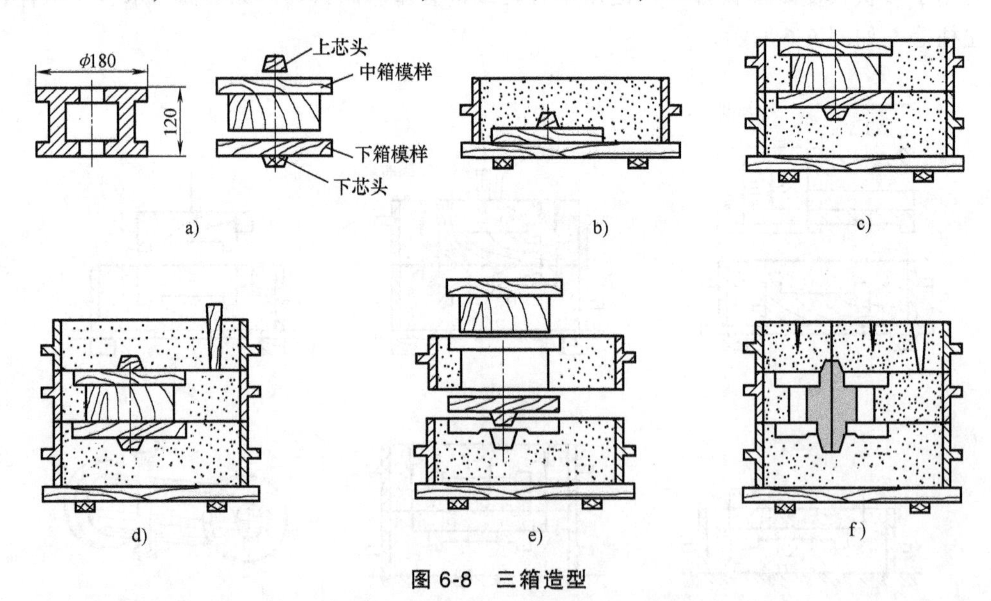

图 6-8 三箱造型

a）铸件 b）造下箱 c）翻箱、造中箱 d）造上箱 e）依次取箱 f）放型芯、合型

5. 挖砂造型

当铸件按结构特点需要采用分模造型，但由于条件限制（如模样太薄，制模困难）仍

做成整模时，为便于起模，下型分型面需挖成曲面或有高低变化的阶梯形状（称不平分型面），这种方法叫挖砂造型，如图 6-9 所示。

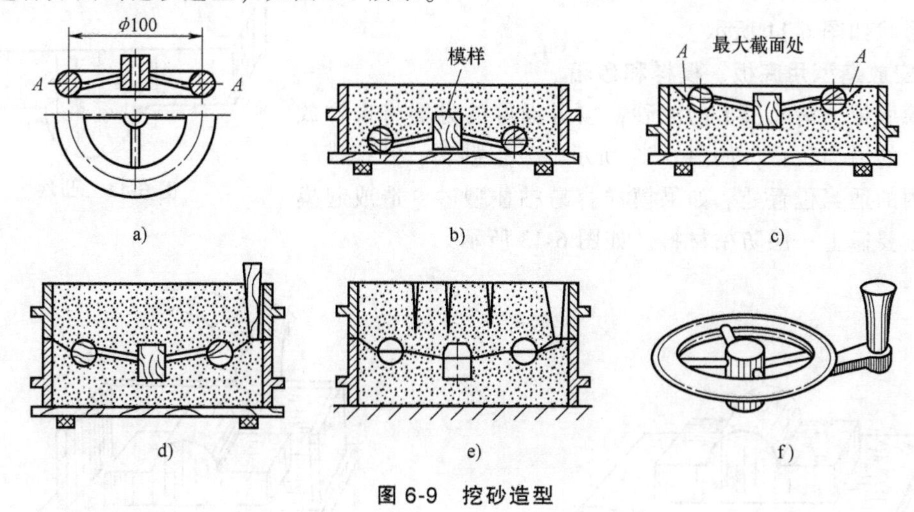

图 6-9 挖砂造型

a）铸件 b）造下箱 c）翻下箱、挖分型面 d）造上型、敞箱、起模 e）合箱 f）带浇口的铸件

6.2.3 制芯

为获得铸件的内腔或局部外形，用芯砂或其他材料制成的，安放在型腔内部的砂型称为型芯。绝大部分型芯是用型砂制成的，砂芯的质量主要依靠配制合格的型砂及采用正确的造芯工艺来保证。

浇注时砂芯受高温液体金属的冲击和包围，因此除要求砂芯具有铸件内腔相应的形状外，还应具有较好的透气性、耐火性、退让性和强度等性能，故要选用杂质少的石英砂和用植物油、水玻璃等黏结剂来配制型砂，并在砂芯内放入金属芯骨和扎出通气孔以提高强度和透气性。形状简单的大、中型型芯，可用黏土砂来制造。但对于形状复杂和性能要求很高的型芯，必须采用特殊黏结剂来配制，如采用油砂、合脂砂和树脂砂等。

型芯一般是用芯盒制成的，其开式芯盒制芯是常用的手工制芯方法，适用于圆形截面的较复杂型芯。其制芯过程如图 6-10 所示。

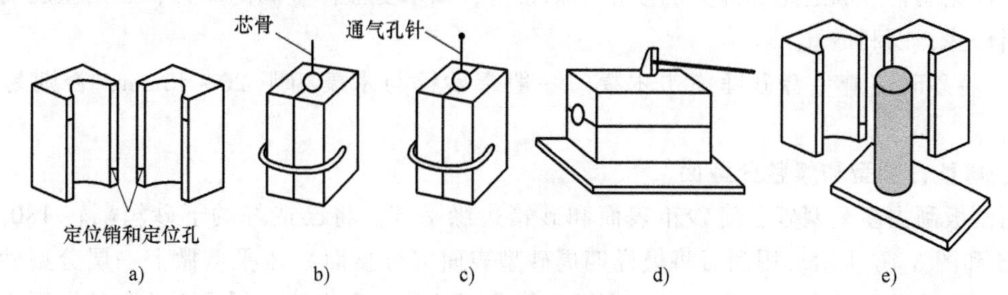

图 6-10 制芯过程

a）准备芯盒 b）夹紧芯盒，加入芯砂、芯骨，舂砂 c）刮平、扎通气孔

d）松开夹子，轻敲芯盒 e）打开芯盒，取出砂芯，上涂料

6.2.4 造型操作的一般顺序

以凸块的模样为例，说明造型操作的一般顺序。

1. 造型准备

清理工作场地，备好型砂、模样、所需工具及砂箱等，凸块的形状如图 6-11 所示。

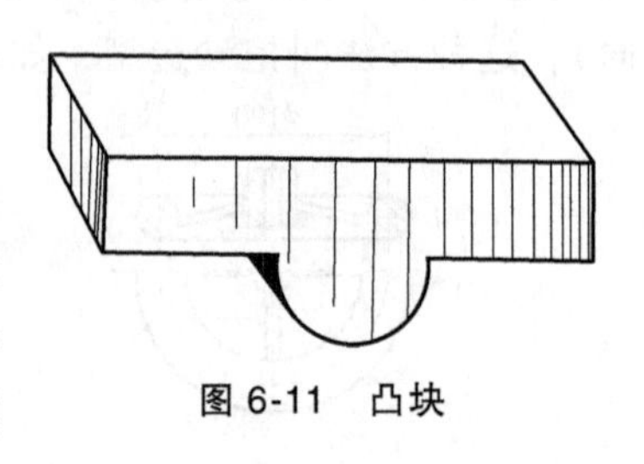

图 6-11　凸块

2. 安放造型用底板、模样和砂箱

放稳底板，清除板上的散砂，按考虑好的方案将模样放在底板上的适当位置，如图 6-12 所示。套上砂箱，并把模样放在箱内的适当位置处。如果模样容易粘住型砂，造成起模困难，则要撒上一层防粘材料，如图 6-13 所示。

图 6-12　安放模样

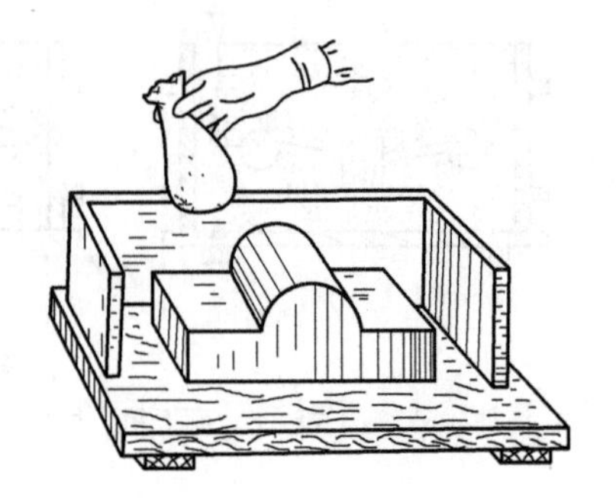

图 6-13　撒防粘材料

3. 填砂和紧实

1）加砂时必须分次加入型砂，先在模样表面撒上一层面砂，将模样盖住，然后加一层背砂。第一次加砂时须用手将木模周围的型砂按紧，以免木模在砂箱内的位置移动。对小砂箱每次加砂厚约 50~70mm。加砂过多易导致舂不紧，而加砂过少又费工时。然后用舂砂锤的尖头分次舂紧，最后改用舂砂锤的平头舂紧型砂的最上层，如图 6-14 所示。

2）舂砂应按一定的路线进行。切不可东一下、西一下乱舂，以免各部分松紧不一。

3）舂砂用力大小应该适当，不要过大或过小。用力过大，砂型太紧，浇注时型腔内的气体跑不出来。用力过小，砂型太松易塌箱。同一砂型各部分的松紧不同，靠近砂箱内壁应舂紧，以免塌箱。靠近型腔部分的砂型应稍紧些，以承受液体金属的压力；远离型腔的砂型应适当松些，以利透气。

4）舂砂时应避免舂砂锤撞击木模。一般舂砂锤与木模相距 20~40mm，否则易损坏木模。

4. 修整、翻型和修整分型面

用刮板刮去多余型砂，使砂箱表面和砂箱边缘平齐。将已造好的下砂箱翻转 180°，如图 6-15 和图 6-16 所示。用刮刀将模样四周砂型表面（分型面）压平，撒上一层分型砂，撒砂时手应距离砂箱稍高，一边转圈一边摆动使分型砂从五个指缝中缓慢而均匀地撒下来。最后用皮老虎或掸笔刷去模样上的分型砂，撒防粘材料，如图 6-17 所示。

5. 放置上砂箱、浇冒口模样并填砂紧实

将上箱在下箱上放好，放好浇口棒，加面砂，如图 6-18 所示。铸件如需补缩，还要放上冒口棒，填上背砂，用舂砂锤的尖头舂实，再加上一层砂，用舂砂锤的平头舂实，先用尖头，后用平头，如图 6-19 所示。

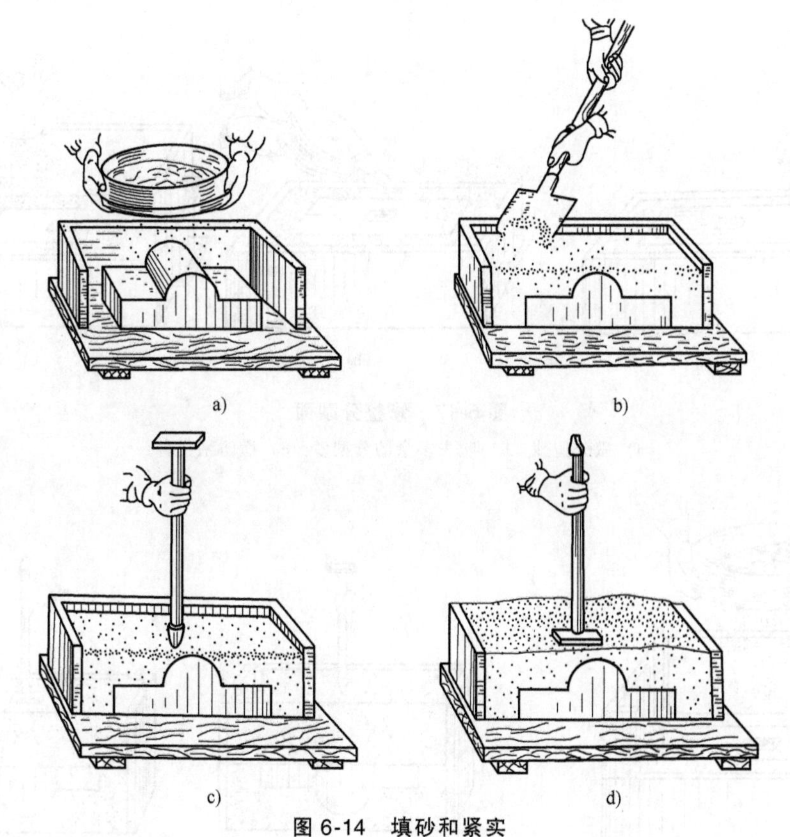

图 6-14　填砂和紧实

a）盖上面砂　b）铲填背砂　c）用舂砂锤尖头舂砂　d）用舂砂锤平头舂砂

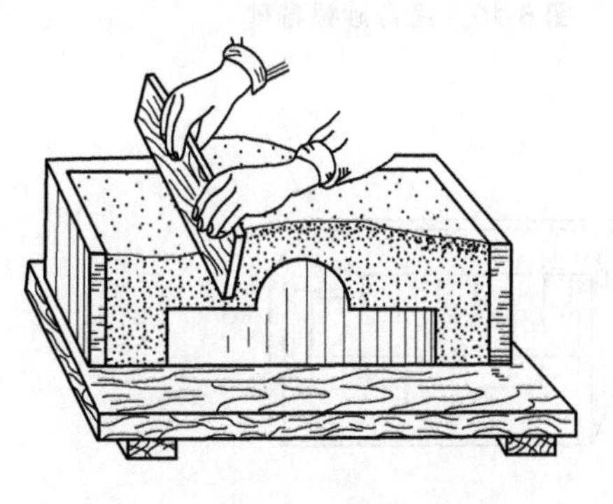

图 6-15　刮板刮去多余型砂

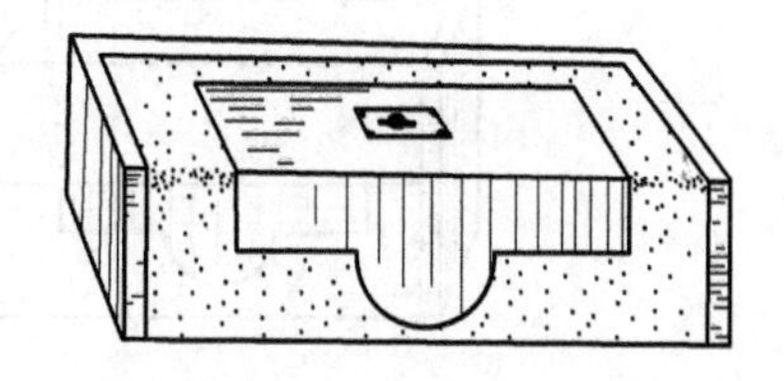

图 6-16　翻转下型

6. 修整上砂型型面、开箱并修整分型面

用刮板刮去多余的型砂，用刮刀修光浇冒口处型砂。用通气孔针扎出通气孔，取出浇口棒并在直浇道上部挖一个倒喇叭口作为外浇口，如图 6-20 所示。

没有定位销的砂箱要用泥打上泥号，以防合箱时偏箱，泥号应位于砂箱壁上两直角边最远处，以保证 *X*、*Y* 方向均能准确定位。将上型翻转 180°放在底板上。扫除分型砂，用毛刷沾些水，刷在模样周围的型砂上，以增加这部分型砂的强度，防止起模时损坏砂型。刷水时不要使水停留在某一处，以免浇注时因水多而产生大量水蒸气，使铸件产生气孔，如图 6-21 所示。

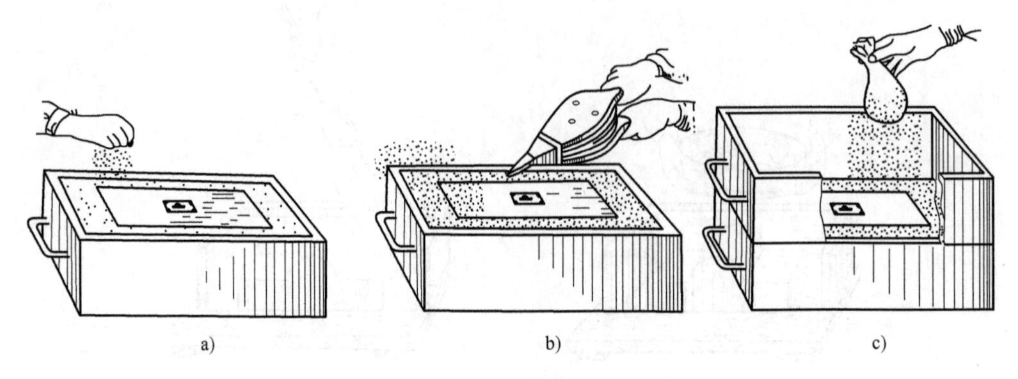

图 6-17 修整分型面

a）撒分型砂 b）吹去多余的分型砂 c）撒防粘材料

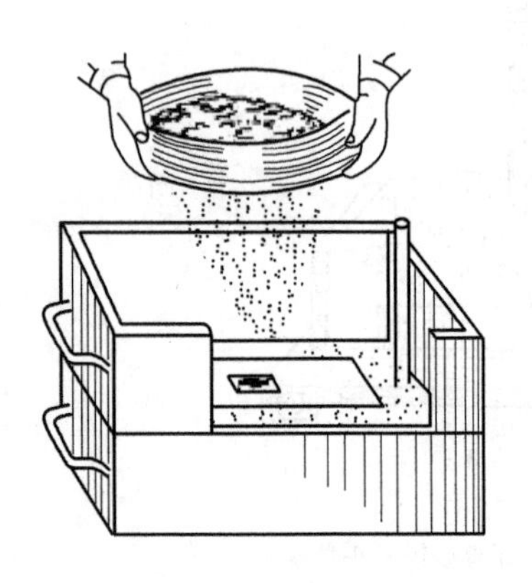

图 6-18 加面砂

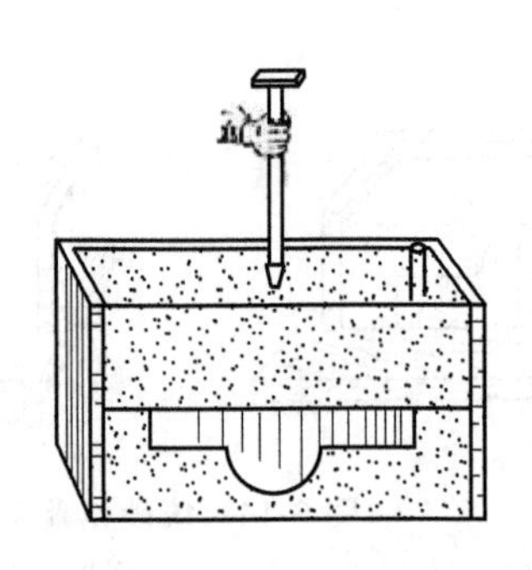

图 6-19 用舂砂锤舂砂

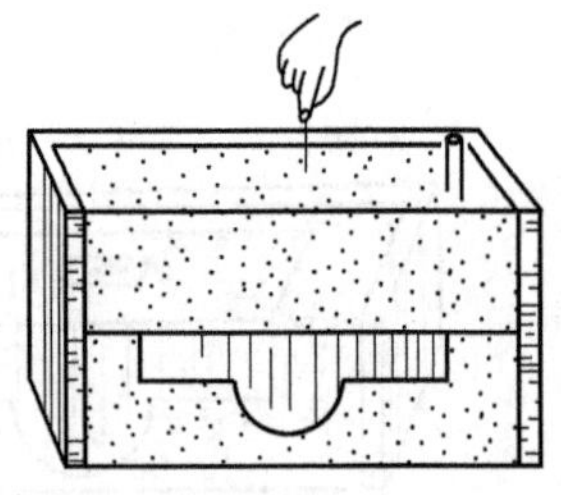
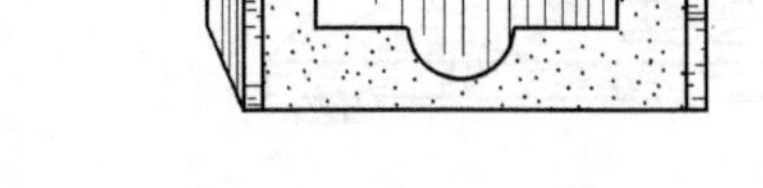

图 6-20 通气孔针打通气孔，取出冒口棒，在直浇道上挖外浇口

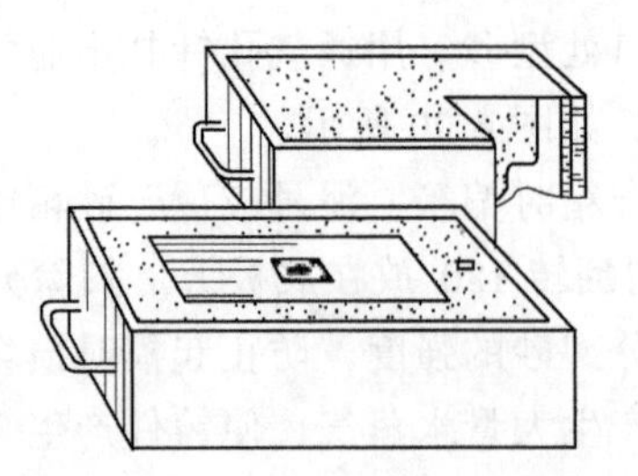

图 6-21 做好泥号，移开上型，润湿型砂

7. 起模

起模针位置尽量与模样的重心铅垂线重合。起模前用小锤轻轻敲打起模针的下部，使模样松动，以利于起模。然后将模样垂直拔出，如图 6-22 所示。

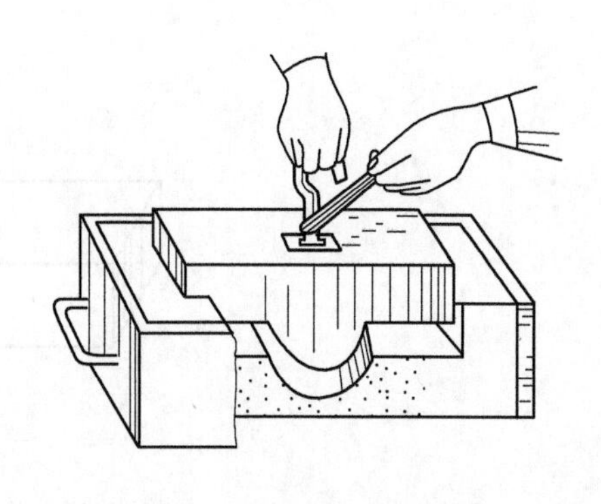

图 6-22 起模

8. 修型

起模后，型腔如有损坏，可使用各种修型工具将型腔修好。修模时可将修补处用水润湿，将型砂填好。

9. 挖砂开浇口

浇口是将浇注的金属液引入型腔的通道。浇口通常是由外浇口、直浇道、横浇道和内浇道四部分组成，如图 6-23 所示。浇口开得好坏，将影响铸件的质量。有些简单的小型铸件可省去横浇道和内浇道，由直浇道直接进入型腔。开浇口应注意以下几点：①应使金属液平稳地流入型腔，以免冲坏砂型和型芯；②为了将金属液中的熔渣等杂质留在横浇道中，一般内浇道不要开在横浇道的尽头和上面；③内浇道的数目，应根据铸件大小和壁厚而定（简单的小铸件可开一道，而大、薄壁件要多开几道）；④浇口要做得表面光滑，形状正确，防止金属液将砂粒冲入型腔中；⑤在铸件厚大部分，为防止缩孔需要加冒口进行补缩，冒口的大小应视铸件的壁厚和材料而定。

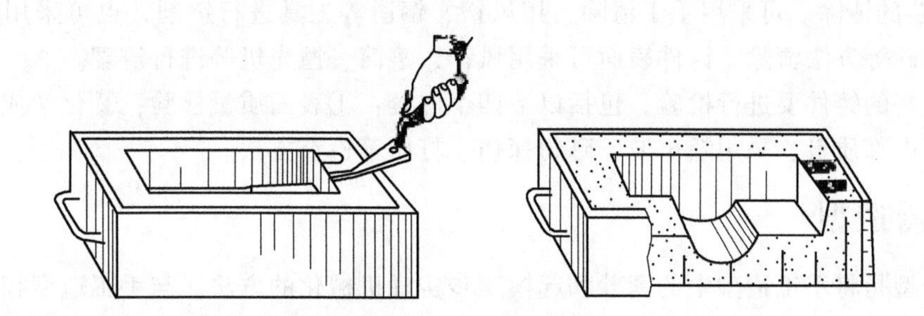

图 6-23 挖砂开浇口

10. 合箱紧固

合箱时应注意使砂箱保持水平下降，并且应对准合箱线，防止错箱。浇注时如果金属液浮力将上箱顶起会造成跑火，因此要进行上下型箱紧固，分为两种：①用压箱铁紧固，一般为铸件重量的 3~5 倍，如图 6-24 所示；②用卡子或螺栓紧固。

11. 浇注

将熔融金属从浇包浇入铸型的过程称为浇注，浇注时应注意浇注温度、浇注速度并估计好金属液的重量等。一般复杂薄壁件浇注温度为 1350~1400℃，形状简单厚壁件浇注温度为 1260~1350℃。浇注速度一般视具体情况而定，太慢容易导致金属液降温过多，产生冷隔阂、夹渣等缺陷；而浇注太快，容易导致型腔中的气体来不及逸出而产生气孔，同时容易产生冲砂、跑火、抬箱等缺陷。

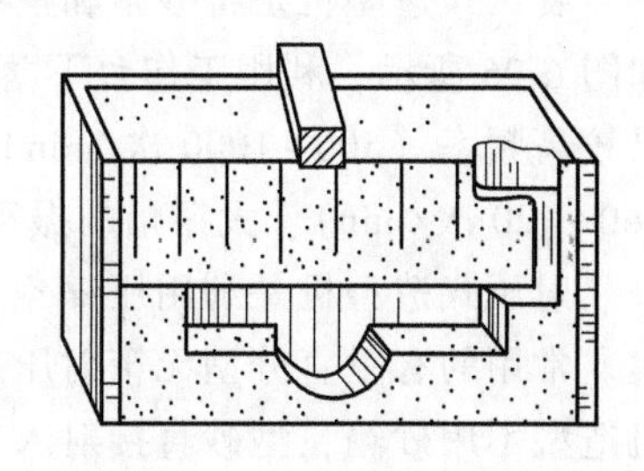

图 6-24 用压箱铁紧固合箱

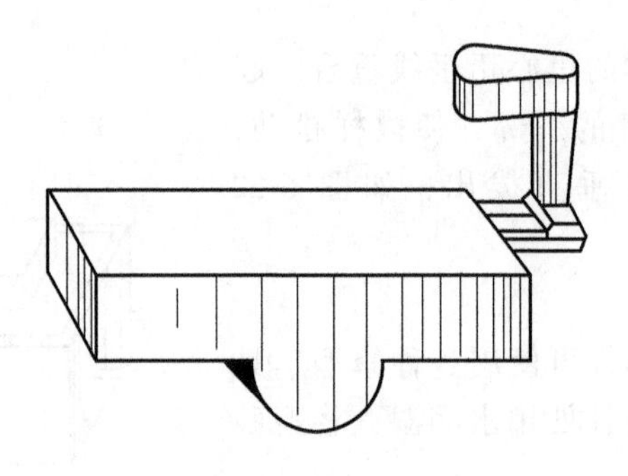

图 6-25　浇注冷却后的铸件

12. 落砂、清理和检验

浇注后经过一段时间的冷却，将铸件从砂箱中取出称为落砂，落砂后的铸件如图 6-25 所示。形状简单的，小于 10kg 的铸铁件，可在浇后 20~40min 落砂；10~30kg 的铸铁件，可在浇后 30~60min 落砂。

从铸件上清除表面粘砂和多余金属的过程称为清理。

1）浇冒口的去除。对于铸铁等脆性材料用敲击法；对于铝、铜铸件常采用锯削来切除浇冒口；对于铸钢件常采用氧气切割、电弧切割、等离子体切割来切除浇冒口。

2）型芯的清除。可采用手工清除，用风铲、钢凿等工具进行铲削，也可采用气动落芯机、水力清砂等方法清除。铸件表面可采用风铲、滚筒、抛光机等进行清理。

对清理好的铸件要进行检验，包括以下四个内容：①表面质量检验；②化学成分；③力学性能；④内部质量，采用超声波、磁粉探伤、打压等检查方法。

6.3　机器造型

机器造型是将手工造型中的紧砂和起模工步实现机械化的方法。与手工造型相比，不仅提高了生产率，改善了劳动条件，而且提高了铸件的精度和表面质量。但是机器造型所用的造型设备和工艺装备的费用高，生产准备时间长，只适用于中、小铸件成批或大量生产。

机器造型按照紧砂方式可分为震实、压实、震压、抛砂和射砂造型等方法，其中以震压式造型和射砂造型应用最广。机器造型的主要功能是：填砂，将松散的型砂填入砂箱中；紧实型砂，通过震实、压实、震压、射压等不同方法使砂箱中松散的型砂紧实，使砂型在搬运和浇注等过程中具有必要的强度。

震压式造型机是将砂箱和模样固定在造型机的工作台上，常用的是微震压实式造型机，如图 6-26 所示，利用工作台下落与浮动的震铁相撞，微震紧实型砂，再进行压实。微震是以较高频率（500~1000 次/min），小振幅（5~25mm）的振动代替震击式造型机的低频率（60~120 次/min）、大振幅的振动。这种造型机造出的砂型质量好，对基础要求也较低。

射压式造型机是利用压缩空气将型砂均匀地射入砂箱预紧实，然后再施加压力进行压实。常用的有垂直分型无箱射压造型机和水平分型脱箱射压造型机。垂直分型无箱射压造型机造型不用砂箱，型砂直接射入带有模板的造型室，所造砂型尺寸精度高，因砂箱两面都有型腔，故生产率很高，但下芯比较困难，对型砂质量要求严。水平分型脱箱射压造型机利用砂箱进行造型，砂型造好后合型脱箱，下芯比较方便，生产率高，如图 6-27 所示。

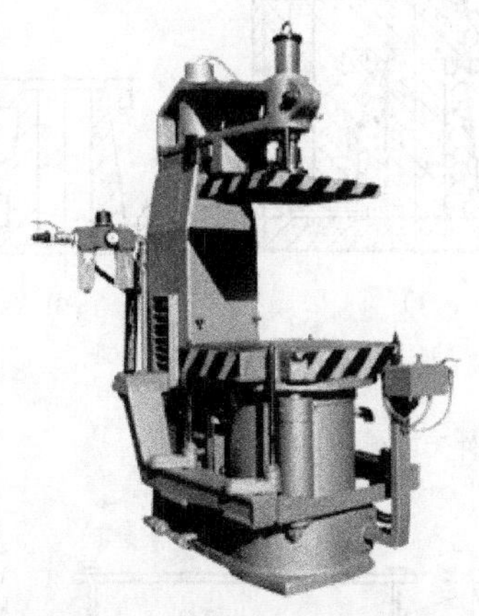

图 6-26　微震压实式造型机

图 6-27　水平分型脱箱射压造型机

6.4　特种铸造

特种铸造通常指区别于普通砂型铸造的一类方法，特种铸造能改变普通砂型铸造中的铸件尺寸精度差、表面粗糙、力学性能差以及工人劳动条件差等缺点。

6.4.1　压力铸造

压力铸造是在高压作用下将金属液以较高的速度压入高精度的型腔内，使其快速凝固，以获得优质铸件的高效率铸造方法，其实物及工作原理如图 6-28 所示。

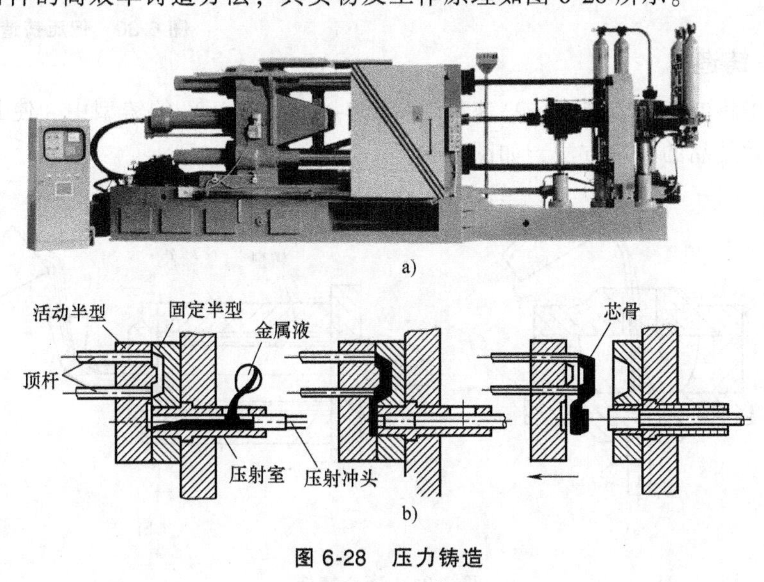

图 6-28　压力铸造

a）实物　b）工作原理

6.4.2　实型铸造

实型铸造是使用泡沫聚苯乙烯塑料制造模样（包括浇注系统），在浇注时，迅速将模样燃烧汽化直至消失，金属液充填了原来模样的位置，冷却凝固后而成铸件的铸造方法，其工艺过程如图 6-29 所示。

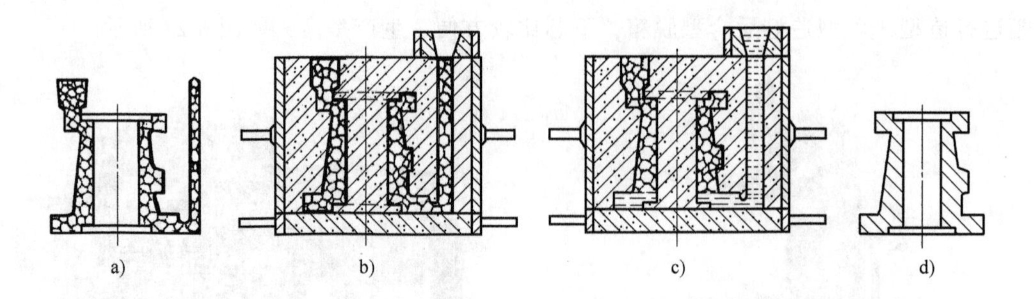

图 6-29 实型铸造

a）泡沫模样 b）造型 c）浇注 d）铸件无毛刺、飞边

6.4.3 低压铸造

低压铸造是使液体金属在压力作用下充填型腔，以形成铸件的一种方法，如图 6-30 所示。其工艺过程是：在密封的坩埚（或密封罐）中，通入干燥的压缩空气，金属液在气体压力的作用下，沿升液管上升，通过浇口平稳地进入型腔，并保持坩埚内液面上的气体压力，一直到铸件完全凝固为止。然后解除液面上的气体压力，使升液管中未凝固的金属液流回坩埚，再由气缸开型并推出铸件。

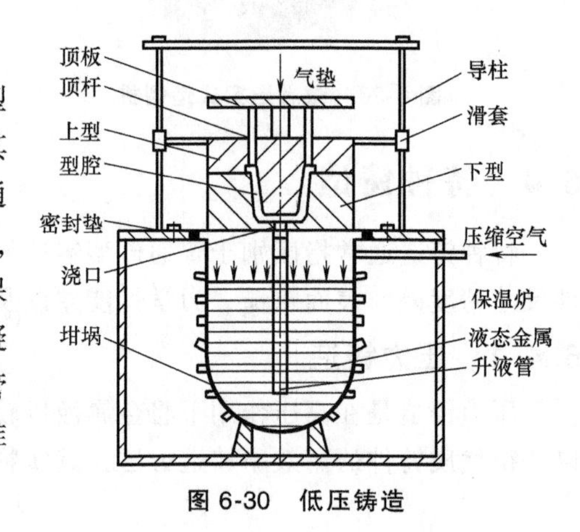

图 6-30 低压铸造

6.4.4 离心铸造

离心铸造指将液态合金液浇入高速旋转（250~1500r/min）的铸型中，使其在离心力作用下填充铸型并结晶的铸造方法，如图 6-31 所示。

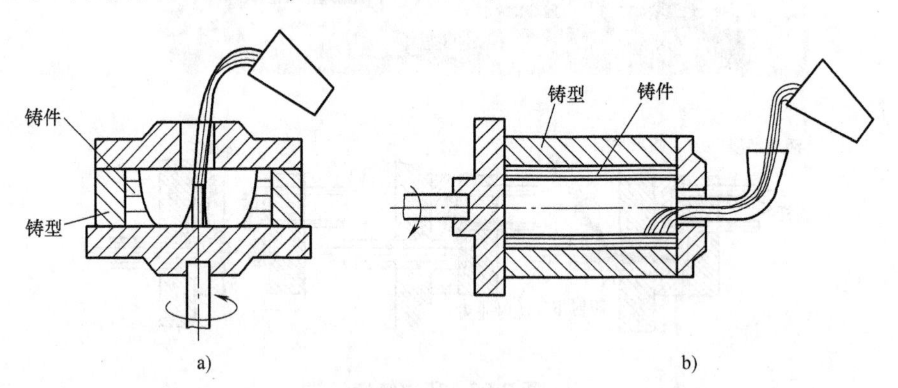

图 6-31 离心铸造

6.4.5 熔模铸造

熔模铸造又称失蜡铸造，是用易熔材料制成精确的模样，在其上涂挂耐火材料制成型壳，熔去模样得到中空的耐火型壳，型壳经焙烧后将熔融金属浇入，金属冷凝后敲掉型壳而获得铸件的一种铸造方法。其主要工艺过程如图 6-32 所示。

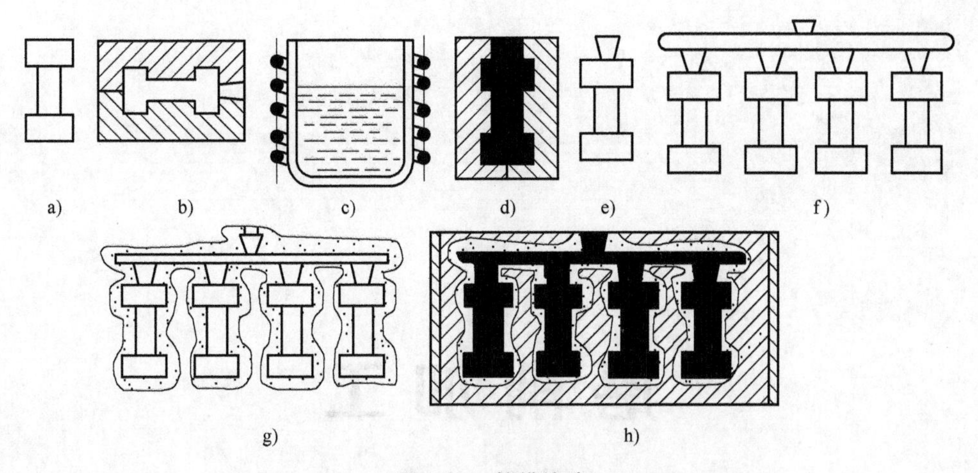

图 6-32 熔模铸造

a）母模 b）压型 c）熔蜡 d）铸造蜡模

e）单个蜡模 f）组合蜡模 g）结壳熔出蜡模 h）填砂、浇注

第7章

磨削加工

目的和要求

1. 了解磨床的种类及各部位的基本名称。
2. 了解磨削与其他加工的区别。
3. 掌握平面磨床、外圆磨床的基本操作方法。
4. 了解常用砂轮的组成、种类及用途。

安全操作规程

1. 更换新砂轮应先用木锤轻轻敲打，安好后必须做静平衡试验且必须空转不少于30min。
2. 机床运转过程中不允许从切削液喷嘴接取切削液。
3. 砂轮未完全停止转动时不准做清理和更换工件。
4. 磨削工件时，要带防护眼镜，加防护罩，以防砂轮碎裂伤人。
5. 金刚石修磨砂轮时，吃刀量为0.015~0.02mm，并需给足冷却液。
6. 砂轮切线方向不准站人，操作者应站在砂轮侧面。
7. 砂轮转速不准超限，进给前要选择合理的吃刀量，缓慢进给。
8. 机床开动后不准进行清洗、加油和测量。
9. 随时检查磁盘吸力是否有效，工件是否吸牢，防止工件飞出伤人。

7.1 磨削加工概述

1. 磨削加工的定义、分类和应用范围

磨床是用砂轮作切削工具，对工件表面进行切削加工的精密加工机床，一般是对车、铣等切削后的工件进行磨削加工，以达到工件更高精度的要求。磨床加工一般尺寸精度可达到IT7~IT5，表面粗糙度 Ra 值可达0.8~0.2μm。根据磨削的形状不同，可分为外圆磨削、内圆磨削、平面磨削、成形磨削等，如图7-1所示。磨削的应用范围很广，可以磨削难以切削的各种高硬超硬材料、各种表面，可以用于粗加工、精加工和超精加工。

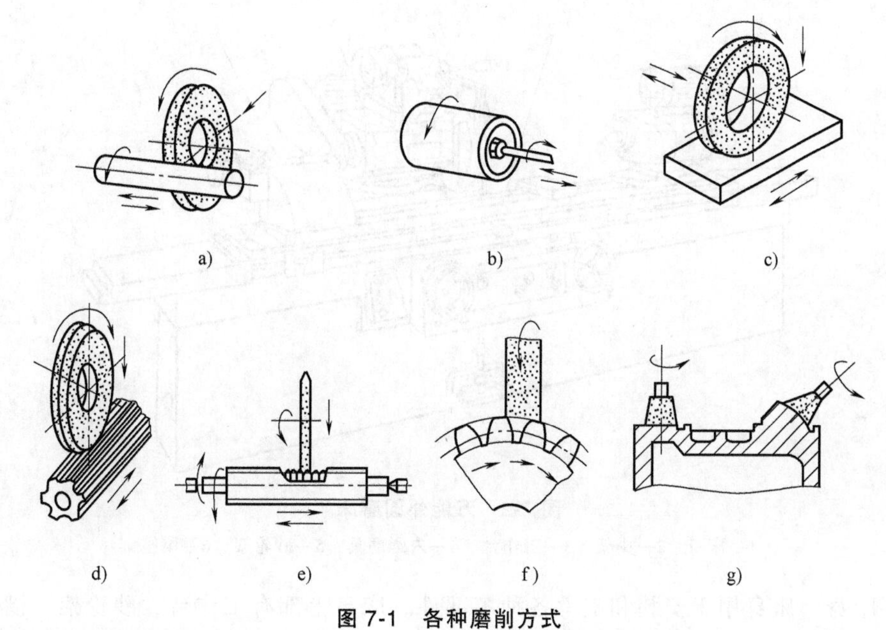

图 7-1　各种磨削方式

a）磨外圆　b）磨内孔　c）磨平面　d）磨花键　e）磨螺纹　f）磨齿形　g）磨导轨

2. 磨削加工的特点

磨削加工具有以下特点：

1）磨削属多刃、微刃切削。磨削用的砂轮是由许多细小坚硬的磨粒用结合剂黏结在一起经焙烧而成的疏松多孔体。这些锋利的磨粒就像铣刀的切削刃，在砂轮高速旋转的条件下，切入零件表面，故磨削是一种多刃、微刃切削过程。

2）加工尺寸精度高，表面粗糙度值低。磨削的切削厚度极薄，每个磨粒的切削厚度可达微米级。

3）加工范围广。磨削可加工外圆、内圆、平面、齿轮、成形面和螺纹凸轮等。由于磨料硬度极高，故磨削不仅可加工一般金属材料，如碳钢、铸铁等，还可加工一般刀具难以加工的高硬度材料，如淬火钢、各种切削刀具材料及硬质合金等。

4）磨削温度高。磨削过程中，一般砂轮直径较大，磨削速度可达 33~50m/s。由于切削速度很高，产生大量切削热，温度可达 800~1000℃。为减少摩擦和迅速散热，降低磨削温度，及时冲走屑末，以保证零件表面质量，磨削时需要使用大量切削液。

7.2　磨床

磨床的种类很多，根据用途不同，磨床可分为外圆磨床、内圆磨床、平面磨床、工具磨床、螺纹磨床、凸轮磨床、曲轴磨床及其他磨床等多种类型，这里主要介绍外圆磨床和平面磨床。

7.2.1　外圆磨床

常用的外圆磨床分为普通外圆磨床、万能外圆磨床和无心外圆磨床等。其中万能外圆磨床应用最广泛，万能外圆磨床可以磨削外圆柱面、外圆锥面、台阶端面和内孔等。其加工精度可达 IT6~IT5，表面粗糙度 *Ra* 值为 0.2~0.1μm。万能外圆磨床的结构如图 7-2 所示。

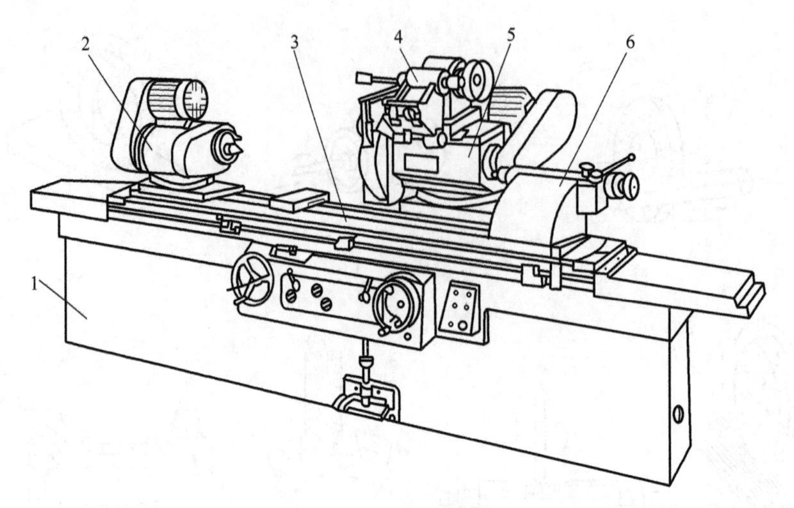

图 7-2　万能外圆磨床

1—床身　2—头架　3—工作台　4—内圆磨具　5—砂轮架　6—尾座

(1) 床身　床身用于安装和支承各种零部件。床身上部有工作台、砂轮架、横向导轨、纵向导轨，内部装有液压传动装置。

(2) 头架　头架用于安装工件，装有顶尖和卡盘等，与尾座套筒内顶尖配合装夹工件，主轴由电动机通过带传动，从而带动工件旋转。

(3) 工作台　工作台由上下两层组成，上工作台可相对下工作台旋转一定角度，以便磨削锥面。工作台上装有头架和尾座，用于安装工件。

(4) 内圆磨具　内圆磨具用于支承磨内孔的砂轮主轴。

(5) 砂轮架　砂轮架用于支承并传动高速旋转的砂轮主轴，可在床身后部的导轨上作横向移动，并可以在水平面内旋转一定的角度。

(6) 尾座　尾座用于和头架顶尖一起支承工件，可根据工件长度任意调整。

7.2.2　平面磨床

平面磨床主要用于磨削零件上的平面，由床身、工作台、磨头及砂轮修整器等组成。平面磨床与其他磨床不同的是工作台上安装有电磁吸盘或其他夹具，用于装夹零件。平面磨削的加工精度可达 IT6~IT5，两平面平行度小于 100：0.1，表面粗糙度 Ra 值为 0.4~0.2μm，精密磨削时，表面粗糙度 Ra 值可达 0.1~0.01μm。平面磨床的结构如图 7-3 所示。

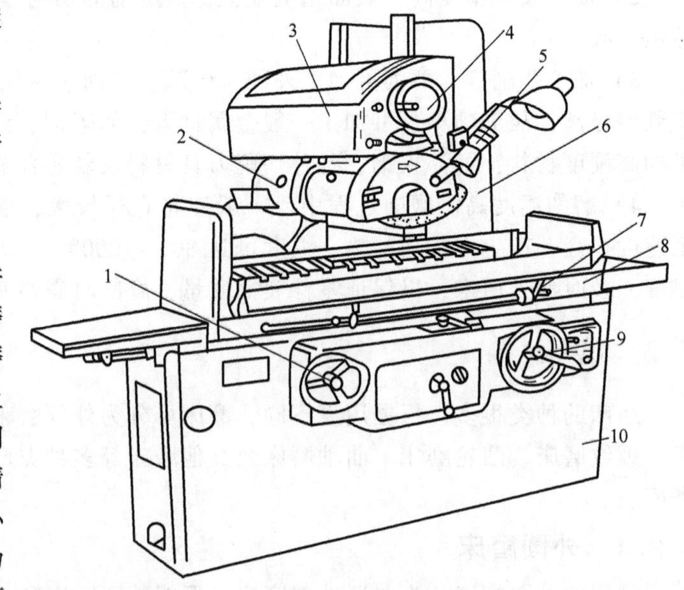

图 7-3　平面磨床

1—驱动工作台手轮　2—磨头　3—滑板　4—横向进给手轮　5—砂轮修整器　6—立柱　7—行程挡块　8—工作台　9—垂直进给手轮　10—床身

7.3　砂轮

砂轮是磨削中使用的切削工具。磨粒、结合剂和气孔是构成砂轮的三要素，如图 7-4 所示。

1. 砂轮的特性及选择

砂轮的特性主要受磨料、粒度、硬度、结合剂、组织、形状和尺寸等的影响。这些特性的差异，对磨削精度、表面粗糙度等有着重要影响。

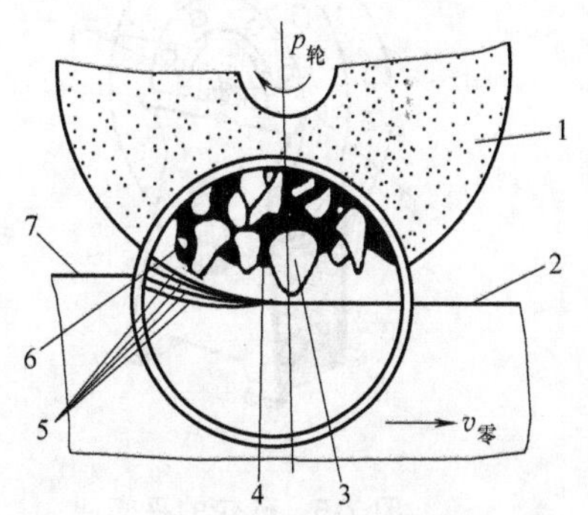

图 7-4　砂轮的组成

1— 砂轮　2—已加工表面　3—磨粒
4—结合剂　5—加工表面　6—气孔
7—待加工表面

磨料直接担负着切削工作，因此要求硬度高、耐热性好，还必须有锋利的棱边和一定的强度。常用磨料有刚玉类、碳化硅类和超硬磨料。

粒度是指磨粒颗粒的大小，分为磨粒和微粉两大类。按照颗粒的大小可分为 41 个号，粒度号越大，颗粒越小。一般粗颗粒用于软材料的磨削，细颗粒用于硬材料的磨削。

砂轮硬度是指砂轮上磨料在外力作用下脱落的难易程度，其取决于结合剂的结合能力及所占比例，与磨料硬度无关。磨粒在磨削过程中容易脱落表明砂轮硬度低，反之则表明砂轮硬度高。选取砂轮时可根据磨削工件的不同，选取不同的硬度。砂轮硬度选择原则有：①磨削硬材，选软砂轮，而磨削软材，选硬砂轮；②磨导热性差的材料，不易散热，选软砂轮以免工件烧伤；③砂轮与工件接触面积大时，选较软的砂轮；④成形磨精磨时，选硬砂轮，而粗磨时选较软的砂轮。大体上说，磨硬金属时，用软砂轮；磨软金属时，用硬砂轮。

结合剂在砂轮制造过程中，起黏结的作用。根据砂轮的不同用途，选用不同的结合剂。常用结合剂有陶瓷结合剂（代号 V）、树脂结合剂（代号 B）、橡胶结合剂（代号 R）和金属结合剂（代号 M）等。

组织是指砂轮中磨料、结合剂、气孔三者体积的比例关系，分为紧密、中等和疏松三类。砂轮组织号由磨料在磨具中所占的磨粒率确定，号数越小，组织越紧，气孔越少；号数越大，组织越松，气孔越多。

根据机床结构与磨削工件的需要，砂轮可制成各种形状和尺寸，常见的有圆柱形、圆锥形、碟形和双斜边形等。为方便选用，在砂轮的非工作表面上印有特性代号。

2. 砂轮的安装与平衡

砂轮因在高速下工作，安装时应首先检查外观有没有裂纹，如没有裂纹，再用木锤轻敲，如果在敲击过程中有嘶哑的声音，则禁止使用，更换砂轮。

为使砂轮工作平稳，对于大于 125mm 的砂轮在安装前必须做静平衡试验，如图 7-5 所示。转动砂轮，观察并做好标记，如果砂轮同一位置总是在下面，说明砂轮下端较重，不平衡。通过调整平衡铁，经反复平衡试验，直到砂轮可在任意位置都能静止，说明砂轮已保持平衡。

3. 砂轮的修整

砂轮一般都是通过金刚笔进行修整的，当砂轮工作一段时间后，磨粒会变钝，用金刚笔可去除磨钝的磨粒，以恢复砂轮的切削能力，如图 7-6 所示。注意修整时要使用大量冷却液降温，防止金刚笔损坏。

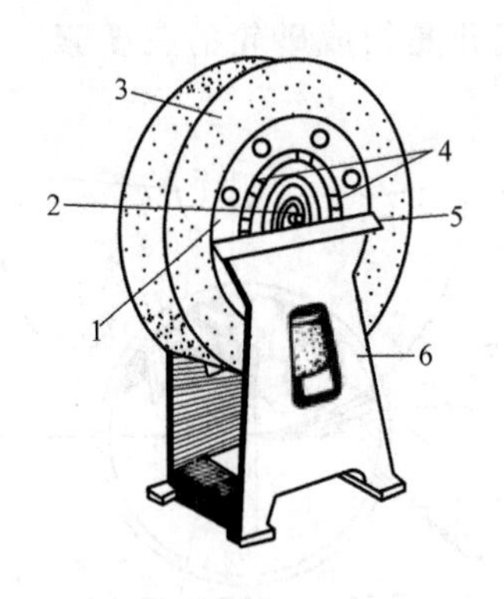

图 7-5　砂轮的平衡

1—砂轮套筒　2—心轴　3—砂轮
4—平衡铁　5—平衡轨道
6—平衡架

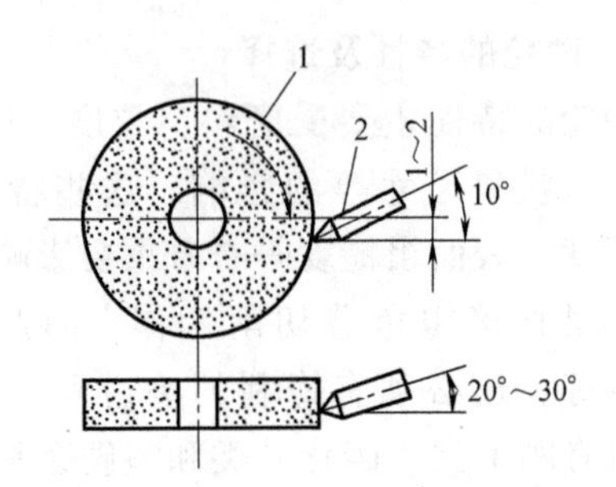

图 7-6　砂轮的修整

1—砂轮　2—金刚笔

7.4　磨削方法

由于磨削的加工精度高，表面粗糙度值小，能磨高硬脆的材料，因此应用十分广泛。现仅就内外圆柱面、内外圆锥面及平面的磨削工艺进行讨论。

7.4.1　外圆磨削

外圆磨削是一种基本的磨削方法，它适用于轴类及外圆锥零件的外表面磨削。在外圆磨床上磨削外圆常用的方法有纵磨法、横磨法和综合磨削法三种。

1. 纵磨法

如图 7-7 所示，磨削时，两端顶尖顶住轴类零件，砂轮作高速旋转运动，零件旋转并与工作台一起作往复直线运动，每当往复行程终了时，砂轮作周期性横向进给，每次进给量很小。当零件加工到接近最终尺寸时，采用无横向进给的几次光磨行程，直至火花消失，以提高零件的加工精度。纵磨法适用于轴类零件，由于加工效率低，适合单件长轴类零件或小批量生产。

2. 横磨法

如图 7-8 所示，横磨削时，一般砂轮的宽度大于零件的长度，砂轮一次性就可对工件整体进行磨削，零件旋转无纵向进给运动，而砂轮以很慢的速度连续或断续地向零件作横向进给。横磨法的特点是生产率高，但精度及表面质量较差。适合大批量生产，特别适合短轴类零件。

3. 综合磨削法

综合磨削法是采用纵磨法和横磨法组合式的磨削方法，这样既能提高生产效率，又能提高磨削精度，应用广泛。一般先用横磨法进行粗磨削，当剩下 0.01~0.03 mm 余量时，采用纵磨法磨削，如图 7-9 所示。

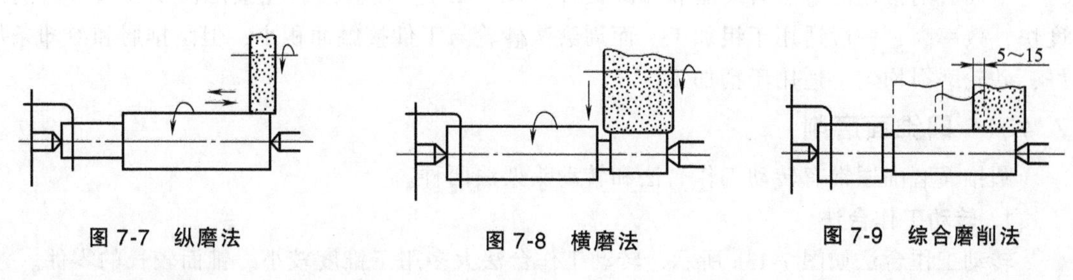

图 7-7 纵磨法　　图 7-8 横磨法　　图 7-9 综合磨削法

7.4.2 内圆磨削

内圆磨削时，砂轮和工件按反方向旋转作主运动和圆周进给运动，如图 7-10 所示。内圆磨削与外圆磨削相比，由于受内孔的限制，所以生产率低，常用于单件和小批量生产。对于大批量生产的孔精加工，则常采用拉孔或铰孔。

内圆磨削砂轮与工件的接触形式有两种，一是与零件孔的后面接触，如图 7-11a 所示；另一种是与零件孔的前面接触，如图 7-11b 所示。通常，在内圆磨床上磨孔，采用后面接触方式；而在万能外圆磨床上磨孔，应采用前面接触方式。

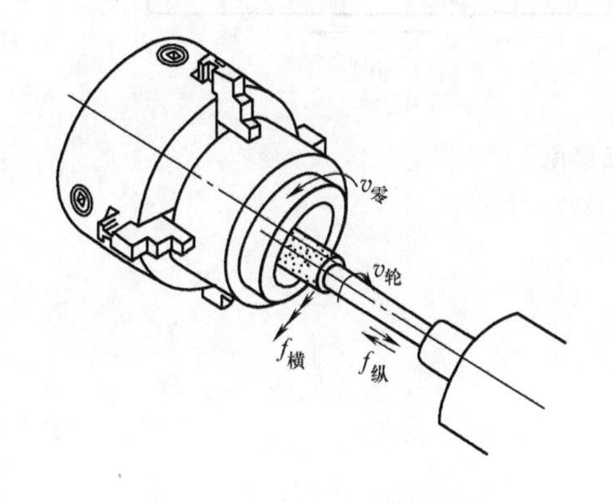

图 7-10 内圆磨削

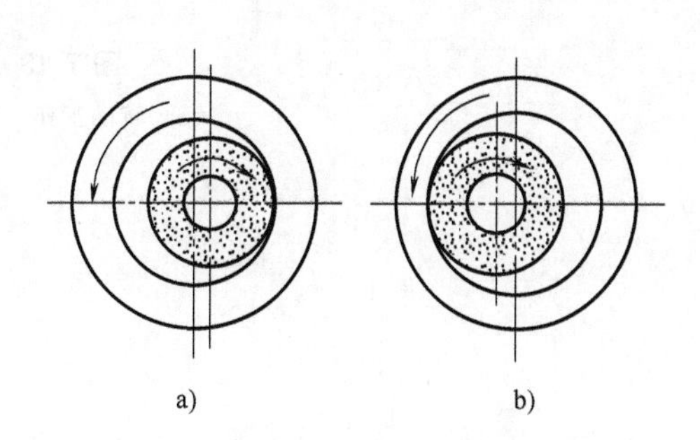

图 7-11 砂轮与零件的接触形式

a）与零件孔的后面接触　b）与零件孔的前面接触

7.4.3 平面磨削

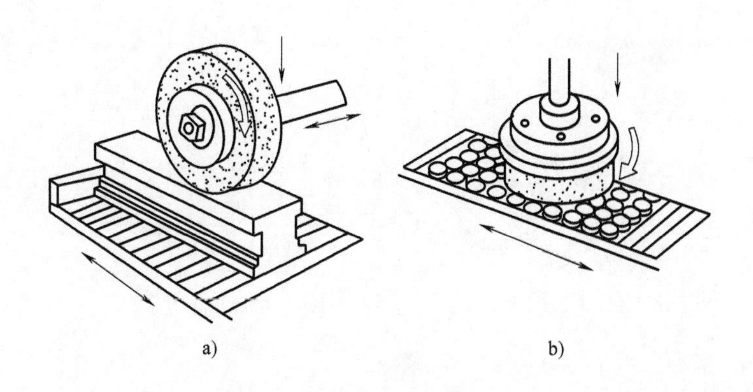

图 7-12 平面磨削方法

a）周磨　b）端磨

平面磨削常用的方法有周磨和端磨两种（图 7-12）。端磨法砂轮接触面积较大，磨削速度快，效率高，一般适用于粗加工。而周磨法砂轮与工件接触面积小，但是排屑和冷却条件好，砂轮磨损均匀，适用于精加工。

7.4.4 圆锥面磨削

圆锥面磨削通常有转动工作台法和转动头架法两种。

1. 转动工作台法

转动工作台法如图 7-13a 所示，转动工作台法大多用于锥度较小、锥面较长的零件。

2. 转动头架法

转动头架法如图 7-13b 所示，常用于锥度较大、锥面较短的内外圆锥面。

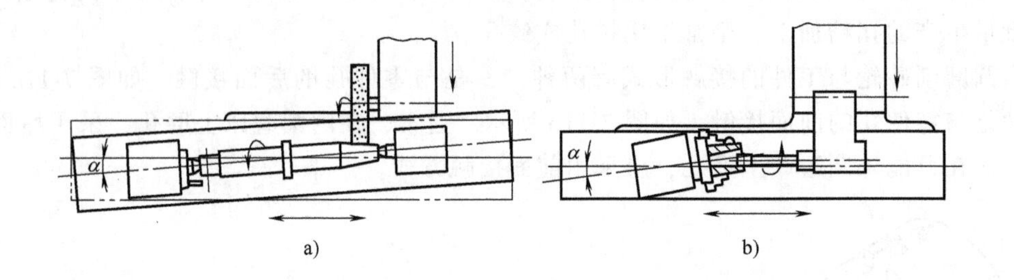

图 7-13 圆锥面磨削

a）转动工作台法 b）转动头架法

第8章

刨削加工

目的和要求

1. 了解刨削的工艺特点和应用范围。
2. 了解刨床刀具和工件的安装方法。
3. 掌握牛头刨床的基本操作方法。

安全操作规程

1. 操作刨床前穿好工作服，扣紧袖口，女同学发辫要塞入工作帽内，操作时严禁戴手套、系围巾。
2. 多人共同使用一台刨床操作时，只能一人操作，并注意他人安全。
3. 工件和刨刀必须装夹牢固，装夹工件的压板不得长于工作台。
4. 不准用手直接制动转动着的卡盘。
5. 开动刨床后。不许离开机床，不能开机测量工件，防止发生事故。
6. 工作台和滑枕的调整不能超过极限位置，以防止设备故障。
7. 刨床的床面或工件过长，应设防护栏。
8. 工件装卸时应注意毛刺割手。

8.1 刨削加工概述

1. 刨削加工的概念及特点

刨削加工是指在刨床上用刨刀作直线往复运动切削工件的加工方法，主要用于加工平面、斜面和沟槽等。在牛头刨床上加工时，刨刀的纵向往复直线运动为主运动，零件随工作台作横向间歇进给运动，如图8-1所示。

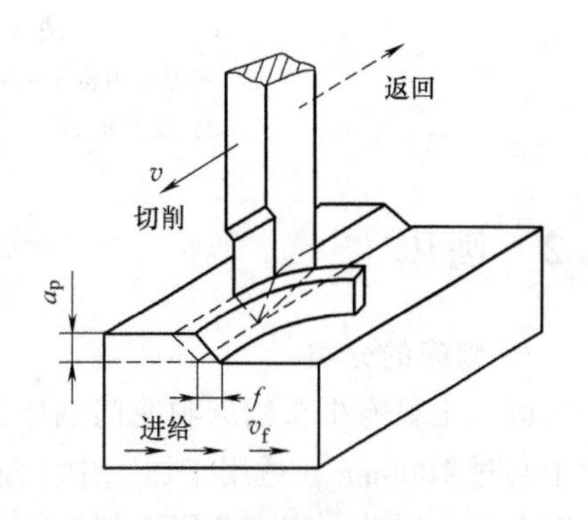

图 8-1 牛头刨床的刨削运动和切削用量

刨削加工具有以下特点：

1）生产率一般较低。刨削是不连续的切削过程，刀具切入、切出时切削力有突变，将引起冲击和振动，限制了刨削速度的提高。

2）单刃刨刀实际参加切削的长度有限，往往要经过多次行程才能加工出来，刨刀返回行程时不进行工作。

3）刨削生产率一般低于铣削，但对于狭长表面（如导轨面）的加工，以及在龙门刨床上进行多刀、多件加工时，其生产率可能高于铣削。

4）刨床结构比车床、铣床等简单，调整和操作方便；刨刀形状简单，和车刀相似，制造、刃磨和安装都较方便；刨削时一般不需要加切削液。

2. 刨削加工范围

刨削加工的尺寸精度一般为 IT9～IT8，表面粗糙度 *Ra* 值为 6.3～1.6μm，用宽刀精刨时，*Ra* 值可达 1.6μm。此外，刨削加工还可保证一定的相互位置精度，如面对面的平行度和垂直度等。刨削在单件、小批生产和修配工作中得到广泛应用，刨削主要用于加工各种平面（水平面、垂直面和斜面）、沟槽（直槽、T 形槽、燕尾槽等）等，如图 8-2 所示。

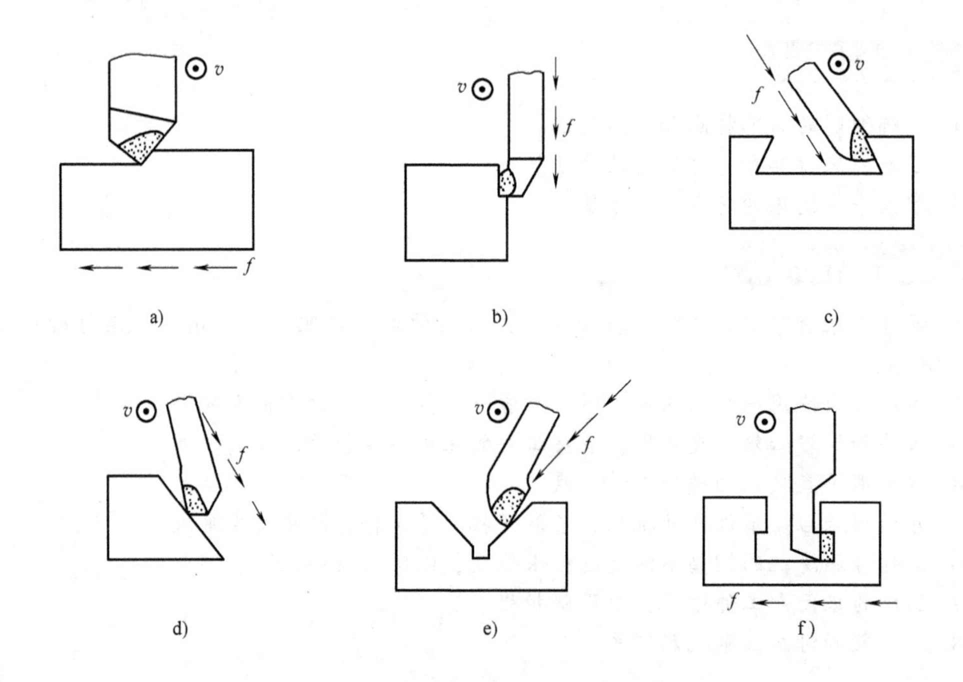

图 8-2　刨削加工的主要应用

a）平面刨刀刨平面　b）偏刀刨垂直面　c）角度偏刀刨燕尾槽
d）偏刀刨斜面　e）偏刀刨 V 形槽　f）弯切刀刨 T 形槽

8.2　刨床

1. 刨床的分类

刨床主要有牛头刨床和龙门刨床两种，常用的是牛头刨床。牛头刨床最大的刨削长度一般不超过 1000mm，适用于加工中小型零件。龙门刨床由于其刚性好，而且有 2～4 个刀架可同时工作，因此，它主要用于加工大型零件或同时加工多个中、小型零件，其加工精度和生产效率均比牛头刨床高。刨床上加工的典型零件如图 8-3 所示。

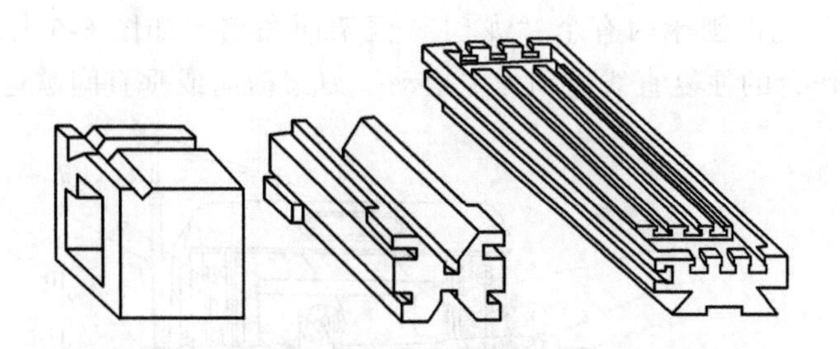

图 8-3 刨床上加工的典型零件

(1) 牛头刨床 B6065 型牛头刨床如图 8-4 所示。在型号 B6065 中：B 为机床类别代号，表示刨床；6 和 0 分别为机床组别和系别代号，表示牛头刨床；65 为主参数最大刨削长度的 1/10，即最大刨削长度为 650mm。

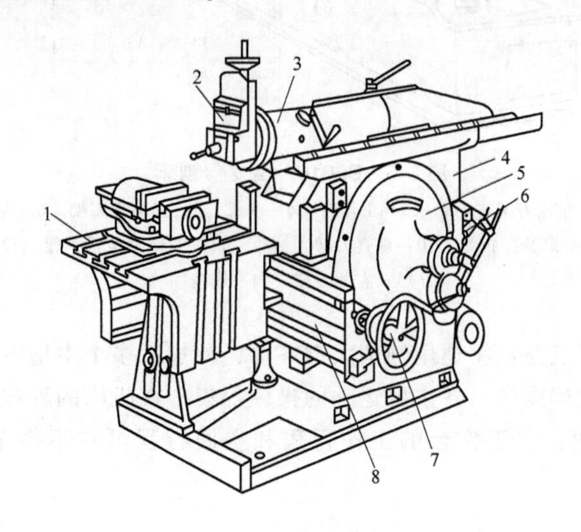

图 8-4 B6065 型牛头刨床

1—工作台 2—刀架 3—滑枕 4—床身 5—摆杆机构 6—变速机构 7—进给机构 8—横梁

B6065 型牛头刨床主要由床身、滑枕、刀架和工作台四部分组成。

1) 床身 床身用于支承和连接刨床各部件。其顶面导轨供滑枕作往复直线运动，侧面导轨带动工作台升降。床身内部有主运动变速机构和摆杆机构。

2) 滑枕 滑枕用于带动刀架沿床身水平导轨作往复直线运动。

3) 刀架 刀架用于夹持刨刀，其结构如图 8-5 所示。转动刀架手柄时，滑板可沿导轨上下移动，用于调整刨削深度；松开转盘上螺母时，可使转盘旋转一定角度，用于加工斜面。

4) 工作台 工作台用于装夹工件，可随横梁上下调整，也可沿横梁导轨作水平移动或间歇进给运动。

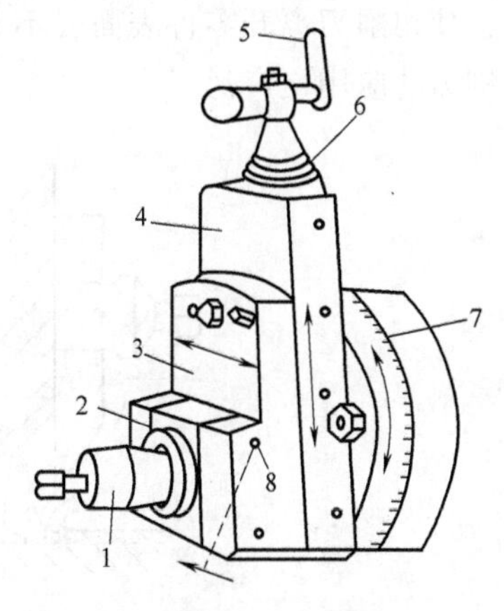

图 8-5 刀架

1—刀夹 2—抬刀板 3—刀座 4—滑板 5—手柄 6—刻度环 7—刻度转盘 8—销轴

（2）龙门刨床　龙门刨床因有个“龙门”框架而命名，如图 8-6 所示。在龙门刨床上加工时，零件随工作台的往复直线运动为主运动，刀架横向或垂直间歇运动为进给运动。

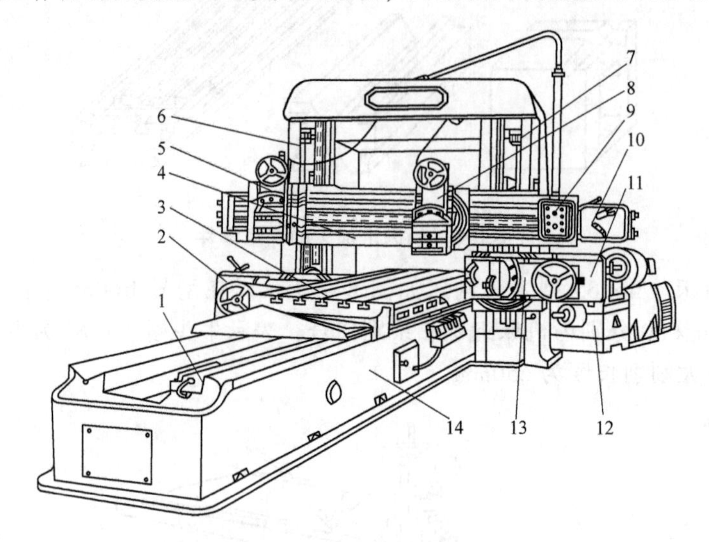

图 8-6　B2010A 型龙门刨床

1—液压安全器　2—左侧刀架进给箱　3—工作台　4—横梁　5—左垂直刀架　6—左立柱　7—右立柱　8—右垂直刀架　9—悬挂按钮站　10—垂直刀架进给箱　11—右侧刀架进给箱　12—工作台减速箱　13—右侧刀架　14—床身

龙门刨床的主要特点是：①适用刨削大型零件，或加工多个中型零件，零件长度可达几米、十几米；②自动化程度高，各主要运动的操纵都集中在机床的悬挂按钮站和电气柜的操纵台上，操纵十分方便；③工作台的工作行程和空回行程可在不停车的情况下实现无级变速。

2. 刨刀及其安装

（1）刨刀　刨刀的几何形状与车刀相似，按形状可分为直头刨刀和弯头刨刀两种，如图 8-7 所示。刨刀做成弯头是为了当刀具碰到零件表面上的硬点时，刀头能绕 O 点向后上方弹起，使切削刃离开零件表面，不会啃入零件已加工表面或损坏切削刃。因此，弯头刨刀比直头刨刀的应用更广泛。

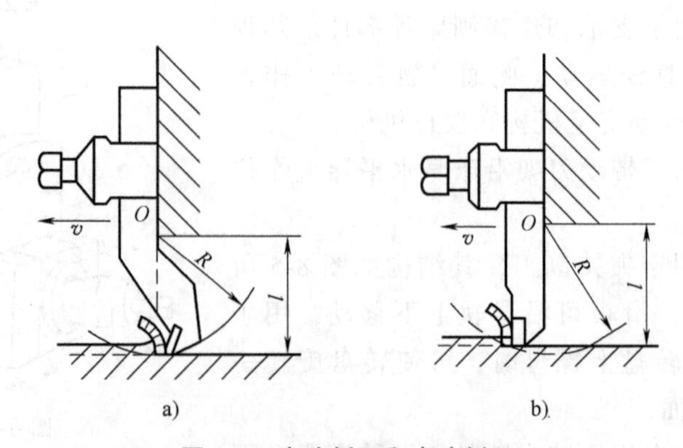

图 8-7　弯头刨刀和直头刨刀

a）弯头刨刀　b）直头刨刀

（2）刨刀的种类及应用 刨刀根据加工工件分为很多种，常见的有：平面刨刀、偏刀、角度偏刀、切刀和弯切刀等。平面刨刀用于加工水平面；偏刀用于加工垂直面、台阶面和斜面；角度偏刀用于加工角度和燕尾槽；切刀用于切断或刨沟槽；弯切刀用于加工T形槽及侧面上的槽。

（3）刨刀的安装 安装刨刀时，将转盘对准零线，以便准确控制背吃刀量，刀头在刀架上不能伸出太长，以免发生振动和折断。直头刨刀伸出长度一般为刀杆厚度的1.5~2倍，弯头刨刀以弯曲部分不碰刀座为宜。装刀或卸刀时，一只手扶住刨刀，另一只手从上向下或倾斜向下扳动刀夹螺栓，夹紧或松开刨刀。

（4）工件的安装 在刨床上装夹工件的方法一般有机床用平口钳装夹工件和在工作台上装夹工件两种。

用平口钳装夹工件时需要校正平口钳的钳口与行程方向平行或垂直。有时还要检查平口钳本身的精度，才能保证工件的加工精度。

在工作台上装夹工件之前，必须清除其上的所有杂质。工件应沿机床工作台纵向装夹，并尽可能使它位于工作台中央，这样既能提高工作效率，又能保证工件的加工精度。

8.3 刨削基本操作

1. 刨平面

刨削水平面的顺序如下：

1）用平口钳装夹工件，先把平口钳装夹在工作台上，再把工件装夹在平口钳上。

2）选用平面刨刀，将刨刀安装在刀架上。

3）根据工件长度和位置调整滑枕的行程长度和起始位置。

4）开车对刀，调整工作台高度，使刀尖轻微接触零件表面，观察切削位置是否合适。取背吃刀量 α_p 为1~1.5mm，试切后停车测量尺寸，调整背吃刀量再自动刨削。先粗刨，粗刨时留有0.3~0.5mm的精刨余量。精刨时，背吃刀量和进给量应小些，切削速度应适当高些。

5）检验。刨削完成后，测量工件是否合格。

2. 刨垂直面和斜面

刨垂直面采用偏刀刨削，使刀具的伸出长度大于整个刨削面的高度。调整刀架转盘对准零线，以使刨刀沿垂直方向移动。刀座必须偏转10°~15°，以使刨刀在返回行程时离开零件表面，减少刀具的磨损，避免零件已加工表面被划伤，如图8-8所示。

刨斜面与刨垂直面基本相同，只是刀架转盘必须按零件所需加工的斜面扳转一定角度，以使刨刀沿斜面方向移动。如图8-9所示，采用偏刀或样板刀，转动刀架手柄进行进给，可以刨削左侧或右侧斜面。

3. 刨沟槽

（1）刨直槽 刨直槽时用切刀以完成垂直进给，如图8-10所示。

（2）刨V形槽 先画出V形槽的加工线，分粗精加工刨削顶面，用直角刀在工件中央刨削直角槽，最后倾斜刀架用偏刀刨削出V形槽两侧面，如图8-11所示。

（3）刨燕尾槽 刨燕尾槽与刨V形槽相似，但刨侧面时必须用角度偏刀，如图8-12所示。

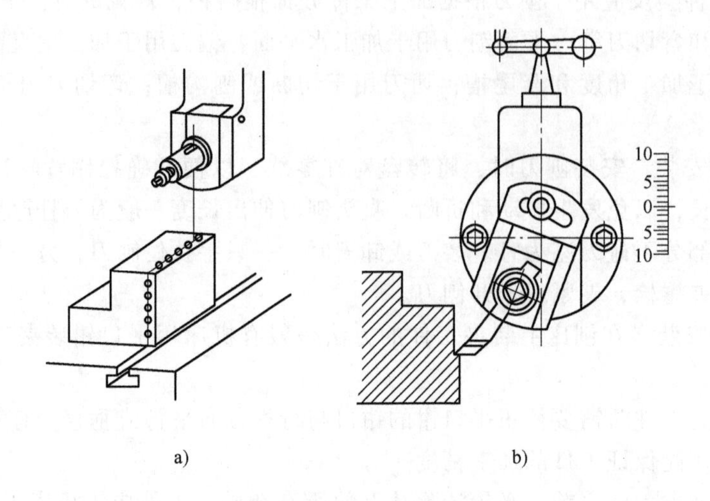

图 8-8　刨垂直面

a）按划线找正　b）调整刀架垂直进给

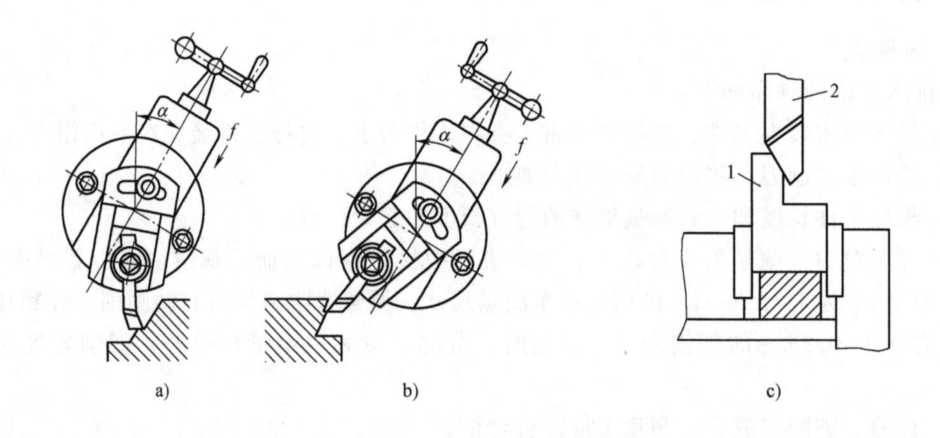

图 8-9　刨斜面

a）刨左侧斜面　b）刨右侧斜面　c）用样板刀刨斜面

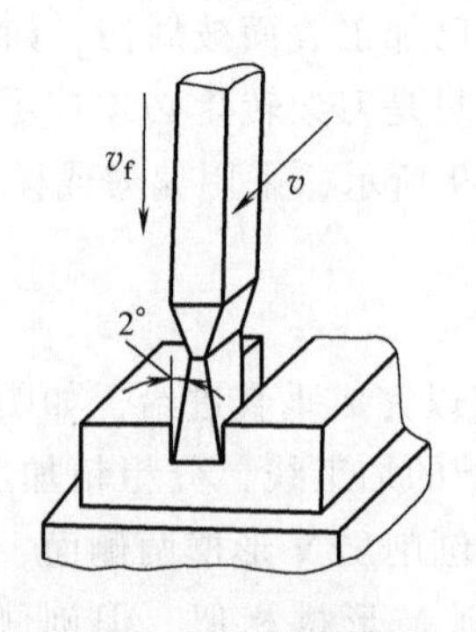

图 8-10　刨直槽

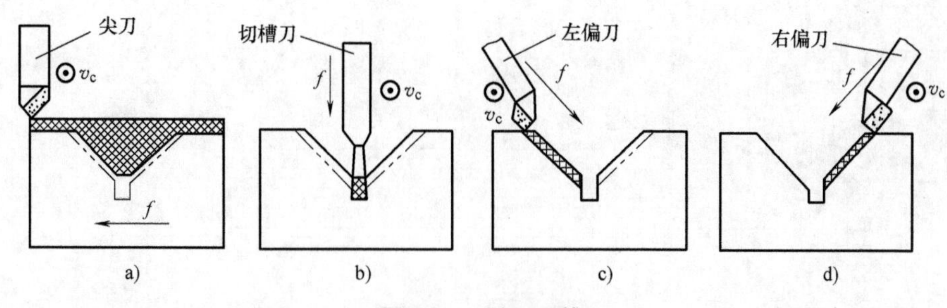

图 8-11　刨 V 形槽

a）刨平面　b）刨直角槽　c）刨左斜面　d）刨右斜面

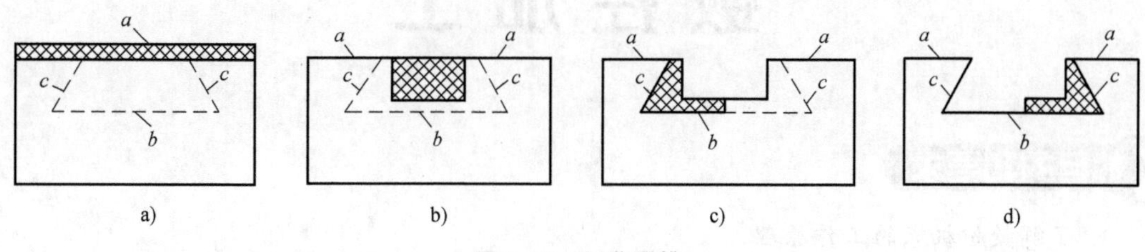

图 8-12　刨燕尾槽

a）刨平面　b）刨直槽　c）刨左燕尾槽　d）刨右燕尾槽

数控加工

目的和要求

1. 了解数控机床的工作原理。
2. 了解数控机床的加工特点。
3. 掌握简单零件的数控编程方法。
4. 掌握使用数控机床加工简单零件的方法。

安全操作规程

1. 操作数控机床前穿好工作服，扣紧袖口，女同学发辫要塞入工作帽内，操作时严禁带手套，系围巾。

2. 工作时，头部禁止与工件靠的太近，以防止铁屑飞入眼睛，加工时应关上防护门。

3. 在机床上进行上下工件与刀具、紧固、变速及测量工件等工作时，必须停车。

4. 机床出现超行程时，必须请教指导人员，严禁在情况不明时强行“复位”。

5. 工作台上不得放置工、量具及其他物件，程序运行完毕返回“临时原点”，防止废品的产生。

6. 取卸工件时，必须停车移开刀具后进行。

7. 严禁用手摸或棉纱擦拭正在转动的刀具和机床传动部位。清除铁屑时，只允许使用毛刷。

8. 拆装较重的工件时应采用专门起重设备，台面垫木板，禁止用手托刀盘。

9. 遇到紧急情况应按下“应急”按钮，同时报告指导人员，待正确处理以后，方能继续操作。

10. 操作结束后，将车床擦拭干净，各部位加润滑油，清扫工作场地。

9.1 数控机床概述

1. 数控机床的概念及特点

数控机床是数字控制机床的简称，是一种装有程序控制系统的自动化机床。数控装置内的计算机对通过输入装置以数字和字符编码方式所记录的信息进行一系列处理后，再通过伺服系统及可编程序控制器向机床主轴及进给等执行机构发出指令，机床主体则按照这些指令，并在检测反馈装置的配合下，对工件加工所需的各种动作，如刀具相对工件的运动轨迹、位移量和进给速度等各项要求实现自动控制，从而完成工件的加工。

与传统机床相比，数控机床具有加工精度高，生产效率高，更容易加工形状复杂的零件等优点，从而可以减轻劳动强度，改善工作条件，但是其对操作人员技术要求比较高。

2. 数控机床的组成

数控机床由程序编制、输入装置、数控装置（CNC）、伺服驱动及位置检测、辅助控制装置、机床本体等几部分组成，如图 9-1 所示。

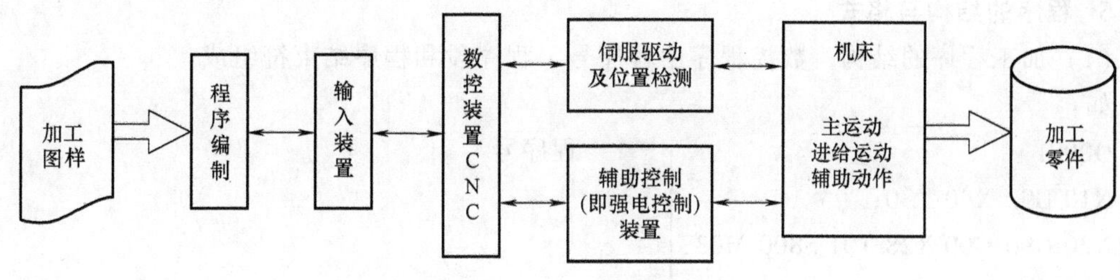

图 9-1　数控机床的组成

3. 数控系统简介

数控系统是数控机床的核心部分，是整个数控机床的运算中心和控制中心，用于处理输入系统中的特定代码程序，并将其译码，从而使机床运动并加工工件的程序系统。其性能的好坏直接决定数控机床的整体性能。

市面上比较常见的有 FANUC 数控系统、西门子数控系统、华中数控系统和广州 GSK 数控系统等。日本 FANUC 公司的数控系统具有高质量、高性能、全功能，适用于各种机床和生产机械的特点，市场占有率特别大，是当今使用最广泛的数控机床系统之一。这里主要介绍 FANUC 数控系统。

FANUC 数控机床具有以下特点：

1）系统在设计中大量采用模块化结构，各控制板高度集成，易于拆装和维修。

2）采用专用 LSI（半导体和软件供应商），以提高集成度、可靠性，减小体积和降低成本。

3）产品应用范围广。每一个 CNC 装置上可配多种上控制软件，适用于多种机床。

4）不断采用新工艺、新技术，如 SMT（表面安装技术）、多层印制电路板、光导纤维电缆等。

5）CNC 装置体积减小，采用面板装配式、内装式 PMC（可编程机床控制器）。

6）在插补、加减速成、补偿、自动编程、图形显示、通信、控制和诊断方面不断增加新的功能。

7）CNC 装置面向用户开放的功能，以用户特订宏程序、MMC 等功能来实现。

4. 编程方法

数控编程的方法目前有两种，即手工编程和计算机辅助编程。

（1）手工编程　手工编程是指编制零件数控加工程序的各个步骤，即从零件图样分析、工艺决策、确定加工路线和工艺参数、计算刀位轨迹坐标数据、编写零件的数控加工程序单直至程序检验，均由人工来完成。对于点位加工或几何形状不太复杂的轮廓加工，几何计算较简单，程序段不多，手工编程即可实现。如简单阶梯轴的车削加工，一般不需要复杂的坐标计算，往往可以由技术人员根据工序图样数据，直接编写数控加工程序。但对轮廓形状不是由简单的直线、圆弧组成的复杂零件，特别是空间复杂曲面零件，数值计算则相当繁琐，工作量大，容易出错，且很难校对，采用手工编程难以完成。

（2）计算机辅助编程　计算机辅助编程借助于计算机来辅助编程，也称自动编程。自动编程分为数控语言编程和图形交互式编程。计算机辅助编程特别适用于复杂零件和曲面零件的加工，目前应用比较广泛。

5. 程序的结构与格式

（1）加工程序的结构　数控程序由程序号、程序段和程序结束符组成。

如：

```
O0001                              程序号
N10 G92 X40 Y30;                   ┐
N20 G90 G00 X28 T01 S800 M03;      │
N30 G01 X-8 Y8 F200;               │
N40 X0 Y0;                         ├ 程序内容
N50 X28 Y30;                       │
N60 G00 X40;                       ┘
N70 M02;                           程序结束符
```

1）程序号。在程序的开头要有程序号，以便进行程序检索。程序号就是给零件加工程序一个编号，并说明该零件加工程序开始。如 FUNUC 数控系统中，一般采用英文字母 O 及其后 4 位十进制数表示（“O××××”），4 位数中若前面为 0，则可以省略，如“O0101”等效于“O101”。而其他系统有时也采用符号“%”或“P”及其后 4 位十进制数表示程序号。

2）程序内容。程序内容部分是整个程序的核心，它由许多程序段组成，每个程序段由一个或多个指令构成，它表示数控机床要完成的全部动作。

3）程序结束符。程序结束是以程序结束指令 M02、M30 或 M99（子程序结束），作为程序结束的符号，用来结束零件加工。

（2）程序段格式　零件的加工程序是由许多程序段组成的。每个程序段由程序段号、若干个数据字和程序段结束字符组成。每个数据字是控制系统的具体指令，它是由地址符、特殊文字和数字集合而成，它代表机床的一个位置或一个动作。程序段格式是指一个程序段中字、字符和数据的书写规则。目前国内外广泛采用的是使用地址符可变程序段格式。

常见的使用地址符的可变程序段格式见表 9-1。

6. 数控机床常用的指令及用法

数控机床常用的功能指令有准备功能 G、辅助功能 M、刀具功能 T、主轴转速 S 和进给速度 F。标准 M 指令代码及功能含义见表 9-2，其中“＊”代表模态指令，“#”代表特殊用途，非模态不标记。准备功能 G 代码，见表 9-3，“#”代表特殊用途，非模态不标记，a、b、c、d 等符号为同一组续效性代码。

表 9-1 常见地址符

功能	代码	备注
程序号	O	程序号
程序段序号	N	顺序号
准备功能	G	定义运动方式
坐标地址	X、Y、Z	轴向运动指令
	A、B、C、U、V、W	附加轴运动指令
	R	圆弧半径
	I、J、K	圆心坐标
进给速度	F	定义进给速度
主轴转速	S	定义主轴转速
刀具功能	T	定义刀具号
辅助功能	M	机床的辅助动作
偏置号	H、D	偏置号
子程序号	P	子程序号
重复次数	L	子程序的循环次数
参数	P、Q、R	固定循环次数
暂停	P、X	暂停时间

表 9-2 M 指令代码

M 代码	模态	功能	M 代码	模态	功能
M00		程序停止	M36	*	进给范围 1
M01		计划停止	M37	*	进给范围 2
M02		程序结束	M38	*	主轴速度范围 1
M03	*	主轴顺时针方向	M39	#	主轴速度范围 2
M04	*	主轴逆时针方向	M40~M45	#	如有需要作为齿轮换档,此外不指定
M05	*	主轴停止	M46~M47	#	不指定
M06		换刀	M48	*	注销 M49
M07	*	2 号冷却液开	M49	*	进给率修正旁路
M08	*	1 号冷却液开	M50	*	3 号切削液开
M09	*	冷却液关	M51	*	4 号切削液开
M10	*	夹紧	M52~M54	#	不指定
M11	*	松开	M55	*	刀具直线位移,位置 1
M12	#	不指定	M56	*	刀具直线位移,位置 2
M13	*	主轴顺时针方向,切削液开	M57~M59	#	不指定
M14	*	主轴逆时针方向,切削液开	M60		更换工件
M15		正运动	M61	*	工件直线位移,位置 1
M16		负运动	M62	*	工件直线位移,位置 2
M17~M18	#	不指定	M63~M70	#	不指定
M19	*	主轴定向停止	M71	*	工件角度位移,位置 1
M20~M29	#	永不指定	M72	*	工件角度位移,位置 2
M30		纸袋结束	M73~M89	#	不指定
M31		互锁旁路	M90~M99	#	永不指定
M32~M35	#	不指定			

表 9-3 G 指令代码

代码	模态	功能	代码	模态	功能
G00	a	点定位	G50	#(d)	刀具偏置 0/-
G01	a	直线插补	G51	#(d)	刀具偏置+/0
G02	a	顺时针圆弧插补	G52	#(d)	刀具偏置-/0
G03	a	逆时针圆弧插补	G53	f	直线偏移,注销
G04		暂停	G54	f	直线偏移 *X*
G05	#	不指定	G55	f	直线偏移 Y
G06	a	抛物线插补	G56	f	直线偏移 *Z*
G07	#	不指定	G57	f	直线偏移 *XY*
G08		加速	G58	f	直线偏移 *XZ*
G09		减速	G59	f	直线偏移 *YZ*
G10~G16	#	不指定	G60	h	精准定位 1(精)
G17	c	*XY* 平面选择	G61	h	精准定位 2(中)
G18	c	*ZX* 平面选择	G62	h	快速定位(粗)
G19	c	*YZ* 平面选择	G63		攻丝
G20~G32	#	不指定	G64~G67	#	不指定
G33	a	螺纹切削,等螺距	G68	#(d)	刀具偏置,内角
G34	a	螺纹切削,增螺距	G69	#(d)	刀具偏置,外角
G35	a	螺纹切削,减螺距	G70~G79	#	不指定
G36~G39	#	永不指定	G80	e	固定循环注销
G40	d	刀具补偿/刀具偏置注销	G81~G89	e	固定循环
G41	d	刀具补偿—左	G90	j	绝对尺寸
G42	d	刀具补偿—右	G91	j	增量尺寸
G43	#(d)	刀具补偿—正	G92		预置寄存
G44	#(d)	刀具补偿—负	G93	k	时间倒数,进给率
G45	#(d)	刀具偏置+/+	G94	k	每分钟进给
G46	#(d)	刀具偏置+/-	G95	k	主轴每转进给
G47	#(d)	刀具偏置-/-	G96	l	恒线速度
G48	#(d)	刀具偏置-/+	G97	l	每分钟转速(主轴)
G49	#(d)	刀具偏置 0/+	G98~G99	#	不指定

9.2 数控车削加工

9.2.1 数控车床加工概念

数控车床是指用计算机数字控制的车床，主要用于轴类和盘类等回转体零件的加工，通过输入程序，自动完成内外圆柱面、螺纹、切槽和曲面等的加工，减少人为操作产生的误差，并能自动检测和误差补偿。数控车床加工效率高，精度稳定性好，劳动强度低，特别适合复杂零件、高精度零件和小批量生产零件的加工。

9.2.2 数控车床常用指令的用法

1. 快速定位指令 G00

指令格式：G00 X（U）_ Z（W）_ ；

刀具相对工件以各轴设定的速度，快速移动到目标点，不能用于切削加工。

2. 直线插补指令 G01

指令格式：G01 X（U）_ Z（W）_ F_ ；

刀具按照直线插补方式移动到坐标位置，指令中 F 为进给速度，一般用于切削加工。

3. 圆弧插补指令 G02、G03

前置刀架 G02 逆时针圆弧差补，G03 顺时针圆弧差补；后置刀架 G02 顺时针圆弧差补，G03 逆时针圆弧差补，如图 9-2 所示。

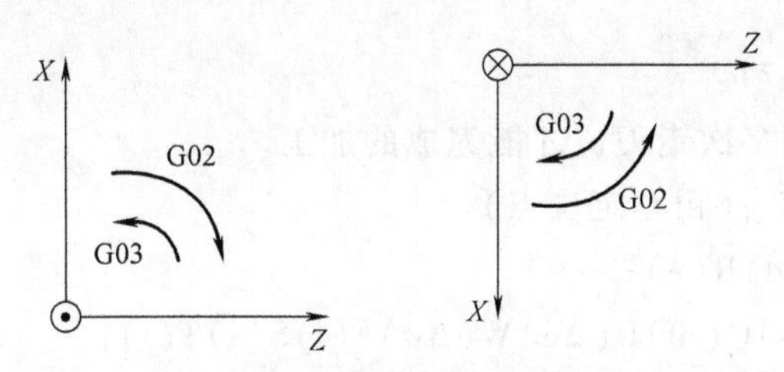

图 9-2 圆弧插补 G02、G03

4. 暂停功能指令 G04

指令格式：G04 X2 或 G04 P2000

加工运动暂停，时间到后继续加工，指令中 2 或 2000 表示 2s，一般用于阶梯孔、切槽、不通孔等的切削加工。

5. 绝对和相对坐标 G90、G91

G90 为刀具对于工件坐标系的绝对坐标（以编程零点为基准）；G91 为刀具对于上一个位置的移动增量（以前一个坐标位置计算）。

6. 主轴转速 S 功能

指令格式：S_ ；

指令中 S 后面的数字表示主轴转速。

7. 最高限速 G50

指令格式：G50 S_ ；

指令中 S 后面的数字表示最高转速（r/min）。

8. 恒线速控制 G96

指令格式：G96 S_ ；

指令中 S 后面的数字表示恒定的线速度（m/min）。

9. 恒线速取消 G97

指令格式：G97 S_ ；

指令中 S 后面的数字表示恒线速度控制取消后的转速。

10. 每转进给量 G95

指令格式：G95 F_ ；

指令中 F 后面的数字表示每转进给量，单位 mm/r。

11. 每分钟进给量 G94

指令格式：G94 F_ ；

指令中 F 后面的数字表示每分钟进给量。

12. 螺纹切削固定循环指令 G92

指令格式：G92 X （U） _ Z （W） _ I_ F_ ；

指令中 X、Z 为螺纹切削的终点绝对坐标值；U、W 为螺纹切削终点相对循环起点的坐标值；I 为螺纹切削起点与终点的半径之差。加工圆柱螺纹，I=0；加工圆锥螺纹，当 *X* 向切削起始点坐标小于切削终点坐标时，I 为负，反之为正；F 为螺纹导程。

经验公式：螺纹大径=公称直径 $D-0.1P$；螺纹小径=公称直径 $D-1.3P$（式中 P 为螺纹螺距）。

13. 外圆粗切循环 G71

G71 适用于外圆柱面多次走刀，才能完成的加工。

指令格式：G00 X_ Z_;（粗车定位点）
G71 U(Δd)R(e);
G71 P(ns)Q(nf)U(Δu)W(Δw)F(f)S(s)T(t);
G00 X_;（精车定位点）

指令中，Δd 为背吃刀量；e 为退刀量；ns 为精加工循环起始段号；nf 为精加工循环结束段号；Δu 为 *X* 轴精加工余量；Δw 为 *Z* 轴精加工余量；f、s、t 分别为 F、S、T 代码。

14. 端面粗切循环 G72

端面粗切循环是一种复合固定循环，适用于 *Z* 向余量小，*X* 向余量大的棒料加工。

指令格式：G00 X_ Z_;（粗车定位点）
G72U(Δd)R(e);
G72 P(ns)Q(nf)U(Δu)W(Δw)F(f)S(s)T(t);
G00 Z_;（精车定位点）

指令中，Δd 为背吃刀量；e 为退刀量；ns 为精加工循环起始段号；nf 为精加工循环结束段号；Δu 为 *X* 轴精加工余量；Δw 为 *Z* 轴精加工余量；f、s、t 分别为 F、S、T 代码。

15. 粗车固定循环 G73

G73 适用于已铸造或锻造成形的工件，适用于仿形加工。

指令格式：G00 X_ Z_;（粗车定位点）
G73U(i)W(k)R(d);
G73 P(ns)Q(nf)U(Δu)W(Δw)F(f)S(s)T(t);
G00 X_Z_;（精车定位点）

指令中，i 为 *X* 轴方向总退刀量；k 为 *Z* 轴方向总退刀量（半径值）；d 为重复加工次数；ns 为精加工循环起始段号；nf 为精加工循环结束段号；Δu 为 *X* 轴精加工余量；Δw 为 *Z* 轴精加工余量；f、s、t 分别为 F、S、T 代码。

注意：G71~G73 中，ns~nf 程序段中的 F、S、T 功能，被指定也对粗车循环无效。

16. 精加工循环 G70

G71~G73 粗加工完成后，用 G70 精加工。

指令格式：G70 P(ns)Q(nf)；

指令中 ns 为精加工循环起始段号；nf 为精加工循环结束段号。

9.2.3　数控车床的原点

1. 车床原点

数控车床原点就是主轴旋转中心与卡盘后的主轴端面的交点，如图 9-3 所示。

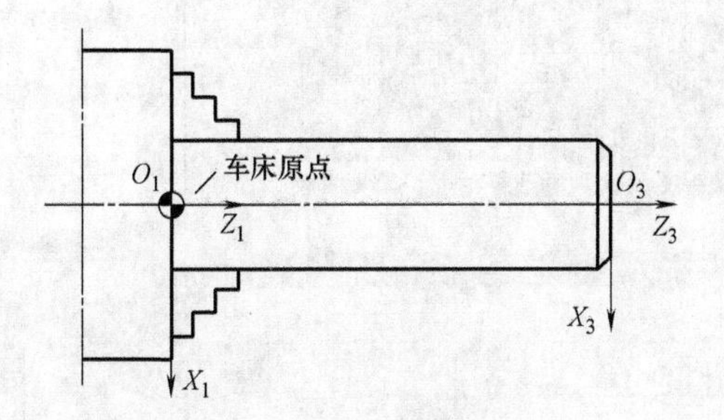

图 9-3　车床原点

2. 工件原点

工件原点即编程原点，应选在工件的旋转中心上，可以选择在工件左端面或右端面，通常为了加工和计算方便，我们选择工件右端面与主轴回转中心交点，因为一般情况下，车刀从右端面向左端面进行加工，如图 9-4 所示。

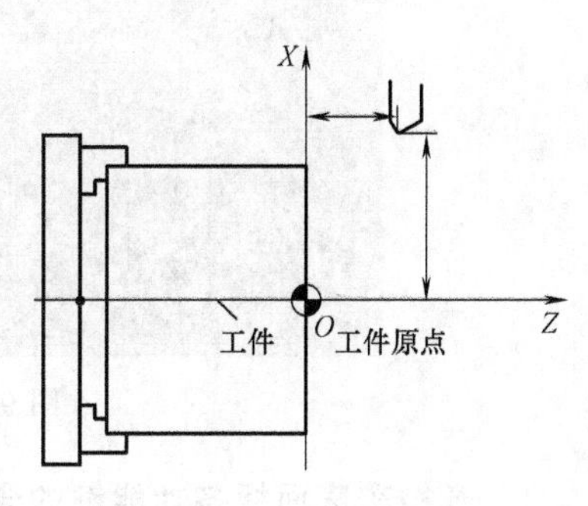

图 9-4　工件原点

9.2.4　工件坐标系

工件坐标系分为前置刀架坐标系和后置刀架坐标系，当刀具靠近工作者一侧时为前置，远离工作者一侧时为后置，如图 9-5 所示。

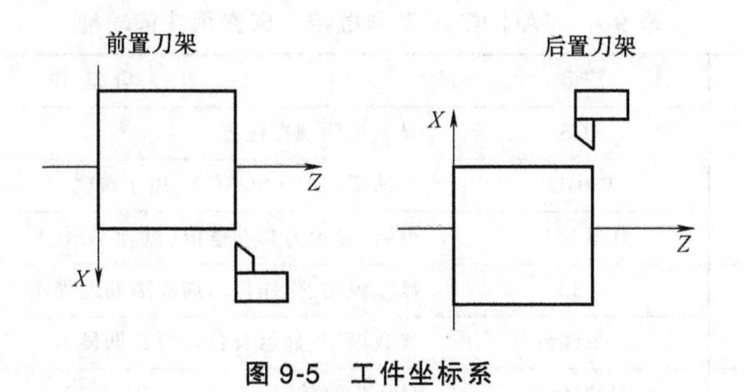

图 9-5　工件坐标系

9.3　数控车床操作

1. 数控车床控制面板

FANUC 数控车床控制面板由一个显示器和一个 MDI 键盘构成。FANUC 数控车床控制面板因系列、厂家、规格等的不同，面板也稍有区别。以沈阳机床厂 CAK3665di 数控车床为例，FANUC 数控系统控制面板如图 9-6 所示。

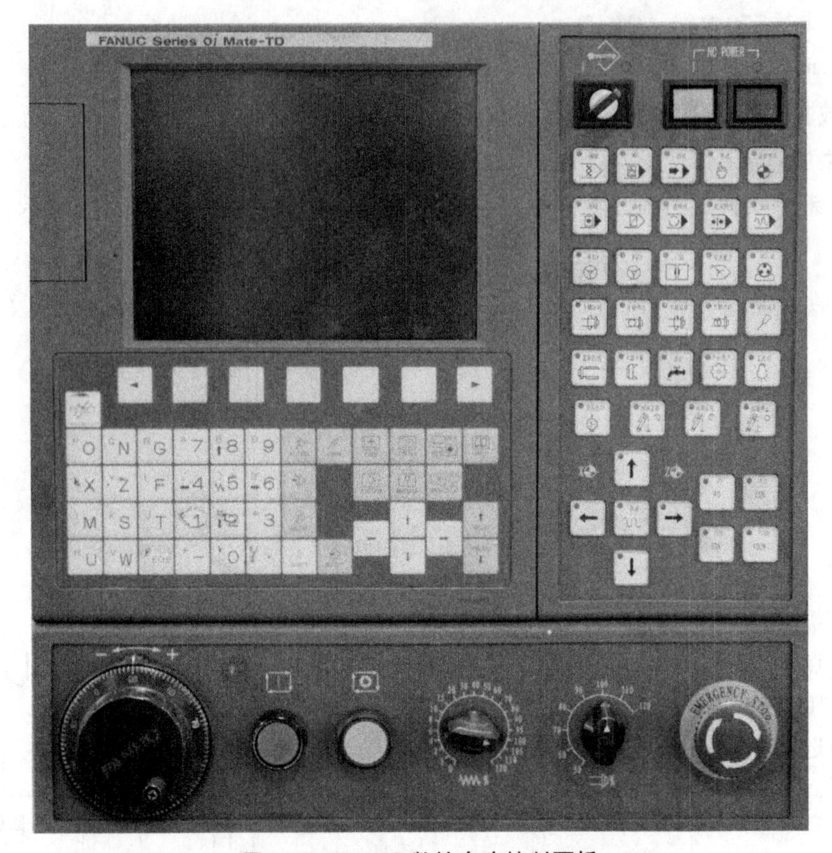

图 9-6　FANUC 数控车床控制面板

2. 数控车床面板各功能键的含义

以沈阳机床厂 CAK3665di 数控车床为例，FANUC 0i 系列数控车床控制面板各功能常用按键见表 9-4。

表 9-4　FANUC 0i 系列数控车床常用按键功能

序号	功能名称	按键	功 能 说 明
1	坐标显示键	POS	显示机床现在位置
2	程序键	PROG	在编辑(EDIT)模式下，用于编辑、显示程序
3	偏置显示键	OFS SET	设定、显示刀具补偿值(磨耗、形状)
4	帮助键	HELP	操作说明、操作提示或故障处理提示
5	系统参数键	SYSTEM	参数设定、显示及自诊断数据显示
6	报警显示键	MESSAGE	显示报警信息
7	图像显示键	CSTM GRPH	图像显示放大、缩小
8	复位键	RESET	用于机床复位及消除机床报警
9	数字字母按键	A～Z/0～9	输入程序
	程序段结束符	EOB	每一行结束加 EOB
10	切换键	SHIFT	切换字母数字键
11	替换键	ALTER	程序或字符更换

（续）

序号	功能名称	按键	功能说明
12	插入键	INSERT	程序或字符插入
13	输入建	INPUT	可输入参数、补偿值
14	取消键	CAN	退格取消键，可删除输入区一个字符
15	删除键	DELETE	删除存储区字符键或整行
16	翻页键	PAGE ↑	向前翻页
		PAGE ↓	向后翻页
17	光标移动键	↑	光标向上移动
		↓	光标向下移动
		←	光标向左移动
		→	光标向右移动
18	手动功能	软键	（显示器下方有5个键）显示当前屏幕上对应的位置
19	系统电源键（POWER）	绿色：启动	机床开机、给系统通电
		红色：停止	机床关机、给系统断电
20	循环键	绿色：循环启动	自动运行启动
		橙色：循环停止	暂停进给，按循环启动键后可以恢复自动运行
21	工作方式	自动（AUTO）	按程序运行自动加工
		编辑（EDIT）	对程序、刀具参数等进行编辑
		MDI	MDI方式，即手动输入数据、指令方式
		手动（JOG）	点动方式，手动控制机床进给
		手摇（HANDLE）	手轮 X，手轮 Z 方式，控制刀架移动
22	主轴功能	主轴正转（SPINDLE CW）	主轴正转
		主轴停止（SPINDLE STOP）	停止转动
		主轴反转（SPINDLE CCW）	主轴反转
23	操作选择	回参考点（REF）	机床返回参考点
		单段（SINGLE BLOCK）	自动运行方式下，执行一行程序后自动停止
		跳步（BLOCK SKIP）	程序开头有“/”符号的程序段被跳过
		空运行（DRY RUN）	机床锁住和空运行，程序空跑一次，可以看到走刀轨迹，图形校验程序是否编写正确，减少撞刀的可能性
		机床锁住（M. S. T LOCK）	与空运行同时使用
		中心架	用于加工长轴类
		选择停（ACTIVATE M01）	所加工的程序遇到M01指令，自动停止执行

（续）

序号	功能名称	按键	功能说明
24	急停按钮	红色急停按钮	出现异常情况时按下此键机床立即停止工作
25	速度变化	×1	手轮摇转动一个刻度，移动 0.001mm
		×10	手轮摇转动一个刻度，移动 0.01mm
		×100	手轮摇转动一个刻度，移动 0.1mm
		×1000	手轮摇转动一个刻度，移动 1mm
26	（前置刀架）轴移动	↑X	沿 *X* 轴负向移动，刀具沿纵向接近工件
		↓X	沿 *X* 轴正向移动，刀具沿纵向远离工件
		←Z	沿 *Z* 轴负向移动，刀具沿横向接近工件
		→Z	沿 *Z* 轴正向移动，刀具沿横向远离工件
		快速走刀	沿所选轴快速移动
27	辅助功能	门锁	门锁
		程序重启	机床突然停电程序加工一半停止，使用该功能，按复位键
		主轴点动	按一下动一下
		导轨润滑	自动导轨润滑
		套筒进退	在一定行程内实现
		冷却	打开冷却液
		手动选刀	按一下换刀具
		工作灯	照明

3. 数控车床基本操作

（1）开机操作

1）检查机床各部分初始状态是否正常。

2）将机床控制箱上电源开关打开，单击控制面板上系统电源“POWER”开关按钮，并检查急停按钮“EMERGENCY”是否松开，若未松开，点击将其松开，系统进入自检状态。

（2）回参考点操作　打开机床后必须确定零点，通常是通过回参考点完成，若不回参考点，螺距误差补偿、背隙补偿等功能将无法实现。

1）方向键回零。

① 通过控制面板上按钮“回参考点”实现回零操作。

② 通过坐标轴方向键“+X、+Z”，按住中间“快速”按钮使每个坐标值逐一回参考点，刀架返回参考点，确认灯亮后，操作完成。

③ 通过选择另一种运行方式（MDI 或 JOB）结束该功能。

2）输入指令回零。在 MDI 模式下输入 G28 指令回参考点。

（3）进给方式　手动调整机床或要求刀具快速移动接近或离开工件时，需要手动操作机床进给，分手动进给和手摇轮移动两种。

1）手动进给。选择“点动”进给方式，使用按钮↑、↓、→、←可以快速准确地移动刀架，通过选择进给速度×1、×10、×100 和×1000 倍率调整移动的快慢。

2）手摇轮移动。选择手轮开关“手轮 X”或“手轮 Z”，选择进给速度×1、×10、×100和×1000倍率，摇动手轮进行移动。

（4）机床停止

1）急停按钮。机床动作和功能被停止，排除故障后，顺时针旋转按钮复位。

2）RESET 复位。自动运行状态下，机床全部操作停止，消除机床报警信息。

3）系统停止。系统断电。

4）循环停止。机床在自动运行状态下，滑板停止运动，机床其他功能有效，按下循环功能启动键，从当前位置开始执行下面的程序。

4. 操作面板程序的编辑

（1）程序的输入　选择操作面板中的编辑键，按下“PROG”程序编辑键，进入编辑页面。按软键“列表”按钮，输入程序号，选择“检索”，如果没有重复的程序号，选择“INSERT”，每个程序语句后按“EOB”键结束。

（2）程序的检索

1）在 PROGRAM 画面输入要检索的程序，如“O0100”。

2）按下“CURSOR”键，即调出所要检索的程序。

3）检索程序段。

（3）程序的修改

1）字的修改。用检索程序段的方法将光标移到要修改的位置，输入新的字，按“ALTER”键即可。

2）删除字。用检索程序段的方法将光标移到要删除的位置，按“DELETE”键即可。

3）删除程序段。用检索程序段的方法将光标移到行的最前面，按“EOB”键后，再按“DELETE”键即可。

4）插入字。用检索程序段的方法将光标移到要插入的位置，输入要插入的字，按“EOB”键后，再按“INSERT”键。

5）删除程序。进入编辑状态下，按“PROGRAM”键显示编辑画面，输入要删除的程序号，按“DELETE”键。

（4）显示程序目录　在编辑状态下，按“ROGRAM”键显示编辑画面，其内容及含义如下：

PROGRAM NO USED：　已经输入的程序个数

FREE：　可以继续输入的程序个数

MEMORY AREA USED：　已输入的程序占的内存

FREE：　剩余的内存

PROGRAM LIBRARY LIST：　所有内存程序号显示

（5）图形模拟检验　将机床模式选为“自动”，按下“CSTM/GRPH”图形键，在选择“G. PRM”显示参数画面，选择“GPPH”，画面上绘出刀具运动轨迹，机床开始移动。“ZOOM”软键，显示放大图。“EXEC”软键可使原来的图形消失，“NORMAL”软键可以显示原始图形。

（6）对刀　对刀有很多种方法，如手动对刀、机械对刀仪对刀和光学对刀仪对刀。这里只介绍比较常用的一种手动对刀，一般都是通过将刀偏值输入系统，从而获得工件坐标系。

1）装夹工件和刀具，驱动主轴旋转。

2）Z 向对刀。移动刀架至工件试切右端面，然后刀具沿 X 向退离工件，Z 向不可移动。按下“OFS SET”按钮，在软键盘上选择“刀偏”，并选择“形状”界面，在相应刀具 Z 值里输入 Z0，按软键“测量”即可。

3）X 向对刀。车削任意外圆后，使刀具沿 Z 向远离工件。待主轴停止转动后，测量外径尺寸，在相应刀具 X 值下面输入外径尺寸，按软键“测量”。这时，右端面与轴心线交点为工件坐标系原点。

9.4 数控车削零件加工

1. 轴类零件加工

例题：在数控车床上（FANUC 数控系统）对下面零件进行加工，要求编制数控加工程序，毛坯尺寸 $\phi25\times65$mm，材料为 45 钢，如图 9-7 所示。

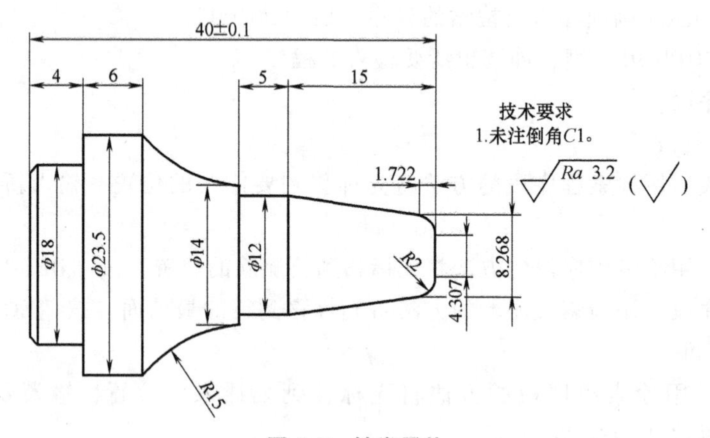

图 9-7 轴类零件

1）图样分析。该零件加工内容由直线、圆弧等组成。

2）确定加工路线。以轴心线为工艺基准，用自定心卡盘夹持外圆，工件伸出卡盘 50mm。一次装夹完成数控车削粗精加工，为保证工件轮廓的完整性，采用 G71 复合循环。

3）选择机床设备。根据零件性状及经济性，选择数控车床即可满足要求。

4）选择刀具及工件坐标原点。选用两把刀具：T0100 为 90°外圆车刀，T0200 为切断刀，刀宽为 3mm。试切对刀，选择工件右端面中心为工件坐标原点，把刀偏值输入到相应参数中。

5）确定切削用量。根据实际经验及相关手册确定。

编程如下：

```
O0001
N10 T0101 M08;            换 1 号刀，建立刀补
N20 S800 M3;              主轴正转，转速 500 r/min
N30 G0 X30 Z0;            确定端面
N40 G1 X0 F0.5;           切右端面，进给速度为 1mm/r
```

```
N50 G0 X28 Z1;                        粗车定位点，让出工件一点
N60 G71 U2 R1;                        外圆粗加工循环，背吃刀量为2mm，退刀量为1mm
N70 G71 P70 Q160 U0.5 W0.2 F1;        粗车循环，留余量X0.5、Z0.2
N80 G0 X4.307;                        轮廓加工起始位置
N90 G1 Z0 F0.5;
N100 G3 X8.268 Z-1.722 R2 F0.5;       加工R2圆弧
N110 G1 X12 Z-15 F0.5;                车锥面
N120 Z-20;
N130 X14;
N140 G2 X23.5 Z-30 R15 F0.5;
N150 G1 Z-43.5 F1;                    粗加工轮廓加工结束
N160 G70 P70 Q160;                    执行精加工循环
N170 G0 X100;
N180 Z50;                             回到换刀点
N190 T0202                            换切槽刀，建立刀补
N200 G0 X26 Z-39;                     建立切断起点
N210 G1 X18 F0.2;                     切槽
N220 G4 X2;                           槽底停留4s
N230 G0 X26;
N240 G0 Z-40;
N250 G1 X18 F0.2;
N260 G0 X26;
N270 G0 Z-43;
N280 G1 X16 F0.2;
N290 X20;
N300 Z-42;
N310 X18;                             退刀至倒角起点
N320 X16 Z-43;                        切倒角
N330 X0;                              切断工件
N340 G0 X50;
N350 Z0;
N360 M5;                              主轴停
N370 M09;                             切削液关
N380 M30;                             程序结束
```

2. 盘类零件

例题：在数控车床上加工球盖面，毛坯尺寸 $\phi115\times30$mm 棒料，材料为45钢，如图9-8所示。

1）图样分析。该零件由直线和圆弧构成，采用G71/G72循环。

2）确定加工路线。用自定心卡盘夹持棒料左端，工件伸出卡盘20mm，加工外圆至

ϕ100mm，长度为15mm。装夹已加工好的圆柱面，装夹长度为8mm，车削圆弧面端面，并用卡尺测量。至长度为27.6mm，加工圆弧面为R80。

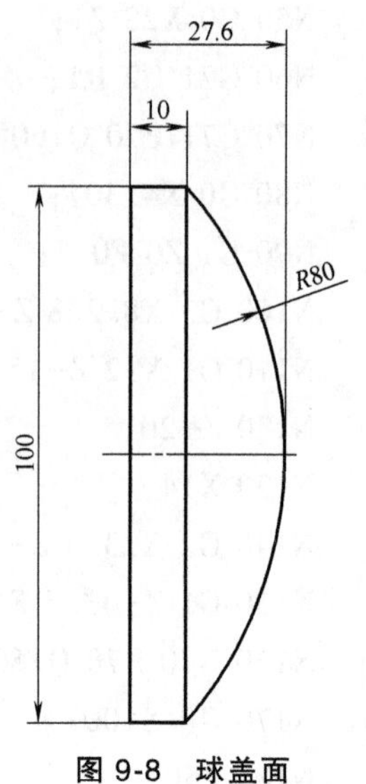

图9-8 球盖面

3）选择机床设备。根据零件图要求及经济性考虑，采用普通数控车床。刀具采用90°外圆车刀T0101。

4）确定加工余量。根据实际经验及相关手册确定。

编程如下：

```
O0002
N10 G99 G21 G40;          每转进给/公制/取消刀具半径补偿
N20 T0101 M08;
N30 S800 M3;              主轴正转，转速 800 r/min
N40 G00 X116 Z0;          快速点定位
N50 G01 X0 F0.5;          切右端面，进给速度为 0.5mm/r
N60 G00 X116 Z1;          粗车定位点，让出工件一点
N70 G71 U2 R1;            外圆粗加工循环，背吃刀量为 2mm，
                          退刀量为 1mm
N80 G71 P90 Q100 U0.5 W0.2 F1;
N90 G00 X100;
N100 G01 Z-15;
N110 G90 P80 Q100;
N120 X120;
N130 Z0;
N140 M5 M09;              主轴停，切削液关
```

调换装夹零件另一端，对刀，通过屏幕下方“偏置-形状”，输入系统，确定刀具加工循环起点位置，调入程序O0003。

```
O0003
N10 G99 G21 G40;                每转进给/公制/取消刀具半径补偿
N20 T0101 M08;
N30 S800 M3;                    主轴正转，转速 800r/min
N40 G00 X116 Z0;                快速点定位
N50 G01 X0 F0.5;                切削圆弧右端面
N60 G00 X116 Z1;                粗车定位点，让出工件一点
N70 G72 U2 R1;                  外圆粗加工循环，背吃刀量为 2mm，退刀量为 1mm
N80 G72 P90 Q110 U0.5 W0.2 F1;
N90 G00 Z0;
N100 G01 X0 F0.5;
N110 G03 X100 Z-17.6 R80 F0.2;
N120 G70 P90 Q110;
N130 X120;
```

N140 Z0;

N150 M5 M09;　　　　　　　　主轴停，切削液关

N160 M30;　　　　　　　　　程序结束

3. 螺纹加工

例题：在数控车床上（FANUC 数控系统）对下面零件进行螺纹加工，本题假设其余部分已加工完毕，要求编制螺纹的加工程序，如图 9-9 所示。

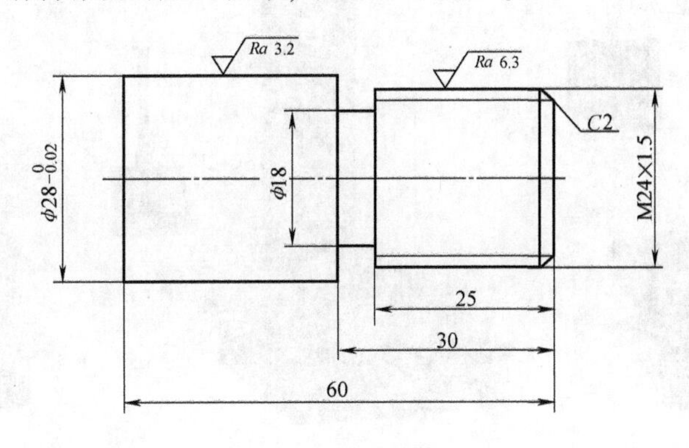

图 9-9　轴类零件

选择右端面中心为工件坐标原点，加工好其他部分后，切换刀具为 60°外螺纹车刀 T0303。编程如下：

T0303

N10 S500 M03;　　　　　　　　主轴正转，转速 500r/min

N20 G00 X26 Z0;　　　　　　　快速点定位

N30 G92 X23.8 Z-26 F1.5;　　　螺纹切削

N40 X23;

N50 X22.5;

N60 X22.05;　　　　　　　　　切削到螺纹底径

N70 G00 X100;

N80 Z0;

N90 M5;　　　　　　　　　　　主轴停

N100 M30;　　　　　　　　　　程序结束

9.5　数控铣削加工

9.5.1　数控铣床的工艺范围

数控铣床适合各种平面轮廓类、变斜角类、箱体类和空间曲面类零件的加工。它的机械结构除基础部件外，还包括主传动系统和进给传动系统，实现工件回转、定位的装置和附件，实现某些部件动作和辅助功能的系统和装置（如液压、气动、冷却等系统和排屑、防护等装置），特殊功能装置（如刀具破损监视、精度检测和监控装置），以及为完成自动化控制功能的各种反馈信号装置及元件。

9.5.2 数控铣床的分类

1. 按主轴布置形式

按机床主轴的布置形式及机床的布局特点，数控铣床可分为立式数控铣床、卧式数控铣床和数控龙门铣床等，如图 9-10～图 9-12 所示。

图 9-10 立式数控铣床

图 9-11 卧式数控铣床

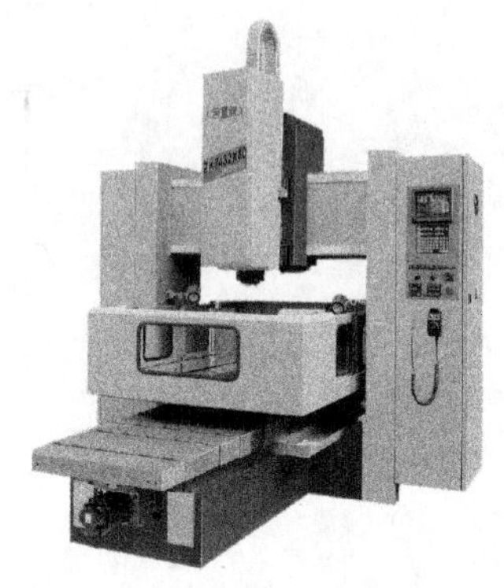

图 9-12 数控龙门铣床

2. 按数控系统的功能

按数控系统的功能，数控铣床可分为经济型数控铣床、全功能数控铣床和高速数控铣床等，如图 9-13～图 9-15 所示。

图 9-13 经济型数控铣床

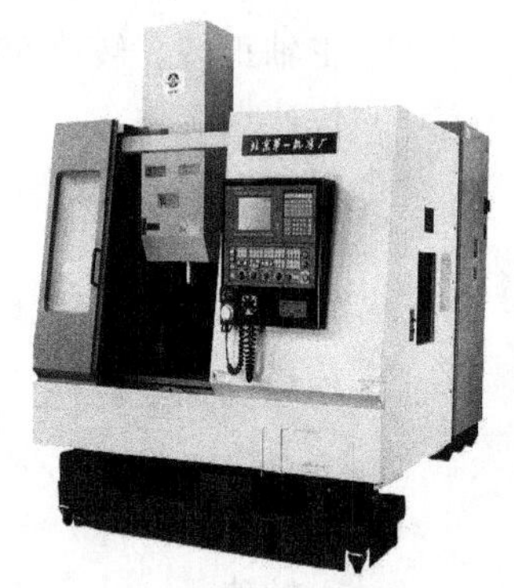

图 9-14 全功能数控铣床

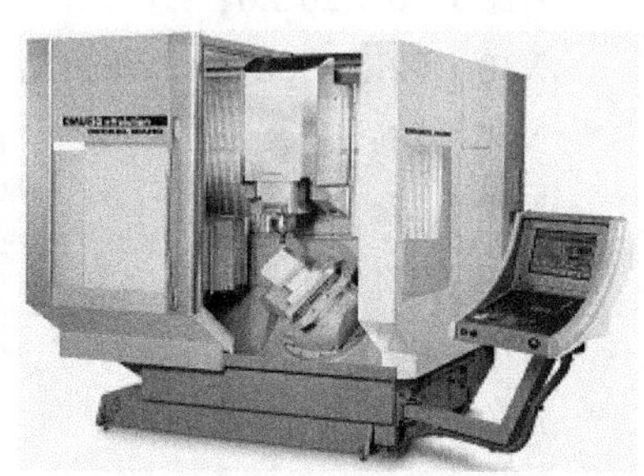

图 9-15 高速数控铣床

3. 数控铣削加工的特点

数控铣削加工除具有普通铣削加工的特点外，还有如下特点：

1）零件加工的适应性强、灵活性好，能加工轮廓形状特别复杂或难以控制尺寸的零件，如模具类零件、壳体类零件等。

2）能加工普通机床无法加工或很难加工的零件，如用数学模型描述的复杂曲线零件以及三维空间曲面类零件。

3）能加工一次装夹定位后，需进行多道工序加工的零件。

4）加工精度高、加工质量稳定可靠。

5）自动化程序高，可以减轻操作者的劳动强度。有利于生产管理自动化，生产效率高。

6）无论端铣或周铣都属于断续切削方式，而不像车削那样连续切削，因此对刀具的要求较高，需要具有良好的抗冲击性、韧性和耐磨性。在干式切削状况下，还要求有良好的红硬性。

9.6 数控铣床操作

9.6.1 数控铣床坐标系

数控铣床坐标系采用右手笛卡儿直角坐标系，分为 *X*、*Y*、*Z* 轴，对于方向做了以下规定。

1. *Z* 坐标

Z 坐标运动是由传递切削力的主轴确定的，即平行于主轴轴线的坐标为 *Z* 轴。如果有多根主轴，取垂直于工件装夹面的主轴为 *Z* 轴。

Z 轴正方向为刀具离开工件的方向。如立式铣床，主轴的上下即为 Z 轴，且向上为正；若主轴不能移动，工作台上下即为 *Z* 轴，工作台向下为 *Z* 轴正方向。

2. *X* 坐标

X 轴为水平方向，且垂直于 *Z* 轴并平行于工件装夹面。

X 轴的正方向，对于旋转的机床（车、磨床），取远离工件的方向为 *X* 正方向；对于铣床 *Z* 轴垂直来说，*X* 轴的正方向指向右边。

3. *Y* 坐标

在确定 *X*、*Z* 轴的正方向后，按右手笛卡儿直角坐标系确定 *Y* 轴的正方向。

9.6.2 机床原点、机床参考点与工件坐标系

1. 机床原点

机床原点是机床坐标系的原点，数控铣床的机床原点一般在 *X*、*Y*、*Z* 坐标的正方向极限位置。

2. 机床参考点

机床参考点是制造商用行程开关设定好的物理位置，相对机床原点是固定的，用于机床运动的检测和控制。数控铣床的机床参考点与机床原点重合，加工中心参考点在自动换刀位置。

3. 工件坐标系

工件坐标系即编写程序时设定的坐标系，工件坐标系的原点为工件原点。

工件原点选取原则：

1）工件原点尽可能选择在工艺定位基准上。

2）工件原点尽可能选择在尺寸基准上，以减少数据换算的工作量。

3）工件原点尽可能选择在精度高的表面上，以提高加工零件的精度。

4）对称零件，尽量选在对称中心上，一般零件尽量选在轮廓的一角上。

5）*Z* 方向的零点一般选在工件表面上。

6）编程时，刀具起点和原点设在同一处，便于计算。

9.6.3 数控铣床控制面板

FANUC 数控铣床控制面板，由一个显示器和一个 MDI 键盘构成，FANUC 数控铣床控制

面板与加工中心控制面板基本类似。以沈阳机床厂 VMC850E 加工中心为例，FANUC 0i 系列控制面板如图 9-16 所示。

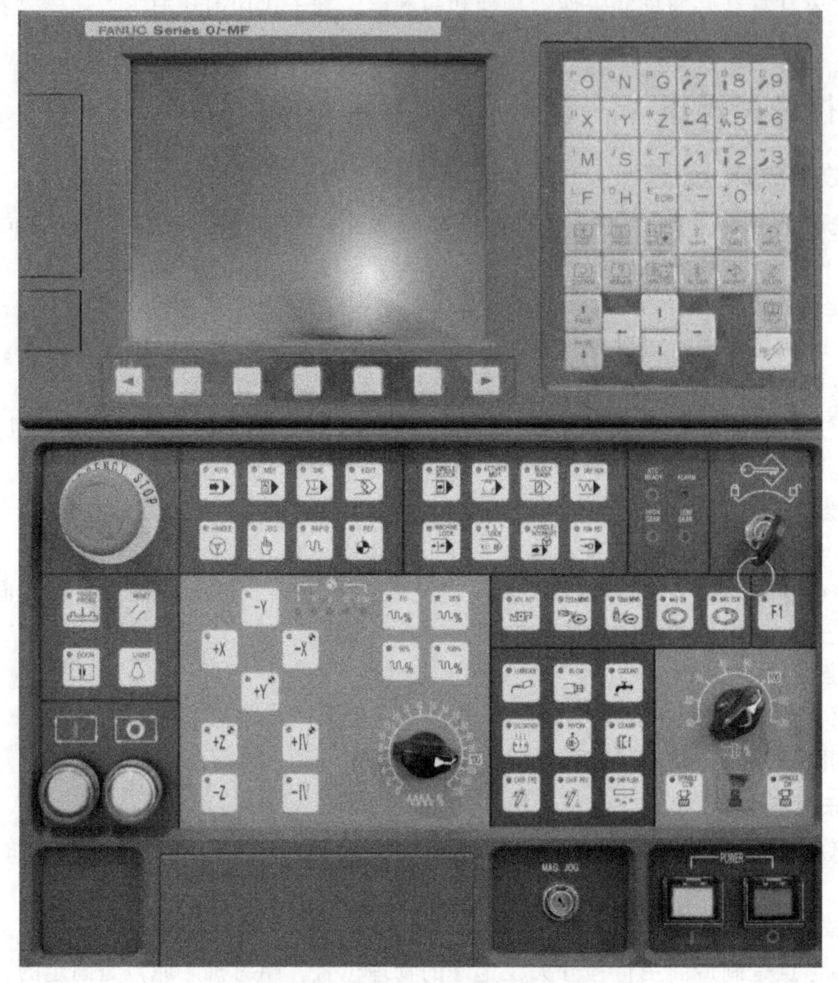

图 9-16 FANUC 0i 数控铣床控制面板

9.6.4 数控铣床面板各功能键的含义

以沈阳机床厂 VMC850E 加工中心为例，FANUC 0i 系统控制面板各功能常用按键见表 9-5。

表 9-5 FANUC 0i 系列加工中心常用按键功能

序号	功能名称	按键	功能说明
1	坐标显示键	POS	CRT 上显示机床现在位置（相对、绝对、机械坐标显示）
2	程序键	PROG	在编辑（EDIT）模式下，用于编辑、显示程序
3	偏置显示键	OFS SET	设定、显示刀具补偿值（磨耗、形状），确定工件坐标系
4	帮助键	HELP	操作说明、操作提示或故障处理提示
5	系统参数键	SYSTEM	参数设定、显示及自诊断数据显示
6	报警显示键	MESSAGE	显示报警信息

（续）

序号	功能名称	按键	功 能 说 明
7	图像显示键	CSTM GRPH	图像显示放大、缩小
8	复位键	RESET	用于机床复位及消除机床报警
9	数字字母按键	A~Z/0~9	输入程序
	程序段结束符	EOB	每一行结束加 EOB
10	切换键	SHIFT	切换字母数字键
11	替换键	ALTER	程序或字符更换
12	插入键	INSERT	程序或字符插入
13	输入建	INPUT	可输入参数、补偿值
14	取消键	CAN	删除输入区字符键
15	删除键	DELETE	删除存储区字符键或整行
16	翻页键	PAGE↑	向前翻页
		PAGE↓	向后翻页
17	光标移动键	↑	光标向上移动
		↓	光标向下移动
		←	光标向左移动
		→	光标向右移动
18	手动功能	软键	（显示器下方有七个软键）显示当前屏幕上对应的位置
19	系统电源键（POWER）	绿色：启动	机床开机，给系统通电
		红色：停止	机床关机，给系统断电
20	循环键	绿色：循环启动	自动运行启动
		橙色：循环停止	暂停进给、按循环启动键后可以恢复自动运行
21	工作方式	自动（AUTO）	按程序运行自动加工
		编辑（EDIT）	对程序、刀具参数等进行编辑
		MDI	MDI 方式，即手动输入数据、指令方式
		DNC	在本模式下进行 DNC 加工操作
		快速进给模式（RAPID MODE）	本模式下，欲移动各轴，请按各轴向键及选择快速进给百分率。移动进给速率，依快速进给百分率作为移动的速度依据。可分 F0%、F25%、F50%和 F100%
		手动（JOG）	点动方式，手动控制机床进给
		手摇（HANDLE）	可用手轮（MPG）作手动进给，移动各轴。移动各轴向，可由手动操作盒上的轴向选择钮选择。各轴移动速度可由手动操作盒上的进给倍率钮决定
22	主轴功能	主轴正转（SPINDLE CW）	主轴正转
		主轴停止（SPINDLE STOP）	停止转动
		主轴反转（SPINDLE CCW）	主轴反转

（续）

序号	功能名称	按键	功能说明
23	操作选择	回参考点(REF)	机床返回参考点
		单段 (SINGLE BLOCK)	自动运行方式下,执行一行程序后自动停止
		跳步 (BLOCK SKIP)	本功能键内藏灯亮时,本功能有效在程式执行遇单节前有"/"符号时,此单节略过不执行
		空运行 (DRY RUN)	机床锁住和空运行,程序空跑一次,可以看到走刀轨迹,图形校验程序是否编写正确,减少撞刀的可能性
		机床锁定 (M.S.T LOCK)	与空运行同时使用
		机械锁定 (MACHINE LOCK)	三轴被锁定不动
		选择停 (ACTIVATE M01)	所加工的程序遇到 M01 指令,自动停止执行
24	急停按钮	红色急停按钮	出现异常情况时按下此键机床立即停止工作
25	速度变化	×1	手轮摇转动一个刻度,移动 0.001mm
		×10	手轮摇转动一个刻度,移动 0.01mm
		×100	手轮摇转动一个刻度,移动 0.1mm
		×1000	手轮摇转动一个刻度,移动 1mm
26	(前置刀架) 轴移动	↑Y	沿 Y 轴正向移动,刀具沿纵向移动
		↓Y	沿 Y 轴负向移动,刀具沿纵向移动
		←X	沿 X 轴负向移动,刀具沿横向移动
		→X	沿 X 轴正向移动,刀具沿横向移动
		↑Z	沿 Z 轴正向移动
		↓Z	沿 Z 轴负向移动
		快速走刀	沿所选轴快速移动
27	辅助功能	门锁	门锁
		程序重启	机床突然停电程序加工一半停止,使用该功能,按复位键
		主轴点动	按一下动一下
		MAG CW	手动刀库顺时针正转
		MAG CCW	手动刀库顺时针反转
		导轨润滑	自动导轨润滑
		ACT ROT	自动换刀机械臂旋转
		冷却	打开冷却液
		手动选刀	按一下换刀具
		工作灯	照明

9.6.5 数控铣床常用指令的用法

1. 辅助功能 M

M 的各个指令功能与数控车床相同，特点是靠继电器控制各种辅助动作，如 M00、M01 等。

2. 进给功能 F、主轴转速 S、刀具功能 T

F 表示刀具运动时的进给速度，单位为 mm/min，第一次遇到 G01、G02 或 G03 时，后面需加 F 指令。S 表示主轴转速，常用主轴速度倍率开关调整，单位为 r/min，编程时总是假定倍率开关在 100%的位置。T 表示刀具自动换刀功能，数控铣床中需要手动换刀，T0303 表示选用 3 号刀及 3 号刀补。

3. 工件坐标系指令 G92

指令格式：G92 X_ Y_ Z_ ；

G92 是将工件原点设置在相对于刀具起始点的某一空间点上，该指令只改变坐标值，不产生机床移动，通常出现在程序开始前，例如：G92 X10 Y10 Z10，得到工件原点距离刀具起始点位置 X=-10，Y=-10，Z=-10。显然当 X、Y、Z 值不同或改变刀具的位置时，得到的工件坐标系原点的位置不同，在执行 G92 前，必须先对刀。

4. 加工坐标系指令 G54~G59

指令格式：G54 G90 G00(G01)X_ Y_ Z_ F()；

G54~G59 是加工前通过 MDI 在设置参数方式下设定的加工坐标系，运行时与刀具起始位置无关。一旦设定，加工原点在机床坐标系中的位置是不变的，与刀具当前位置无关，而 G92 坐标系与刀具当前位置有关，G54~G59 可通过 MDI 方式修改。

5. 选择机床坐标系 G53

指令格式：G53 G90 X_ Y_ Z;

G53 指令使刀具快速定位到机床坐标系的指定位置。需要注意的是，G53 在 G90 状态下有效，在 G91 状态下无效。G53 指令取消刀具半径补偿和长度补偿，执行 G53 指令前必须手动或自动完成机床的回零操作。

6. 局部坐标系 G52

指令格式：G52 X_ Y_ ；

X、Y 是原坐标系原点到子坐标系程序原点之间的变量，如 G52 X0 Y0 表示恢复到原坐标系。

7. 平面指令 G17、G18、G19

G17 为选择 *XY* 平面编程；G18 为选择 *XZ* 平面编程；G19 为选择 *YZ* 平面编程。

8. 直线插补指令 G01

指令格式：G01 X_ Y_ Z_ F;

G01 指令用于斜线或直线运动，按照指定的进给速度 F 进行切削。

9. 圆弧插补指令 G02、G03

指令格式：G02 X_ Y_ R_(I_ J_)；

G02 为顺时针圆弧插补，G03 为逆时针圆弧插补，如图 9-17 所示。

10. 刀具半径补偿指令 G40、G41、G42

指令格式：G41 G00 (G01) X_ Y_ D_ ；

G40 为取消刀补，G41 为左补偿，G42 为右补偿，如图 9-18 所示。X、Y 为建立或取消刀补的坐标，D 为铣刀半径。

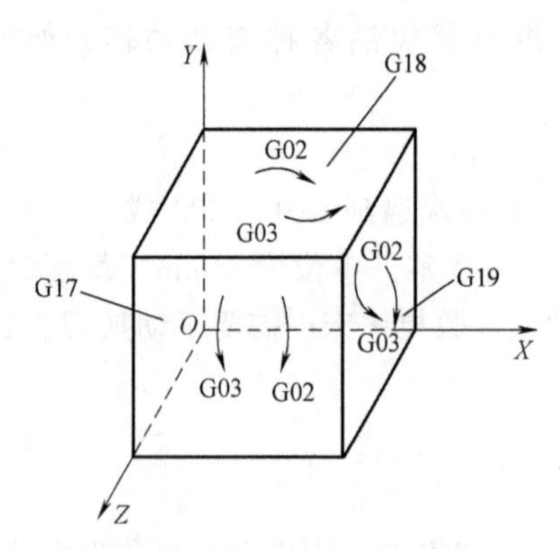

图 9-17　各补偿面圆弧插补

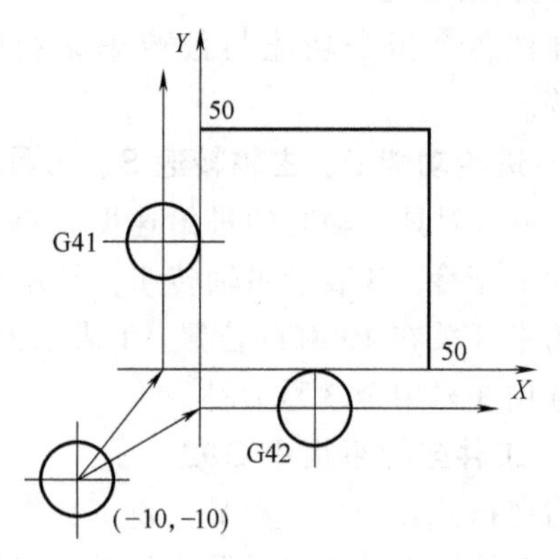

图 9-18　刀具半径补偿

11. 刀具长度补偿 G43、G44、G49

指令格式：G43(G44)G00(G01)Z_ H_;　　G49 G00(G01)Z_;

G43 为刀具长度正补偿；G44 为刀具长度负补偿；G49 为刀具长度补偿取消。Z 为指令终止位置，H 为长度补偿地址，从 H00 到 H99，根据刀具长度补偿地址读取长度补偿值，并参与刀具轨迹的运算，如图 9-19 所示。其中 H 可以是正或负，当为负值时，G43 和 G44 功能互换。

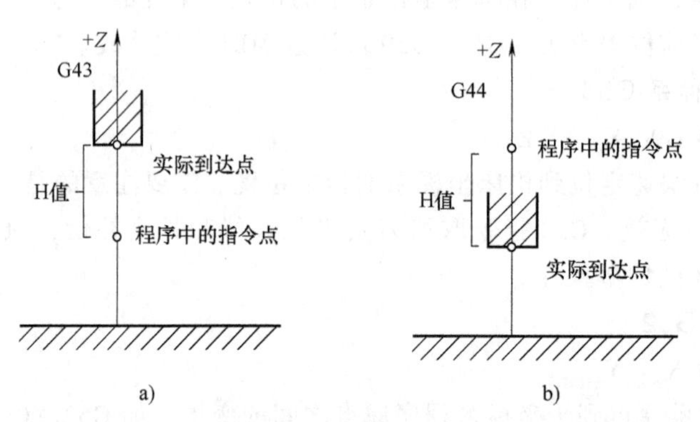

图 9-19　刀具长度补偿

12. 子程序指令（M98、M99）

指令格式：M98 P_　L_（主程序调用子程序）

　　　　　M99;　　　（子程序结束并返回主程序）

1）子程序是以 O 开始，以 M99 结尾的，子程序是相对于主程序而言的。

2）M98 置于主程序中，表示开始调用子程序。

3）M99 置于子程序中，表示子程序结束，返回主程序。

4）P_ 为程序号，L 为调用次数。

9.7　数控铣削零件加工

凸板类零件加工

例：加工凸模板，毛坯尺寸为100mm×80mm×22mm，材料为Q235，分析工艺并编写程序，如图9-20所示。

拟定加工工艺方案：

1）根据零件的形状及精度要求，一次装夹即可完成。选择底面为基准，可选择先粗后精、先主后次的原则加工，加工上表面与轮廓时选择平口机用虎钳，定位基面要加垫铁。

2）平口虎钳为欠定位，所以上表面采用与定位虎钳垂直的方向加工，采用往复式加工以提高效率。

3）刀具的选择。顶面加工选择 ϕ100mm的可转位硬质合金刀片端铣刀粗精加工；凸模板外轮廓加工则选用大直径铣刀，以提高效率，选用 ϕ16mm高速钢立铣刀进行粗、精加工。

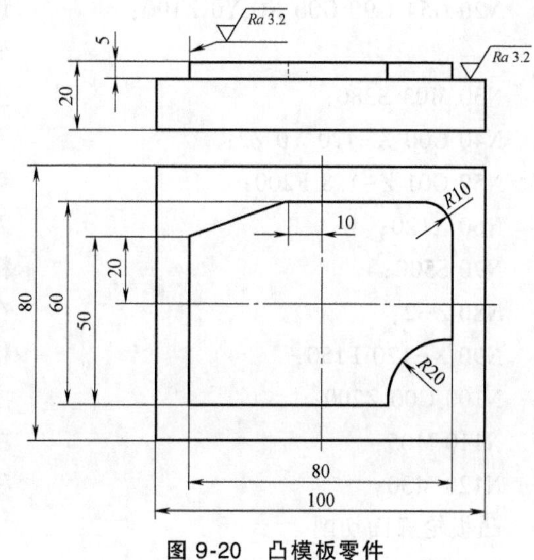

图9-20　凸模板零件

4）量具选择量程为200mm，分度值为0.02mm的游标卡尺，以及量程为20~50mm，分度值为0.001mm的内径千分尺。

详细的加工工序见表9-6。

表9-6　详细的加工工序

程序号	材　料	夹具名称			使用设备	
O1100	Q235	机用平口虎钳			FANUC数控铣床	
O1200						
顺序号	内容	切削用量			刀具	量具
		n(r/min)	F/(mm/min)	a_p/mm		
1	粗铣顶面留余量0.2mm	380	200	1.8	ϕ100mm端铣刀	游标卡尺
2	精铣面到尺寸，保证加工面 Ra 值3.2μm	500	150	0.2	ϕ100mm端铣刀	游标卡尺
3	粗铣外轮廓留侧余量0.5mm，底余量0.2mm	2000	180	4.5	ϕ16mm立铣刀	游标卡尺、千分尺
4	精铣外轮廓达图样要求	2000	250	0.5 0.2	ϕ16mm立铣刀	游标卡尺、千分尺

编程如下：

上表面切削

O1100

N10 G17 G40 G49 G80;	系统初始化
N20 G54 G90 G00 X0 Y0 Z100;	设置G54坐标系，坐标系原点设置在工件上表面的中心
N30 M03 S380;	主轴正转，转速为380r/min
N40 G00 X-120 Y0 Z2;	刀具定位X-120 Y0
N50 G01 Z-1.8 F200;	粗铣上表面
N60 X120;	刀具直线向右切削至X120 Y0
N70 S500;	精铣转速为500r/min
N80 Z-2;	在X120 Y0点处刀具从距离原点下移2mm
N90 X-120 F150;	精铣上表面
N100 G00 Z200;	主轴抬起
N110 M05;	主轴停止转动
N120 M30;	程序结束

凸板轮廓面切削

O1200

N10 G17 G40 G49 G80;	系统初始化
N20 G54 G90 G00 X0 Y0 Z100;	设置G54坐标系，坐标系原点设置在原工件上表面的中心
N30 M03 S2800;	主轴正转，转速为2800r/min
N40 G00 X-60 Y-60 Z2;	左下角工件外一点定位
N50 G01 Z-5 F250;	刀具下移
N60 G41 G01 X-40 Y-30;	建立左刀补，铣削至X-40 Y-30
N70 Y20;	
N80 X-10 Y-30;	
N90 X30;	
N100 G02 X40 Y20 R10;	顺时针圆弧插补
N110 G01 Y-10;	
N120 G03 X20 Y-30 R20;	逆时针圆弧插补
N130 G01 X-50;	
N140 G40 G00 X-60 Y-60;	取消刀具半径补偿
N150 G00 Z200;	主轴抬起
N160 M05;	主轴停止转动
N170 M30;	程序结束

第10章

特种加工

目的和要求

1. 了解特种加工常见的种类。
2. 了解特种加工的基本原理、特点及应用。
3. 了解线切割、电火花加工等的操作方法。

安全操作规程

1. 操作前应掌握正确的操作步骤。
2. 不得擅自拆卸、移动机床上的部件。
3. 严格执行安全制度，必须穿好工作服。女生戴好工作帽，将发辫放入帽内，不得穿高跟鞋、凉鞋、拖鞋。
4. 机床操作时不准戴手套，严禁身体、衣袖与转动部位接触，严格按安全规程操作，注意人身安全。
5. 每天下课清整用具、工件，打扫工作场地，保持环境卫生。

10.1 特种加工概述

特种加工是一种直接利用电能、热能、声能、光能、化学能和电化学能，有时也结合机械能对工件进行加工的一种方法。特种加工主要应用于难加工材料、形状特别复杂、细微结构、高精度和表面质量有特殊要求的零件的加工。

特种加工主要包括以下几种方法：①电火花加工是通过导电工件和工具电极之间脉冲性火花放电时的电腐蚀现象来蚀除多余材料，工具电极和被加工工件放入绝缘液体中，通上直流电压，以达到对工件尺寸、形状以及表面质量要求的加工技术，该技术主要用于穿孔成形加工（如冲模、型腔模、小孔）；②线切割加工属于电火花加工的一种，主要是钼丝靠火花放电对工件进行切割；③超声波加工是利用工具断面的超声振动，通过磨料悬浮液加工脆硬材料的一种成形方法，主要用于型孔、切割加工、超声清洗、焊接加工和超声波处理；④激光加工是把具有足够能量的激光束聚焦后照射到所加工材料的适当部位，在极短时间内，被照部位迅速升温，材料发生气化、熔化，从而实现工件被去除、连接、改性或分离等加工的方法。

特种加工是近几十年发展起来的新工艺，是对传动加工工艺方法的重要补充与发展，目前仍在继续研究开发和研究，已成为现代工业领域不可缺少的重要加工手段和关键制造技术。

10.2 电火花加工

电火花加工又称电腐蚀加工。加工时，工具和工件不接触，而靠导电工件和工具电极之间脉冲性火花放电时的电腐蚀现象来蚀除多余材料。

1. 电火花加工工作原理

电火花加工工作原理如图10-1所示，工件和工具电极分别与脉冲电源的两个不同极性相连接，自动进给调节装置使工件和电极间保持适当的放电间隙。两电极间加上脉冲电压后，在间隙最小处或绝缘强度最低处将工作液介质击穿，形成放电火花。放电通道中等离子瞬时高温使工件和电极表面都被蚀除掉一小部分材料，各自形成一个微小的放电坑。脉冲放电结束后，经过一段时间间隔，工作液恢复绝缘，下一个脉冲电压又加在两极上，同样进行另一个循环，形成另一个小凹坑。当这种过程以相当高的频率重复进行时，工具电极不断地调整与工件的相对位置，加工出所需要的零件。所以，从微观上看，加工表面由很多脉冲放电小坑组成。

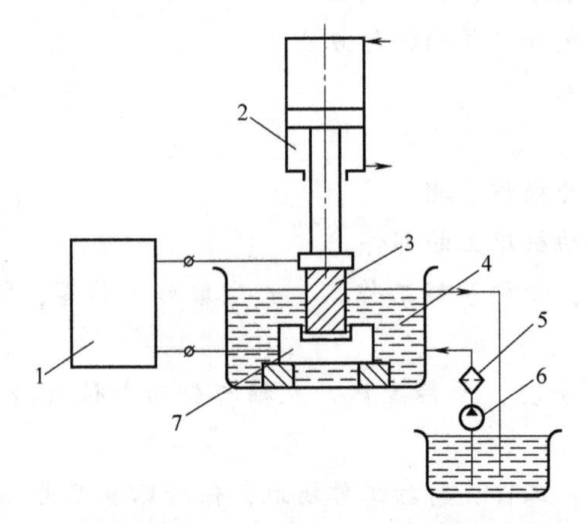

图10-1 电火花加工工作原理图

1—脉冲电源 2—自动进给调节装置 3—工具
4—工作液 5—过滤器 6—泵 7—工件

2. 电火花加工的特点

电火花加工不用机械能量，不靠切削力去除金属，而是直接利用电能和热能来去除金属，已成为常规切削、磨削加工的重要补充，相对于机械切削加工而言，电火花加工具有以下一些特点：

1）适用于传统机械加工方法难以加工的材料加工。因为材料的去除是靠放电热蚀作用实现的，材料的加工性主要取决于材料的热学性质，如熔点、比热容、热导率等，与硬度、韧性等力学性能几乎无关。

2）可加工特殊及复杂形状的零件。由于电极和工件之间没有相对切削运动，不存在机械加工时的切削力，因此适用于低刚度工件和细微加工。由于脉冲放电时间短，材料加工表面受热影响范围比较小，所以适用于热敏性材料的加工。此外，由于可以简单地将工具电极的形状复制到工件上，因此特别适用于薄壁、低刚性、弹性、微细及复杂形状表面的加工，如复杂的型腔模具的加工。

3）可实现加工过程自动化。加工过程中的电参数比机械量易于实现数字控制、自适应控制和智能化控制，能方便地进行粗、半精、精加工各工序，简化工艺过程。在设置好加工参数后，加工过程中不需要进行人工干涉。

4）可以改进结构设计，改善结构的工艺性。电火花加工后可以将拼镶、焊接结构改为整体结构，极大提高了工件的可靠性，又大大减少了工件的体积和质量，还可以缩短模具加工周期。

3. 电火花加工的应用范围

由于电火花加工有其独特的优越性，再加上数控水平和工艺技术不断提高，其应用领域日益扩大，已经覆盖机械、航空航天、电子、核能、仪器、轻工等领域，用于解决各种难加工材料、复杂形状零件和有特殊要求的零件的制造，成为常规切削、磨削加工的重要补充和发展。模具制造是电火花加工应用最多的典型领域。电火花加工在模具制造中有以下主要应用：

1）高硬度零件加工。对于某些要求硬度较高的模具，或者是硬度要求特别高的滑块、顶块等零件，热处理后其表面硬度为50HRC以上，采用机加工方法很难加工高硬度的零件，采用电火花加工则可以不受材料硬度的影响。

2）型腔尖角部位加工。如锻模、塑料模、压铸模、挤压模和橡胶模等各种模具的型腔存在着一些尖角部位，在常规切削加工中，由于存在刀具半径而无法加工到位，使用电火花加工可以完全成形。

3）模具上的筋加工。在压铸件或者塑料件上，常有各种窄长的加强筋或散热片，这种筋在模具上表现为下凹的深而窄的槽，用机加工的方法很难将其加工成形，而使用电火花可以很便利地进行加工。

4）深腔部位的加工。若采取机加工深腔部位，没有足够长度的刀具，或者这种刀具没有足够的刚性，不能加工具有足够精度的零件，此时可以用电火花进行加工。

5）小孔加工。对各种圆形小孔、异形孔的加工，如线切割的穿丝孔、喷丝板型孔等，对于长深比非常大的深孔，很难采用钻孔的方法进行加工，而采用电火花或者专用的高速小孔加工机可以完成各种深度的小孔加工。

6）表面处理。如刻制文字、花纹，对金属表面的渗碳和涂覆特殊材料的电火花强化等。另外通过选择合理加工参数，也可以直接用电火花加工出一定形状的表面蚀纹。

10.3 数控电火花线切割加工

1. 数控电火花线切割简介及原理

数控电火花线切割又称线切割，是电火花加工的一种，如图10-2所示。数控电火花线切割利用细金属丝（常用有钼、黄铜、紫铜等）作为负极，工件作为正极，脉冲电源发出一连串的脉冲电压，加到工件电极和工具电极上，并置于乳化液或去离子水等绝缘工作液中，使其不断产生电火花放电。当钼丝和工件的距离小到一定程度时，在脉冲电压的作用下，工作液被击穿，在钼丝和工件之间形成瞬时放电通道，产生瞬时高温，使金属局部熔化甚至气化，从而达到进行工件加工的目的。

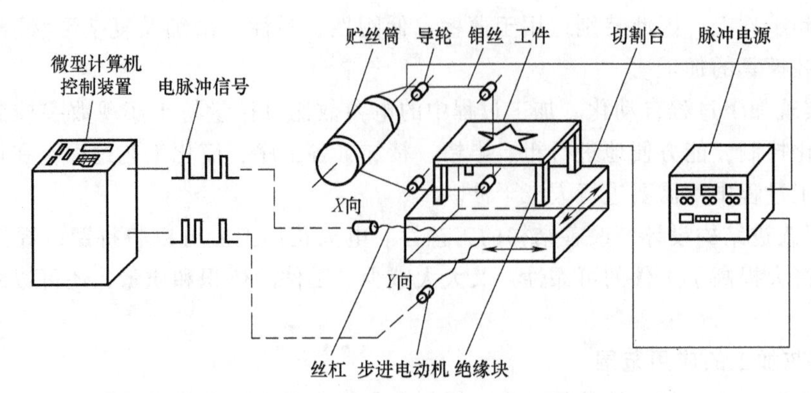

图 10-2　数控线切割加工原理图

2. 数控电火花线切割加工特点

1）加工范围宽。只要被加工工件是导体或半导体材料，无论硬度如何，均可进行加工。由于电火花线切割加工线电极损耗极小，所以加工精度高。除了电极丝直径决定的内侧角部的最小半径限制外，任何复杂形状零件，只要能编制加工程序就可以进行加工。适合小批量或试制品的加工。

2）能切割 0.05mm 左右的窄缝。加工中并不会把多余的材料加工成废屑，提高材料的利用率。

3）电火花线切割加工精度能达到±(0.01～0.02)mm，最高可达±0.004mm；表面粗糙度 *Ra* 值一般为 1.25～2.5μm，最小可达 0.63μm。切割厚度一般为 40～60mm，最厚可达 600mm。

3. 数控电火花线切割分类

数控电火花线切割机床根据电极丝运动方式可分为快走丝切割机床和慢走丝切割机床。

快走丝线切割机床电极丝运行速度快，可达 300～700m/min。加工效率高，速度快，机构比较简单，价格便宜，应用广泛，但是由于运丝速度快，机床振动比较大，丝振动也比较大，从而影响加工精度。一般加工精度为±(0.015～0.02)mm，表面粗糙度 *Ra* 值一般为 1.25～2.5μm。

慢走丝线切割机床，运丝速度一般为 3～5m/min，最高为 15m/min。电极丝采用黄铜或纯铜等，直径为 0.03～0.35mm，电极丝为单向运动且为一次性使用，加工精度相对较高。这种机床运丝系统较复杂，能够设定并调整丝的张力、导向装置，能够进行断丝。最新的线切割还有自动穿丝和自动断丝功能，加工精度可达±0.001mm，表面粗糙度 *Ra* 值可达 0.3μm。

4. 数控电火花线切割编程常用指令

在我国数控快走丝线切割编程指令一般用 B 代码，分为 3B、4B 和 5B 格式，其中 3B 格式最常见。而数控慢走丝线切割通常采用 G（ISO）代码。

3B 指令格式：BX　BY　BJ　G　Z

指令中，BX、BY 为坐标指令字；BJ 为计数长度指令字；G 为计数方向指令字；Z 为加工指令字。

ISO 代码格式：Nxxxx　Gxx　Xxxxxxx　Yxxxxxx　Ixxxxxx　Jxxxxxx

指令中，N 为程序段号，为 1~4 位数字顺序序号；G 代表准备功能，与数控铣床代码类似；X、Y 代表直线或圆弧终点坐标值，为 1~6 位数，以 μm 为单位；I、J 为圆弧圆心对圆弧起点的坐标值，以 μm 为单位。

5. 数控电火花线切割加工的一般操作步骤

1）加工前先准备好工件毛坯、压板和夹具等装夹工具，若需切割内腔形状工件，毛坯应预先打好穿丝孔。

2）启动机床电源进入系统，编制加工程序。

3）检查系统各部分是否正常，包括高额电压、水泵和丝筒等的运行情况。

4）装夹工件，根据工件厚度调整 *Z* 轴至适当位置并锁紧。

5）进行储丝筒上丝、穿丝和电极丝找正操作。

6）移动 *X*、*Y* 轴坐标确定切割起始位置。

7）启动走丝系统，开启工作液泵，调节喷嘴流量。

8）运行加工程序开始加工，调整加工参数。

9）监控运行状态，如发现堵塞应及时疏通，并及时清理电蚀产物。

10）每段程序切割完后，检查纵横手轮刻度是否与坐标相符，确保零件加工精度。

10.4 激光加工

1. 激光加工原理

激光加工是利用光学系统把亮度高、强度高、方向性好和单色性好的激光束聚焦成为一个直径极小的光束（微米级），从而获得极高的能量密度，温度可达 10000℃以上。在此温度的作用下，焦点处的金属迅速熔化甚至汽化，从而达到工件表面加工的目的。激光加工速度快，表面变形小，可加工任何材料，常见的应用有打孔、切割、划片、焊接和热处理等。

2. 激光加工设备的组成部分

激光加工基本设备由激光器、导光聚焦系统和激光加工系统三部分组成。

1）激光器。激光器是激光加工的重要设备，主要功能是把电能转变为光能，产生激光束。常见的激光器有固体激光器、气体激光器。

2）导光聚焦系统。根据被加工工件的性能要求，光束经过放大，整形、聚焦后作用于加工部位。

3）激光加工系统。激光加工系统主要包括床身、工作台、控制系统等。

3. 激光加工特点

1）使用激光加工，生产效率高，质量可靠，经济效益好。

2）可以对各种材料进行加工，不受材料的影响，特别是可以加工高硬度、高脆性及高熔点或宝石等材料。可以通过透明介质对密闭容器内的工件进行各种加工。在恶劣环境或其他人难以接近的地方，可用机器人进行激光加工。

3）激光加工摆脱了传统加工中刀具消耗的影响，激光加工过程中无任何刀具磨损。

4）激光束易于导向、聚焦以实现各方向变换，极易与数控系统配合，对复杂工件、精密工件、深孔、微孔和窄缝等的加工特别方便。

5）无接触加工，对工件无直接冲击，因此无机械变形，并且高能量激光束的能量及移动速度均可调，因此可以实现多种加工目的。

6）激光加工过程中，热影响区小，工件热变形小，后续加工量小。

4. 激光加工在制造行业的应用

（1）激光打孔　采用脉冲激光器可进行打孔，脉冲宽度为0.1～1ms，特别适合打微孔和异形孔，孔径为0.005～1mm。激光打孔已广泛应用于钟表和仪表的轴承、金刚石拉丝模和化纤喷丝头等工件的加工。

（2）激光雕刻　在造船、汽车制造等工业中，常使用百瓦至万瓦级的连续激光器对大工件进行切割，既能保证精确的空间曲线形状，又有较高的加工效率。对小工件的切割常用中、小功率固体激光器或CO_2激光器。在微电子学中，常用激光切划硅片或切窄缝，其速度快且热影响区小。用激光可对流水线上的工件进行刻字或打标记，并不影响流水线的速度，刻划出的字符可永久保持。

（3）激光微调　可采用中、小功率激光器除去电子元器件上的部分材料，以达到改变电参数（如电阻值、电容量和谐振频率等）的目的。激光微调精度高、速度快，适用于大规模生产。

（4）激光焊接　激光焊接是把激光聚成很细的高能量激光束照射在工件上，使工件受热熔化，冷却后得到融合。激光焊接不需要任何焊料，焊接强度高、热变形小、密封性好，可以焊接尺寸和性质特殊、熔点高的材料。

（5）强化处理　激光表面强化技术基于激光束的高能量密度加热和工件快速自冷却两个过程。在金属材料激光表面强化中，当激光束能量密度处于低端时可用于金属材料的表面相变强化；当激光束能量密度处于高端时，工件表面光斑处相当于一个移动的坩埚，可完成一系列的冶金过程，包括表面重熔、表层增碳、表层合金化和表层熔覆。

10.5　超声波加工

1. 超声波加工原理

超声波加工是利用工具端面在磨料悬浮液中的超声频振动，使磨料悬浮液中的磨粒以很快的速度不断撞击、抛磨被加工表面，把加工区域的材料粉碎成微粒而实现的加工，如图10-3所示。

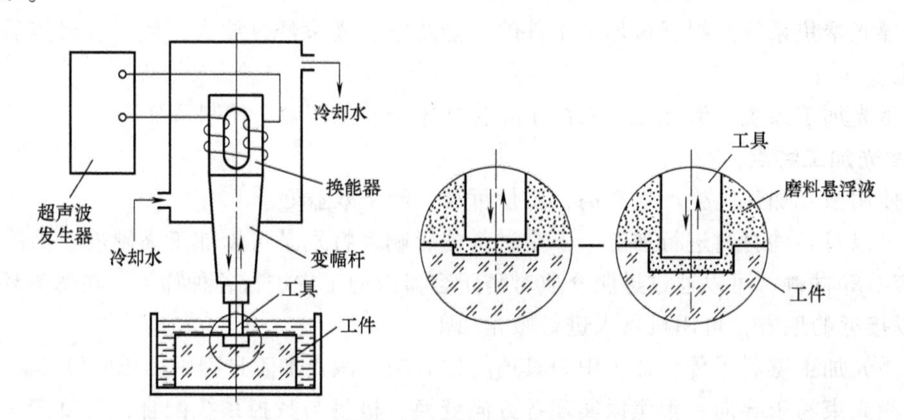

图10-3　超声波加工

2. 加工特点

1）电火花加工、电解加工只能加工导电材料，而超声波加工适用于加工各种硬脆材料，如玻璃、金刚石等，但是加工效率比较低。

2）加工精度高，一般可达±0.02mm，表面粗糙度 Ra 值可达 0.63~0.08μm。

3）机床结构简单，操作方便，维修费用低，缺点是工具头磨损较大。

10.6　3D 打印技术

1. 3D 打印基本原理

3D 打印技术是近年来快速成形技术的一种，它是一种以数字模型文件为基础，应用粉末状金属或塑料等可黏合材料，通过逐层打印的方式来构造物体的技术。它与普通打印机工作原理基本相同，打印机内装有液体或粉末等“打印材料”，与电脑连接后，通过电脑控制把“打印材料”一层层叠加起来，最终把计算机上的模型变成实物，如图 10-4 所示。

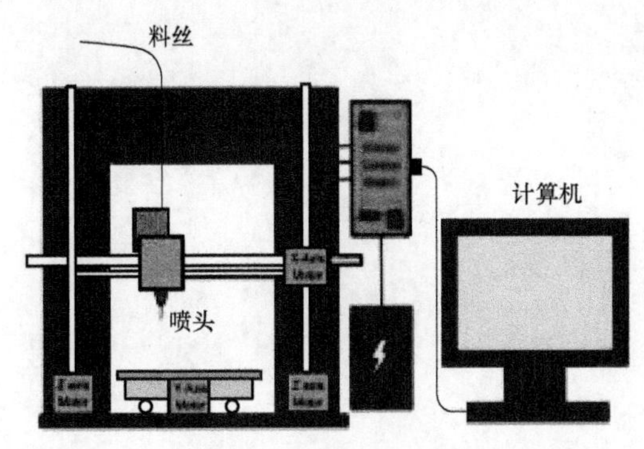

图 10-4　3D 打印设备

2. 3D 打印技术特点

1）节省材料，不需要去除材料多余的边角，提高材料的利用率，降低成本。

2）能进行高精度和复杂零件的加工，直接通过计算机数据中的图形自动进行加工。

3）产品制造周期短，对于复杂工件的加工，可节省时间。

4）3D 打印的材料多样，例如石膏、无机粉料、树脂和塑料等，可满足不同领域的需求。

3. 3D 打印的应用

3D 打印通常是采用数字技术材料打印机来实现的，在模具制造、工业设计等领域被用于制造模型，后逐渐用于一些产品的直接制造，目前已经有使用这种技术打印而成的零部件。该技术在机械、建筑、模具制造、家电、汽车、航空航天、医疗行业、教育、地理信息系统及其他领域都有所应用。

（1）机械、建筑行业　利用 3D 打印的特点，很多大型展馆、沙盘都有 3D 打印技术的应用。机械制造行业中，多用于制造单件和小批量工件，以降低成本、缩短周期。

（2）模具制造行业　普通模具生产时间长，制造费用高，将 3D 打印技术与传统的模具制造技术相结合，可以大大缩短模具制造的开发周期，提高生产率，是解决模具设计与制造薄弱环节的有效途径。

（3）医疗行业　在医疗行业中，多用于制造人体各种器官模型，对手术有极大的应用价值。

（4）家电领域　3D 打印技术在国内的家电行业上得到了很大程度的普及与应用，用 3D 打印技术直接制作零部件模型，为新产品提供研发服务，使许多家电企业走在了国内前列，如广东的美的、华宝、科龙以及江苏的春兰、小天鹅、海尔等。

（5）航空航天领域　航空航天制造领域大多使用价格昂贵的战略材料，如钛合金、镍基高温合金等金属材料。采用传统的制造方法，材料的使用率很低，一般不会大于 10%，而采用 3D 打印技术就能提高材料的利用率，降低生产成本。3D 打印技术可以实现相应产品的微米纳米级加工，在强度、硬度不变的情况下，利用 3D 打印技术可以大大减轻产品的体积和重量。

第 11 章

发动机与变速器拆装

目的和要求

1. 了解发动机、变速器的工作原理。
2. 了解汽车的整体结构及部件的作用。
3. 掌握汽车常用拆装工具的使用方法。
4. 掌握手动变速器及汽油发动机的拆装方法。

安全操作规程

1. 实习操作前穿好工作服，不准系围巾、穿拖鞋、穿高跟鞋和打赤膊。
2. 在实训场地禁止打闹，严格按照教师的要求执行。
3. 禁止乱放工具量具，统一放置在对应专用工具车内。
4. 拆装设备过程中，如有无法拆卸的零件，及时向指导教师汇报，严禁敲击或强拆零件。
5. 拆卸气缸盖等重量大的零件，需要多人配合拆装。

11.1 常用拆装工具和量具

汽车在维修过程中，常用的拆装工具和量具有很多，如游标卡尺、外径千分尺、塞尺、百分表、量缸表、常用扳手（开口扳手、梅花扳手、套筒扳手、扭力扳手、活络扳手、管子扳手等）、活塞环拆装钳、气门弹簧拆装架、卡箍和世达专用套装等。

1. 常用扳手

1）开口扳手。开口扳手按形状有双头扳手和单头扳手之分，其作用是紧固拆卸一般标准规格的螺母和螺栓。这种扳手可以直接插入或套入，使用方便。扳手开口方向与其中间柄部错开一个角度，通常有 15°、45°和 90°等，以便在受限制的部位中扳动方便。

2）梅花扳手。梅花扳手与开口扳手的用途相似，但两端是花环式的。其孔壁一般是十二边形，可将螺栓和螺母头部套住，扭转力矩大，工作可靠，不易滑落，携带方便。适用于操作空间狭小的场合。

3）套筒扳手。套筒扳手除具有一般扳手的用途外，还特别适用于旋转部位很狭小或隐蔽在较深处的六角螺母和螺栓。由于套筒扳手各种规格是组装成套的，故使用方便，效率更高。

4）扭力扳手。扭力扳手是能够控制扭矩大小的扳手，由扭力杆和套筒头组成。凡是对螺母、螺栓有明确规定扭力的（如汽缸盖、曲轴与连杆的螺栓、螺母等），都要使用扭力扳手。在扭紧时，指针可以表示出扭矩数值，通常使用的规格为0~300N·m。

5）活络扳手。活络扳手的开口宽度可调节，能在一定范围内变动尺寸。其优点是遇到不规则的螺母或螺栓时，更能发挥作用，故使用较广。使用活络扳手时，扳手口要调节到螺母对边贴紧。扳动时，应使扳手可动部分承受推力，固定部分承受拉力，且用力必须均匀。

6）管子扳手。管子扳手主要用于扳转金属管子或其他圆柱工件。管子扳手上有牙，工作时会将工作表面损坏，应避免用来拆装螺栓、螺母，如图11-1a所示。

7）火花塞套筒扳手。火花塞套筒扳手是一种薄壁长套筒，是用手拆除火花塞的专用工具。使用前，应根据火花塞六角对边的尺寸，选用内六角对边尺寸与其相同的火花塞套筒。拆卸时，套筒应对正火花塞六角头，套接妥当，不可歪斜，然后再逐渐加大扭力，以防滑脱，如图11-1b所示。

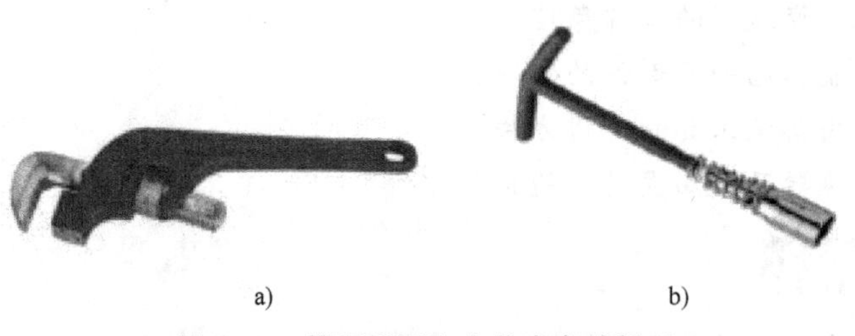

a)　　b)

图11-1　管子扳手和火花塞套筒扳手

8）棘轮扳手。棘轮扳手是最常见的套筒扳手，棘轮手柄头部设计有棘轮装置，在不脱离套筒和螺栓的情况下，可实现快速单方向的转动，如图11-2a所示。

9）快速摇杆扳手。快速摇杆扳手也称摇把，是旋转螺母最快的手柄扳手，在汽车维修中经常使用，如图11-2b所示。

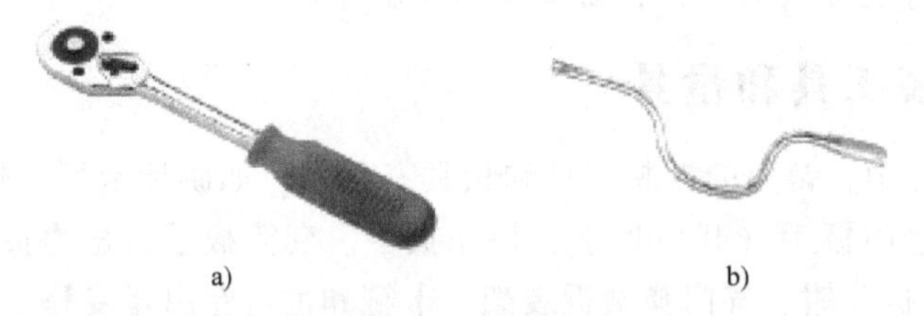

a)　　b)

图11-2　棘轮扳手和快速摇杆扳手

扳手的使用有如下注意事项：

1）所选用扳手的开口尺寸，必须与螺栓或螺母的尺寸相符合，扳手开口过大易滑脱并损伤螺母的六角。在进口汽车维修中，应注意米制、英制的选择。一般优先选用套筒扳手，其次是梅花扳手，再次为开口扳手，最后为活络扳手。

2）为防止扳手损坏和滑脱，应使拉力作用在开口较厚的一边，如图11-3所示。

2. 活塞环拆装钳

活塞环拆装钳是一种专门用于拆装活塞环的工具，如图11-4所示。维修发动机时，必

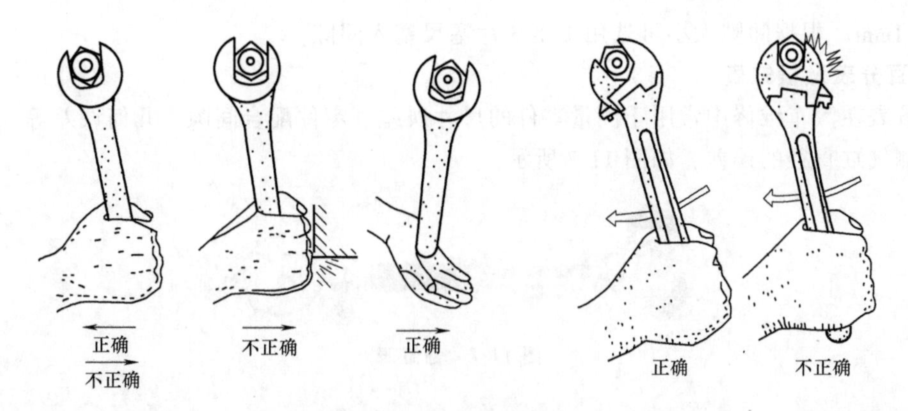

图 11-3　扳手的正确使用

须使用活塞环拆装钳拆装活塞环。使用活塞环拆装钳时，将活塞环拆装钳卡住活塞环开口，握住把手稍稍均匀用力，使拆装钳手把慢慢收缩，环卡将活塞环徐徐地张开，使活塞环能从活塞环槽中取出或装入。使用活塞环拆装钳拆装活塞环时，用力必须均匀，避免用力过猛而导致活塞环折断，同时也能避免伤手事故。

3. 气门弹簧拆装架

气门弹簧拆装架是一种专门用于拆装顶置气门弹簧的工具，如图 11-5 所示。使用时，将拆装架抵住气门，压环对正气门弹簧座，压下手柄，使气门弹簧被压缩。这时可取下气门弹簧锁销或锁片，慢慢地松抬手柄，即可取出气门弹簧座、气门弹簧和气门等。

4. 卡箍

卡箍是用于活塞及活塞环装配的专用工具，如图 11-6 所示。使用时，逆时针转动弯把，根据活塞直径将活塞卡箍放到合适尺寸，并套在活塞及活塞环上，然后顺时针转动弯把，把卡箍卡在活塞上，用木柄慢慢将活塞装入到气缸中。

图 11-4　活塞环拆装钳

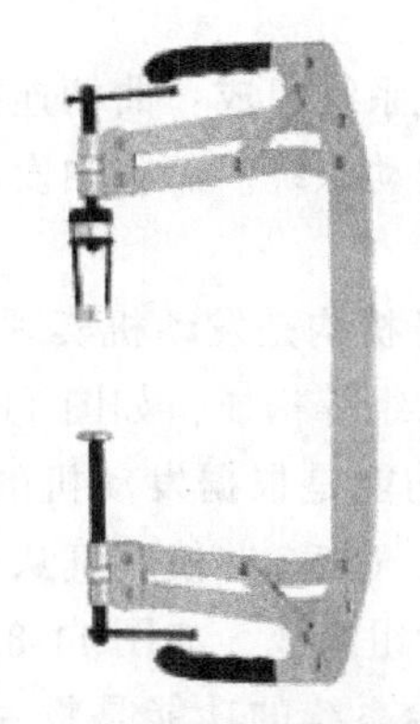

图 11-5　气门弹簧拆装架

图 11-6　卡箍

5. 外径千分尺、游标卡尺

外径千分尺、游标卡尺是发动机、变速器常见的拆装测量工具，本书第 2 章中已介绍过使用方法，在此不做叙述。

6. 塞尺

塞尺也称厚薄规、塞规，用于测量和校准两平行面间的间隙，常用厚度有 0.02～0.1mm

和0.1~1mm。根据间隙大小可选用1至3片塞尺塞入间隙。

7. 百分表及量缸表

百分表在汽车维修中常用于测量零件的尺寸误差、零件配合间隙、几何误差等。量缸表用于检测气缸直径的误差，如图11-7所示。

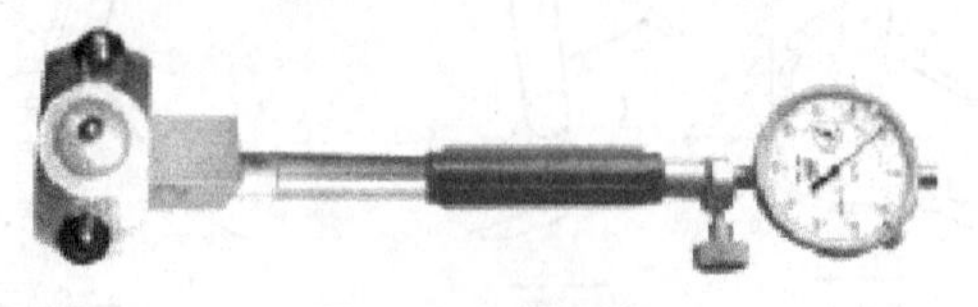

图11-7 量缸表

11.2 发动机基本知识

1. 发动机分类

发动机依据不同的特性有多种不同的分类方法：

1）按活塞运动方式，可分为往复活塞式发动机和旋转活塞式发动机。

2）按行程数，可分为四冲程发动机和二冲程发动机。

3）按燃料分类，可分为汽油发动机、柴油发动机和多种燃料发动机。

4）按点火方式，可分为点燃式发动机和压燃式发动机。

5）按冷却方式，可分为水冷发动机和风冷发动机。

6）按气缸数，可分为单缸发动机和多缸发动机。

7）按气缸布置形式，可分为直列发动机、卧式发动机和V形发动机。

汽车上最常用的是四冲程、水冷、往复活塞式、多缸发动机。汽油发动机用于轿车和轻型客车、货车比较多；而大客车和中、重型货车多使用柴油发动机；少数轿车和轻型客、货车也使用柴油发动机。

2. 发动机的基本构造

汽油发动机由两大机构和五大系统组成：曲柄连杆机构和配气机构；燃料供给系统、润滑系统、冷却系统、点火系统和起动系统。而柴油发动机由两大机构四大系统组成，相比汽油发动机少了点火系统。

（1）曲柄连杆机构　曲柄连杆机构是发动机实现工作循环，完成热量转换的运动装置，主要由缸体组、活塞连杆组和飞轮组等构成，如图11-8a所示。

（2）配气机构　配气机构的功能是根据发动机的工作顺序和工作过程，定时开启和关闭进排气门、使可燃混合气体进入气缸，并使废气从气缸内排出，实现换气的过程。其一般由气门组、气门传动组和气门驱动组组成，如图11-8b所示。

（3）燃料供给系统　燃料供给系统的功能是将一定浓度的混合气，供入气缸，并将燃烧后的废气从排气管排出。其一般由燃油箱、燃油泵、燃油滤清器、节气门、喷油器和进排气管等组成，如图11-9a所示。

（4）冷却系统　冷却系统的功能是将气缸中燃烧后的热量及时地散发出去，保证发动机在最适宜的温度下工作。其通常由水泵、散热器、节温器、水套等组成，如图11-9b所示。

（5）润滑系统　润滑系统的主要功能是向发动机内部的相对运动零部件输送润滑油

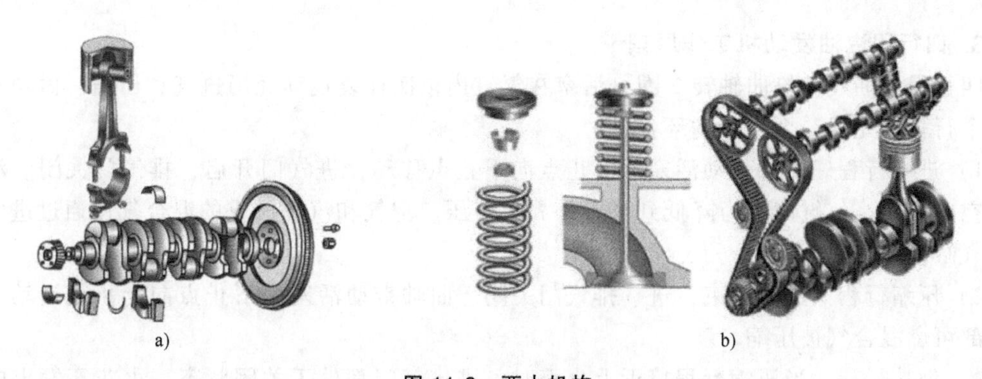

图 11-8　两大机构

a）曲柄连杆机构　b）配气机构

（机油），使零部件之间的摩擦减小，减轻零部件磨损，并对零件表面进行清洁和冷却。其通常由润滑油道、机油泵、机油滤清器和阀门等组成，如图 11-9c 所示。

（6）点火系统　在汽油发动机中，气缸内的可燃混合气体是靠电火花点燃的。能够按时在火花塞电极间产生电火花，点燃可燃混合气的装置，称为点火系统。其通常由蓄电池、发电机、火花塞和分电器等组成，如图 11-9d 所示。

（7）起动系统　曲轴在外力作用下开始转动到发动机自动怠速运转的全过程，称为发动机的起动。完成起动过程所需要的装置，称为起动系统，如图 11-9e 所示。

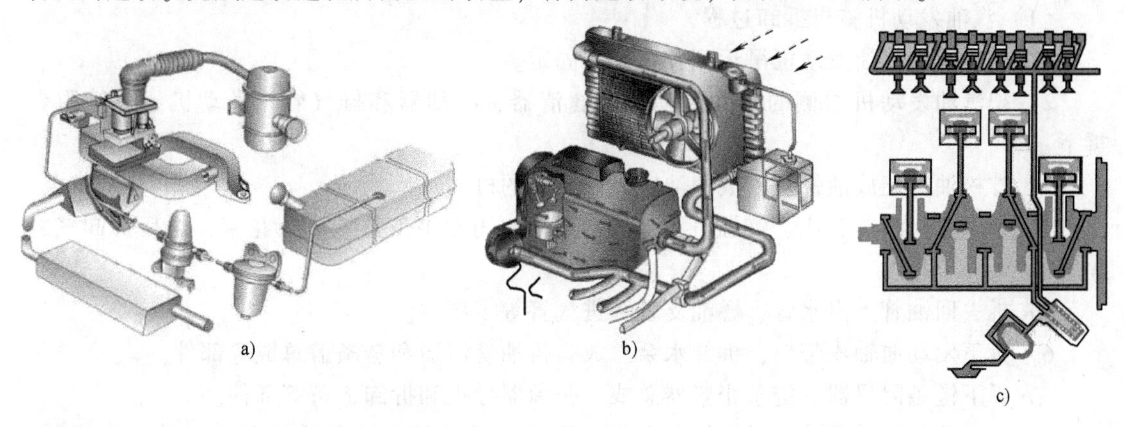

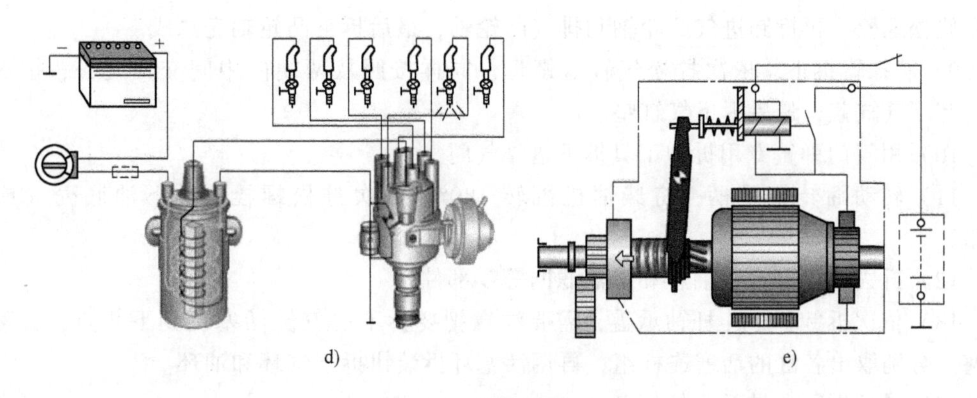

图 11-9　五大系统

a）燃料供给系统　b）冷却系统　c）润滑系统　d）点火系统　e）起动系统

3. 四行程汽油发动机工作原理

四行程汽油发动机曲轴转 2 圈，活塞在气缸内依次往复运动经历进气、压缩、做功和排气四个行程，完成一个工作循环：

1）进气行程。曲轴带动活塞从上止点向下止点移动，进气门开启，排气门关闭。活塞顶部空间增大，气缸内压力降低到小于外界大气压。空气和汽油形成的混合气体通过进气门吸入气缸。

2）压缩行程。进气结束，进、排气门关闭。曲轴带动活塞由下止点向上止点运动，活塞顶部可燃混合气被压缩。

3）做功行程。当压缩行程接近上止点时，进排气门都处于关闭状态，火花塞发出电火花点燃可燃混合气，气体燃烧使气温和压力瞬间升高，推动活塞向下运动，通过连杆使曲轴旋转作功。

4）排气行程。曲轴带动活塞从下止点向上止点运动，排气门打开，进气门关闭。活塞和废气在自身压力的作用下，废气经排气门排除气缸，活塞到达上止点排气结束。

4. 发动机拆装

发动机拆装是发动机检修工作的第一步，拆卸和装配是为了进一步检查发动机零部件是否符合技术要求，从而对已损坏的零件进行修理或更换。因此，拆装质量的好坏，是决定发动机最后性能的重要因素。发动机拆装的主要工作有清洁、检验、装配和检验等四方面。

（1）汽油发动机整机拆卸过程

1）将待拆的汽油发动机吊运到翻转架上固定。

2）把汽油发动机右侧的起动电动机、滤清器、冷却器和排气管、发动机线束等附件拆下。

3）拧松油底壳放油螺塞，放掉油底壳内剩余的机油。

4）拆下点火线圈总成、汽缸盖上部的传感器，用专用工具拆下火花塞，之后拆卸气缸盖罩。

5）拆去回油管、出水管、燃油支管和进气管等零部件。

6）拆下发动曲轴皮带轮，拆卸水泵总成、机油滤清器和链条盖总成等部件。

7）拆下链条阻尼器、链条张紧器总成、张紧器导板和拆卸链条等部件。

8）拆卸凸轮轴轴承盖，拆卸轴承盖螺栓顺序为从两端向中间交叉旋松，按 3 次进行，缓慢旋松螺栓。再拆卸进气凸轮轴和排气凸轮轴，最后拆下凸轮轴壳总成。

9）将摇臂拆下，依次拧松气缸盖螺母，同样按照从两端向中间交叉旋松，按 3 次进行，卸下气缸盖，最后拆下气缸垫。

10）用气门弹簧专用拆卸工具拆下进排气门。

11）转动翻转架手柄，将柴油机翻转 180°，依次拧松螺栓，拆下油底壳（或下曲轴箱）。

12）拆去机油泵、进油管和机油滤网等零部件。

13）依次拆卸各缸连杆轴承盖，需要注意把要拆下的气缸活塞调到下止点，方可拆卸活塞。分别取出各缸的活塞连杆组，再用活塞环拆装钳拆下气环和油环。

14）最后拆下曲轴及飞轮等部件。

（2）发动机的装配

发动机的装配按照发动机拆卸的过程从后到前依次装配成发动机。发动机的装配有如下注意事项：

1）发动机装配按照后拆下的零件先安装的原则进行装配，装配链条过程中注意调正时。

2）装配过程中要求注意各零部件的安装顺序和位置，以及紧固件的正确装配等。

3）发动机的装配需要检查曲轴的轴向间隙、连杆轴承配合间隙、活塞环的端隙、侧隙等。

（3）发动机拆装注意事项

1）拆卸时，一般先拆外部附件，然后按零件、部件的顺序依次拆卸。

2）正确使用拆装工具，尽量选用专用工具，禁止猛敲击零件，以免损坏。

3）拆卸时，做好各个零件的标记，按次序摆放，禁止乱放。

4）特别注意各缸活塞不要装反，牢记活塞环角度及正反标记。

5）安装前，应先清洁零部件，然后涂上机油。

11.3　变速器基本知识

11.3.1　变速器分类

变速器按传动比可分为有级变速器、无级变速器和综合变速器。

1）有级变速器。有级变速器是目前使用最广的一种。它采用齿轮传动，具有若干个定值传动比。按所用轮系形式不同，有轴线固定式变速器（普通变速器）和轴线旋转式变速器（行星齿轮变速器）两种。目前，轿车和轻、中型货车变速器通常有3~5个前进档和一个倒档。

2）无级变速器。无级变速器的传动比在一定的数值范围内可无限多级变化，常见的有电力式和液力式（动液式）两种。电力式无级变速器的变速传动部件为直流串激电动机，除在无轨电车上应用外，在超重型自卸车传动系中也有广泛应用的趋势。液力式无级变速器的传动部件为液力变矩器。

3）综合变速器。综合变速器是由液力变矩器和齿轮式有级变速器组成的液力机械式变速器，其传动比可在最大值与最小值之间的几个间断的范围内无级变化，目前在轿车上应用较多。

变速器按操纵方式可分为手动操纵式变速器、自动操纵式变速器和半自动操纵式变速器。

1）手动操纵式变速器。手动操纵式变速器靠驾驶员直接操纵变速杆进行换挡，这种变速器换挡简单，工作可靠并且经济省油，目前应用最广。

2）自动操纵式变速器。自动操纵式变速器的传动比选择和换档是自动进行的。所谓“自动”，是指机械变速器每个档位的变换是借助反映发动机负荷和车速的信号系统来控制换档系统的执行元件而实现的，驾驶员只需操纵加速踏板以控制车速。

3）半自动操纵式变速器。半自动操纵式变速器有两种形式：一种是常用的几个档位自动操纵，其余档位则由驾驶员操纵；另一种是预选式，即驾驶员预先用按钮选定档位，在踩下离合器踏板或松开加速踏板时，接通一个电磁装置或液压装置来进行换档。

11.3.2 变速器工作原理

手动变速器是利用不同齿数的齿轮啮合传动的组合来实现转速和转矩的改变。如果小齿轮是主动齿轮，大齿轮为从动齿轮，转速经过大齿轮输出就降低了；若大齿轮为主动齿轮，转速经过小齿轮输出便提高了。自动变速器之所以能够实现自动换挡，是因为工作中驾驶员踏下油门的位置、发动机进气歧管的真空度或汽车的行驶速度能指挥自动换挡系统工作，自动换挡系统中各控制阀不同的工作状态将控制变速齿轮机构中离合器的分离与结合以及制动器的制动与释放，并改变变速齿轮机构的动力传递路线，实现变速器档位的变换。

11.3.3 二轴手动变速器拆装

1. 变速器的拆卸过程

1）将待拆的变速器吊运到翻转架上固定。

2）拆下变速器倒档开关，拧下倒档定位螺丝，拆下车速传感器、换档杆总成、两端输出法兰等附件。

3）拆下变速器后壳体，用专用工具拆下 5 档主动轮及从动轮，并拆卸 5 档同步器。

4）拆下变速器壳体四周螺丝，检查四周后，用拔拉器拆下变速器壳体。

5）拆下倒档齿轮及拨叉总成。

6）拆卸 4 档主动轮和从动轮，拆下 3、4 档同步器。

7）拆下输入轴，并拆卸 1、2 档齿轮和 1、2 档同步器。

8）拆卸驱动桥。

2. 变速器的装配

变速器的装配按照拆卸的过程从后到前依次装配成变速器。变速器的装配有如下注意事项：

1）装配过程中要求注意各零部件的安装顺序和齿轮的正反面，以及紧固件的正确装配等。

2）装配过程中注意所有齿轮在空挡位置时，方可扣上壳体。

3）装配过程中注意同步器的正反及倒档定位孔的位置。

3. 变速器拆装注意事项

1）拆卸时，一般先拆外部附件，然后按零件、部件的顺序依次拆卸。

2）正确使用拆装工具，尽量选用专用工具，禁止猛敲击零件，以免损坏。

3）安装时注意倒档定位螺钉孔的位置。

4）安装时注意各档位齿轮的正反，注意同步器内花键毂和接合套的正确位置。

参考文献

[1] 尹志华. 工程实践教程 [M]. 北京：机械工业出版社，2008.

[2] 周梓荣. 金工实习 [M]. 北京：高等教育出版社，2011.

[3] 魏斯亮. 邱小林. 金工实习 [M]. 北京：北京理工大学出版社，2016.

[4] 栾振涛. 金工实习 [M]. 北京：机械工业出版社，2001.

[5] 沈剑标. 金工实习 [M]. 北京：机械工业出版社，2004.

[6] 徐永礼，田佩林. 金工实训 [M]. 广州：华南理工大学出版社，2006.

[7] 魏峥. 金工实习教程 [M]. 北京：清华大学出版社，2004.

[8] 张辽远. 现代加工技术 [M]. 2版. 北京：机械工业出版社，2008.

[9] 彭效润. 数控车工：技师、高级技师 [M] 北京：中国劳动社会保障出版社. 2008.

[10] 蒋欣荣. 微细加工技术 [M]. 北京：电子工业出版社，1990.

[11] 刘晋春，白基成，郭永丰. 特种加工 [M]. 5版. 北京：机械工业出版社. 2008.

[12] 王亚辉，任保臣. 王全贵. 典型零件数控铣床/加工中心编程方法解析 [M]. 北京：机械工业出版社，2011.

[13] 方新. 数控机床与编程 [M]. 北京：高等教育出版社，2012.

参考文献